高职高专“十四五”规划教材

传感器技术及应用

李　琼　邓红涛　李栓明　田　敏　编著

北京航空航天大学出版社

内容简介

本书以应用为目标，以任务案例为载体，以仿真软件为辅助，详细介绍了常用传感器的工作原理、性能特征和应用方法等，兼顾理论基础和实际应用操作。本书包含11个传感器项目，每个项目都有相关应用实例，全书总计19个任务，10个仿真案例。

本书项目应用实例以方源智能（北京）科技有限公司的物联网开源双创平台为硬件基础，核心板使用Cortex-M3处理器。本书体系结构清晰，内容翔实完整，实验案例丰富，适用于自动化、电子信息工程、电气工程等专业大专生和高职生的专业学习，也可作为相关专业高等院校教师及工程人员的参考书。

图书在版编目(CIP)数据

传感器技术及应用 / 李琼等编著. -- 北京 : 北京航空航天大学出版社，2021.7

ISBN 978-7-5124-3555-1

Ⅰ. ①传… Ⅱ. ①李… Ⅲ. ①传感器-教材 Ⅳ. ①TP212

中国版本图书馆CIP数据核字(2021)第133775号

传感器技术及应用

李 琼 邓红涛 李栓明 田 敏 编著

策划编辑 冯 颖 责任编辑 王 瑛 苏永芝

*

北京航空航天大学出版社出版发行

北京市海淀区学院路37号(邮编100191) http://www.buaapress.com.cn

发行部电话：(010)82317024 传真：(010)82328026

读者信箱：goodtextbook@126.com 邮购电话：(010)82316936

涿州市新华印刷有限公司印装 各地书店经销

*

开本：787×1 092 1/16 印张：13.5 字数：346千字

2021年8月第1版 2021年8月第1次印刷 印数：2 000册

ISBN 978-7-5124-3555-1 定价：42.00元

前　言

传感器是人类获取信息的工具，传感器技术是当今世界令人瞩目的高新技术之一，是测量技术、微电子学、物理学、化学、生物学、精密机械、材料科学等众多学科相互交叉的综合性高新技术，与通信技术、计算机技术构成了信息产业的三大支柱。传感器技术广泛应用于航空航天、机械制造、能源电力、智能家居、通信交通等领域，是现代科学研究热点。本书整理了大量的传感器技术理论知识和相关应用实例，深入浅出，面向实际应用，全面系统地展示了各类传感器的使用方法。

本书共含11个项目，项目1对传感器基本概念、组成分类、发展现状和本书案例开发环境作系统的介绍；项目2～10依照传感器应用形态分别介绍力、霍尔、温湿度、光电、气体、超声波、新型传感器和遥控装置；项目11介绍无线传感器和常用无线组网技术及应用实例。所有章节均按照课程教学大纲设置编写，以掌握传感器基础知识和综合应用设计为学习目标。本书理论体系全面具体，实验案例丰富，有助于全面提升读者的工程应用实践能力。

为方便读者学习，本书提供**电子资料包，内容包括本书课件、实验指导书、源代码、微课与实操视频，请扫描封底二维码获取**。案例涉及软件平台、源代码都在方源智能（北京）科技有限公司生产的物联网开源双创教学科研平台设备上验证通过。

本书项目1、2、4、5由李琼编写，项目9～11由邓红涛编写，项目3、6由李栓明编写，项目7、8由田敏编写。在本书的编写和出版过程中，得到了遨博（北京）智能科技有限公司北京研发中心团队的大力支持和帮助，在此表示诚挚的谢意；作者参考了大量的国内物联网技术理论方面的书籍和文献，在此向这些书籍和文献的原作者表示衷心的感谢。

由于作者水平有限，书中难免存在疏漏或错误之处，恳请广大读者批评指正。

作　者

2021年2月

目　　录

项目1 检测技术及传感器的基本概念

项目描述

随着生活质量的提高，人们需要对生活、生产和工作环境中的各种参数进行收集、存储、传输和处理，其中关键一环就是信息的采集，比如生活环境中很多的参数是非电信号，就需要将其转换为相应的电信号，这样的转换设备我们称之为传感器。根据转换出来的电信号，传感器可以分为数字式和模拟式(可分为电压式和电流式)。

首先介绍传感器的基本概念、性能指标、分类和新型传感器；然后详细介绍常用电压测量方法，硬件电路的设计与工作原理及软件调试过程；最后将理论用于实践，通过电压检测系统设计，全面了解传感器的使用过程。

项目要求/知识学习目标

① 掌握传感器的概念、作用；
② 了解传感器的分类；
③ 了解传感器的性能指标；
④ 了解各种新型传感器；
⑤ 掌握电压检测方法、原理及程序调试。

1.1 传感器基础知识

在现实生活中，人们可以感觉到自然界中某些物理现象的存在，但是不能感觉到所有的物理现象，也不能精确感知物理现象。随着信息化的发展，需要将各种环境的物理化学参数进行显示、存储和传输，而这些参数大部分是非电信号，无法在计算机中进行处理，这时就需要一种设备——传感器，能够把这些非电信号转换为电信号。

传感器技术是测量技术、微电子学、物理学、化学、生物学、精密机械、材料科学等众多学科相互交叉的综合性高新技术，广泛应用于航空航天、国防、机械、能源电力、通信交通、智能家居等诸多领域，可以说传感器无处不在。

1.1.1 传感器的概念与定义

传感器是一种能把特定的被测信号按一定规律转换为电信号(如电压、电流、电阻、电容、频率等)输出的器件或装置，以满足信息的传输、处理、记录、显示和控制等要求。在我们的生活中，随处可见各种各样传感器的应用。电冰箱、微波炉、空调机等设备中温控所使用的是温度传感器；煤气灶、燃气热水器报警所使用的是气体传感器；轿车所使用的传感器就更多，如速度、压力、油量、爆震传感器以及角度线性位移传感器等。这些传感器的共同特点是利用各种物理、化学、生物效应等测量被测信号。由此可见，在传感器中包含两个不同的概念，一是检测信号,二是能把检测的信号转换成一种与之有对应的、便于传输和处理的物理量。

1.1.2 传感器的作用

信息是我们社会发展的“源泉”,随着信息技术发展,需要各种各样的信息采集设备——传感器,它们分别构成了信息技术系统的“感官”。传感器是信息采集系统的首要部件,也是测控系统获得信息的重要环节,在很大程度上影响和决定了系统的功能。

近年来传感器技术及其应用取得了巨大的进步,新的技术不断出现,传感器技术成为新技术革命的关键因素。人们不仅对传感器的精度、可靠性、响应速度、获取的信息量要求越来越高,而且要求其成本低廉且使用方便。

目前,传感器在科学研究、工业自动化、非电量电测仪表、医用仪器、家用电器、航空航天、军事技术等方面起着极为重要的作用,随着今后社会智能化的提高,对传感器的需求也会更高。

1.1.3 传感器的性能指标

在检测控制系统和科学实验中,需要对各种参数进行检测和控制,而要达到比较优良的控制性能,则必须要求传感器能够高精度地对被测量的变化进行响应并且不失真地将其转换为相应的电量,这种要求主要取决于传感器的基本特性。传感器的输入-输出关系特性是传感器的基本特性,也是传感器的内部参数作用关系的外部特性表现,不同传感器的内部结构参数决定了其具有不同的外部特性。

传感器所测量的物理量基本上有两种形式:稳态(静态或准静态)和动态(周期变化或随机变化)。前者的信号不随时间变化(或变化很缓慢);后者的信号是随时间变化而变化的。传感器就是要尽量准确地反映输入物理量的状态,因此传感器所表现出来的输入-输出特性也就不同,即传感器的基本特性主要分为静态特性和动态特性。

1.2 传感器的组成与分类

1.2.1 传感器的组成

广义的传感器一般由敏感元件、转换元件和基本转换电路组成,如图 1-1 所示。

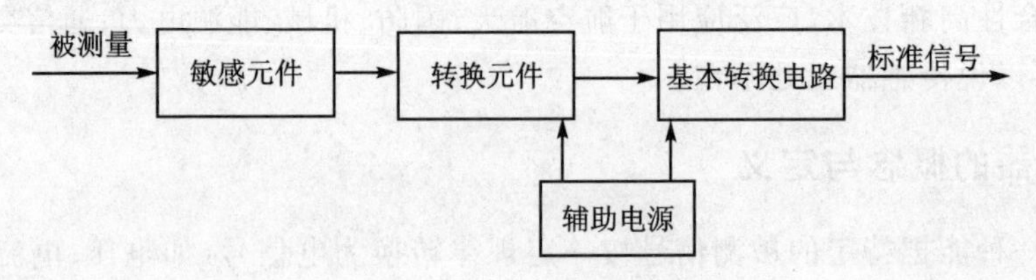

图 1-1 传感器组成

1. 敏感元件

敏感元件是能够直接感知(响应)被测量,并将其按一定规律转换成其他量的元件。例如,应变式压力传感器的弹性膜片就是敏感元件,其作用是将压力转换成弹性膜片的变形。

2. 转换元件

转换元件是能将敏感元件的输出量直接转换成电量输出的元件。例如，应变式压力传感器中的应变片就是转换元件，其作用是将弹性膜片的变形转换成电阻值的变化。

3. 基本转换电路

基本转换电路又称信号调节（转换）电路，是把转换元件输出的电信号滤波、放大、转换为便于显示、记录、处理和控制的有用电信号的电路。这些电路的类型视传感器类型而定，通常采用的有电桥电路、放大器电路、变阻器电路、A/D与D/A转换电路、调制电路和振荡器电路等。

4. 电源电路

电源电路用于对需要外部供电的传感器提供电源。

1.2.2 传感器的分类

一般情况下，对某一物理量的测量可以使用不同的传感器。所以，传感器从不同的角度有许多分类方法。最常用的分类方法有两种：一种是按传感器的工作原理分类，如按应变原理工作式、按电容原理工作式、按压电原理工作式、按磁电原理工作式、按光电效应原理工作式等，相应的有应变式传感器、电容式传感器、压电式传感器、磁电式传感器、光电式传感器等；另一种是按被测量分类，如对温度、压力、位移、速度等的测量，相应的有温度传感器、压力传感器、位移传感器、速度传感器等。这两种分类方法有共同的缺点，都只强调了传感器的一个方面，所以在许多情况下往往将上述两种分类方法综合使用，如应变式压力传感器、压电式加速度传感器等。

1. 按工作原理分类

往往同一机理的传感器可以测量多种物理量，如电阻型传感器可以用来测量温度、位移、压力、加速度等物理量。而同一被测物理量又可采用多种不同类型的传感器来测量。如位移量，可用电容式、电感式、电涡流式等传感器来测量。按变换原理，传感器分类如表1-1所列。

表1-1　传感器变换原理一览表

变换原理	传感器举例
变电阻	电位器式，应变式，压阻式，光敏，热敏
变磁阻	电感式，差动变压器式，涡流式
变电容	电容式，湿敏
变谐振频率	振动膜（筒、弦、梁）式
变电荷	压电式
变电势	霍尔式，感应式，热电偶

2. 按被测量分类

按被测量，传感器分类如表1-2所列，包括了输入的基本被测量和由此派生的其他量。

表1-2 传感器输入被测量一览表

基本被测量	派生的其他量	基本被测量	派生的其他量
热工量	温度,热量,比热,压力,压差,真空度,流量,流速,风速	物理量	黏度,温度,密度
		化学量	气体(液体)化学成分,浓度,盐度
机械量	位移,尺寸,形状,力,应力,力矩,振动,加速度,噪声,角度,表面粗糙度	生物量	心音,血压,体温,气流量,心电流,眼压,脑电波
		光学量	光强,光通量

其他分类方法还有:按工作效应分,有物理传感器、化学传感器、生物传感器;按输出量分,有模拟式(输出量为电压、电流等模拟信号)、数字式(输出量为脉冲、编码等数字信号)等传感器。

1.3 传感器的发展

传感器的应用已有相当长的历史,过去人们把它叫做变换器或换能器,随着新材料与新技术的加入,其发展方兴未艾,前途无量。

早期以测量物理量为主的传感器,如电位器、应变式和电感式传感器等都是利用机械结构的位移或变形来完成非电量到电量的变换。由于新材料、新工艺、新原理的出现,机械结构型传感器在精度、稳定性方面有了很大提高,出现了谐振式、石英电容式这样一些稳定可靠的高精度结构型传感器。迄今为止,结构型传感器在国防、工业自动化、自动检测等领域应用中仍占有相当大的比例。

1.3.1 新材料、新功能的开发与应用

传感器材料是传感器技术的重要基础,随着各种半导体材料、有机高分子功能材料等新材料的发展,人们可制造出各种新型传感器。利用材料的压阻、湿敏、热敏、光敏、磁敏及气敏等效应,可把温度、湿度、光量、气体成分等物理量变换成电量,由此研制出的传感器称为物性传感器。这种传感器具有结构简单、体积小、重量轻、反应灵敏,易于集成化、微型化等优点,引起传感器学术界的重视。而大量的半导体材料、功能陶瓷和有机聚合物的新发展,则为物性传感器的发展提供了坚实的基础。更由于宽广的市场需求前景,刺激了各类廉价物性传感器的发展,促进了传感器的小型化。在要求高可靠性、高稳定性的使用场合以及恶劣环境条件下,物性传感器还有不少问题有待解决,但是这类传感器的自发展前途很好。

1.3.2 传感器的集成化、多功能化发展

各种微机械加工工艺及新材料的发展为传感器集成提供了可能,使传感器从原来的单一元件、单一功能向集成化、多功能化方向发展。传感器的集成化一般包含三方面含义:一是将传感器与放大电路、运算电路、温度补偿电路等集成在一起,实现一体化;二是将同一类的传感器集成于同一芯片上,构成二维阵列式传感器;三是将几个传感器集成在一起,构成一种新的传感器。传感器的"多功能化"是与"集成化"相对应的一个概念,是指传感器能感知与转换两种以上的不同的物理量或化学量。例如,在同一硅片上制作应变计和温度敏感元件,制成能同时测量压力和温度的多功能传感器,将处理电路也制作在同一硅片上,还可实现温度补偿;将

检测几种不同气体的敏感元件用厚膜制造工艺制作在同一基片上，制成可监测氧气、氨气、乙醇、乙烯四种气体的多功能传感器；一种温、气、湿三功能陶瓷传感器也已经研制成功。

半导体技术中的氧化、光刻、扩散、沉积、平面电子工艺、各向异性腐蚀及蒸镀、溅射薄膜等加工方法，都已引进到传感器制造过程中，如利用半导体技术制造出硅微型传感器，利用薄膜工艺制造出快速响应的气敏、湿敏传感器，利用溅射薄膜工艺制造的压力传感器等。

传统的加速度传感器是由重力块和弹簧等制成的，体积大、稳定性差、寿命短，而利用激光等各种微细加工技术制成的硅加速度传感器体积非常小，互换性和可靠性都较好。另外还有微型的温度、磁场传感器等，这种微型传感器的面积都在 1 mm^2 以下。目前在 1 cm^2 大小的硅芯片上可以制作上千个压力传感器的阵列。

1.3.3　传感器的智能化发展

传感器与微电子技术和微处理器技术相结合，使之不仅具有检测功能，还具有信息处理、逻辑判断、自诊断等功能，称之为传感器的智能化。传感器与嵌入式系统有机结合，作为物联网的一部分，可以对获取的信息进行存储、处理和传输，从而扩展了其功能，而且对环境条件的适应性，与传统的单功能传感器相比，在信息的识别等方面有了很大优化，此类传感器称为智能传感器。

综上所述，随着人工智能在生产中的应用不断提高，对传感器的要求也在不断提高，人们竞相研发生产小型化、集成化、智能化的传感器，并且为不断满足测试技术的各种需要而努力开发新型传感器。同时必须指出，灵敏度高、精确度高、稳定性好、响应速度快、互换性好始终是传感器发展所追求的目标，也是传感器发展的长远方向。

1.4　应用实例

任务 1　电压检测设计

1. 任务基本内容

(1) 设计任务

设计一个能够检测电子元件两端电压的系统，系统具有显示功能。

(2) 任务目的

① 学习电压检测传感器的基本原理、电路设计和驱动编程。

② 学习 Cortex - M3 的 ADC 工作原理。

③ 通过实验仿真操作掌握传感器的硬件接线及程序下载，并最终得出实验仿真结果。

(3) 基本要求

① 在串口调试助手中显示当前流过步进电机正极的电压。

② (选做)设计上位机程序，显示检测数据并存储在数据库中。

(4) 应用场景

应用场景包括电机领域、载荷检测和管理、开关电源领域等。

2. 系统软硬件环境

(1) 系统环境

① 仿真实验环境：传感器 3D 虚拟仿真软件。

② 硬件：Cortex－M3 开发板，ICS－IOT－OIEP 实验平台，ST－LINK 仿真器。

③ 软件：Keil5。

④ 实验目录：传感器驱动实验/实验 21 电压检测。

(2) 原理详解

本实验通过运算放大电路实现了电压按比例缩小，输入电压为 0～25 V，按 10 倍比例缩小。参考电路如图 1－2 所示。

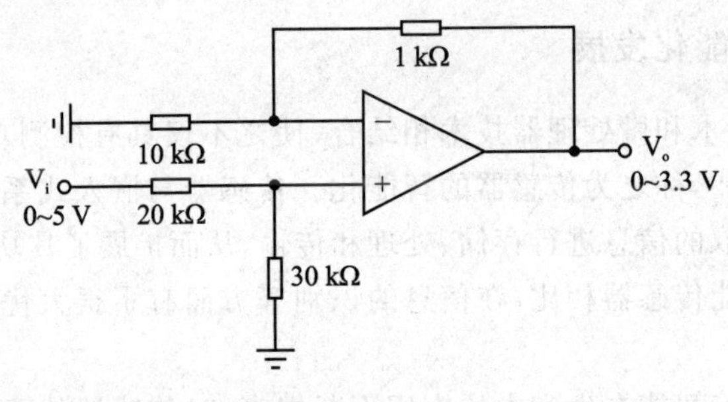

图 1－2　参考电路

(3) 硬件电路

使用电压检测传感器，此传感器输出模拟信号，传感器硬件原理如图 1－3 所示。

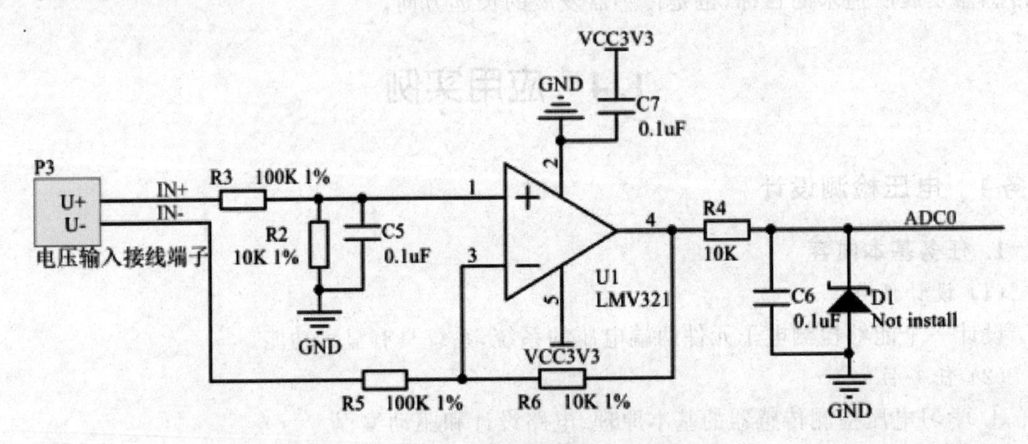

图 1－3　电压检测传感器硬件原理图

传感器通过 3Pin 的对插线与 I/O 扩展板的 ADC0 相连接（也可使用 ADC1、ADC2、ADC3），I/O 扩展板的引脚电路图如图 1－4 所示，Cortex－M3 接口原理图如图 1－5 所示。

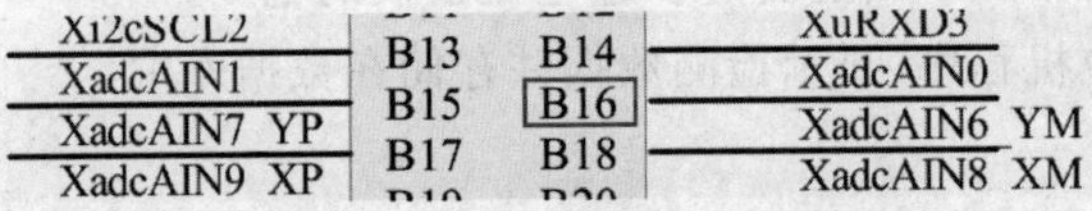

Xi2cSCL2	B13	B14	XuRXD3
XadcAIN1	B15	B16	XadcAIN0
XadcAIN7 YP	B17	B18	XadcAIN6 YM
XadcAIN9 XP	B19	B20	XadcAIN8 XM

图 1－4　I/O 扩展板接口原理图

STM32 拥有 1～3 个 ADC（STM32F101/102 系列只有 1 个 ADC），这些 ADC 可以独立

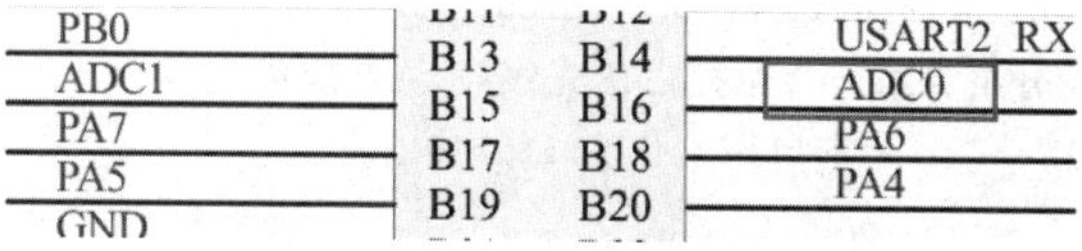

PB0　ADC1　PA7　PA5　GND　B13　B14　B15　B16　B17　B18　B19　B20　USART2_RX　ADC0　PA6　PA4

图 1－5　Cortex－M3 接口原理图

使用，也可以使用双重模式（提高采样率）。STM32 的 ADC 是 12 位逐次逼近型的模拟/数字转换器。它有 18 个通道，可测量 16 个外部和 2 个内部信号源。各通道的 A/D 转换可以单次、连续、扫描或间断模式执行。ADC 的结果可以左对齐或右对齐方式存储在 16 位数据寄存器中。

如图 1－3 和图 1－5 所示，电压检测对应的是 ADC0，转换通道为 ADC123_IN14（完整原理参考附录 A 核心板原理图）。ADC0 对应引脚 PC4，设置引脚功能为模拟输入模式、ADC 采样功能。

(4) 软件设计流程图

电压检测程序流程图如图 1－6 所示。首先，初始化程序，读取 A/D 转换电流值，然后根据电压测量范围输出电流值，最终每隔 500 ms 读取一次 ADC 的值，并显示读到的 ADC 值（数字量），以及其转换成模拟量后的电压值。

开 始
初始化
读取A/D转换当前电压值
显示当前传感器电压值
结 束

图 1－6　电压检测程序流程图

(5) 源码分析

打开工程源码，可以看到工程中多了 1 个 adc.c 文件和 1 个 adc.h 文件。同时 ADC 相关的库函数是在 stm32f10x_adc.c 文件和 stm32f10x_adc.h 文件中。此部分代码就 3 个函数，第 1 个函数 Adc_Init，用于初始化 ADC1，这里基本上是按照上述步骤来初始化的，并仅开通了 1 个通道，即通道 1；第二个函数 Get_Adc，用于读取某个通道的 ADC 值，例如读取通道 1 上的 ADC 值，就可以通过 Get_Adc(1)得到；第 3 个函数 Get_Adc_Average，用于多次获取 ADC 值取平均，用来提高准确度。

```
//源码分析可参考实验 11 光照检测实验，或直接参考工程源码初始化 ADC 获得
//初始化 ADC
void  Adc_Init(void)
//获得 ADC 值
u16 Get_Adc(u8 ch)
//获取平均值
u16 Get_Adc_Average(u8 ch,u8 times)
```

主函数中实现时钟、串口、ADC 等初始化，最终每隔 500 ms 读取一次 ADC 的值，并显示读到的 ADC 值（数字量），以及其转换成模拟量后的电压值。

```
int main(void)
  {
    u16 adcx;
    float temp, Voltage;
    delay_init();              //延时函数初始化
```

```
    NVIC_PriorityGroupConfig(NVIC_PriorityGroup_2);
    //设置中断优先级分组为组2:2位抢占优先级,2位响应优先级
    uart_init(115200);       //串口初始化为115200
    Adc_Init();              //ADC初始化
    while(1)
    {
        adcx = Get_Adc_Average(ADC_Channel_14,10);      //ADC0
        //adcx = Get_Adc_Average(ADC_Channel_15,10);    //ADC1
        //adcx = Get_Adc_Average(ADC_Channel_4,10);     //ADC2
        //adcx = Get_Adc_Average(ADC_Channel_5,10);     //ADC3
        temp = (float)adcx * (3.3/4096);
        Voltage = temp * 10.0;
        printf("ADC_CH14 = %.2fV\n",temp);
        printf("Voltage is = %.2fV\n\n",Voltage);

        delay_ms(500);
    }
}
```

3. 实验运行步骤和结果

(1) 实验步骤

① 电压检测传感器通过3Pin的对插线与I/O扩展板的ADC0接口连接,将待测电路的正负极分别接到电压检测模块P3端子的VCC和GND,如图1-7所示。输入电压的测量范围为0～25 V,图1-7中测量的是I/O扩展板端子的5 V。

图1-7 电压检测传感器连接图

② 连接电源线、mini串口线并打开电源开关,将核心板上的跳线接到UART端,I/O扩展板的跳线接到USB端,跳线位置如图1-8所示。

③ 将ST-LINK仿真器一端连接在PC机上,另一端连接在Cortex-M3仿真器下载接口上。

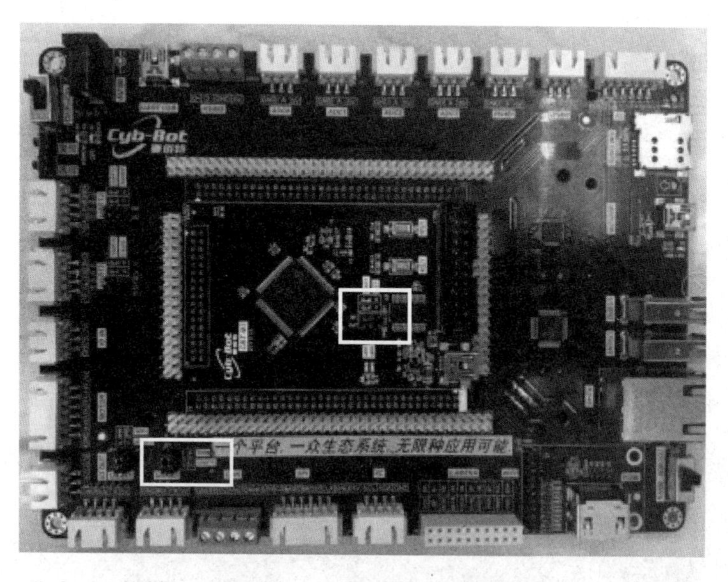

图 1-8　核心板跳线位置图

④ 用 Keil5 软件打开实验工程，目录在：Cortex-M3/Cortex-M3 传感器驱动实验/实验 21 电压检测/USER，之后打开后缀名为.uvprojx 的工程文件，如图 1-9 所示。

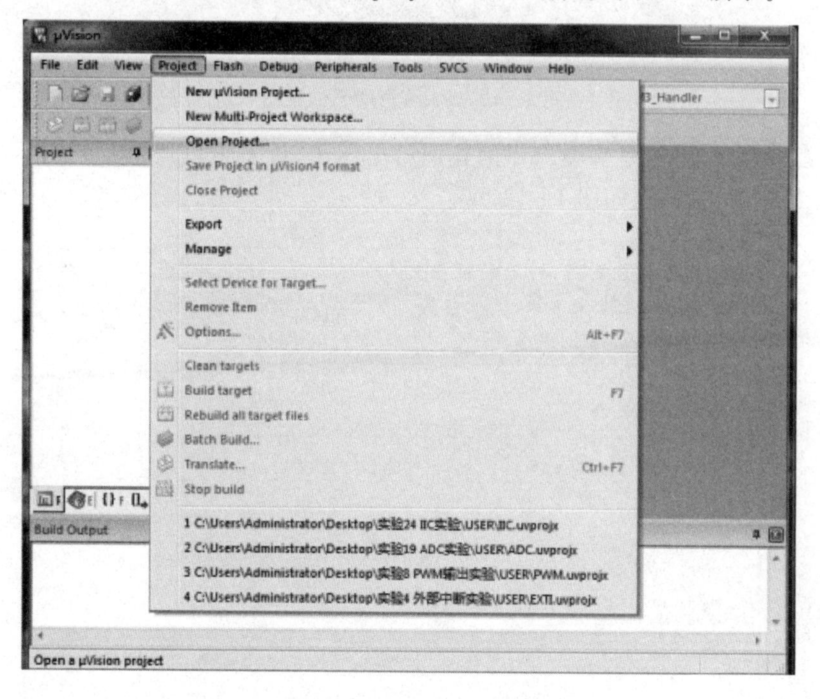

图 1-9　打开工程文件图

⑤ 编译程序，单击按钮如图 1-10 所示。

⑥ 编译通过，然后下载程序到 Cortex-M3 开发板，单击按钮如图 1-11 所示。

⑦ 打开串口工具 AccessPort，设置端口号（在设备管理器中查找），设置“波特率”为 115 200，其他默认。

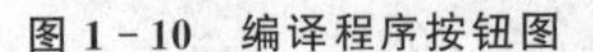

图 1-10　编译程序按钮图

图 1-11　下载程序按钮图

(2) 运行结果

根据传感器原理图可知,本次实验采用模拟量输出模式,将待测电路的正负极连接到 P3 绿色端子的 VCC/GND,如图 1-12 所示。

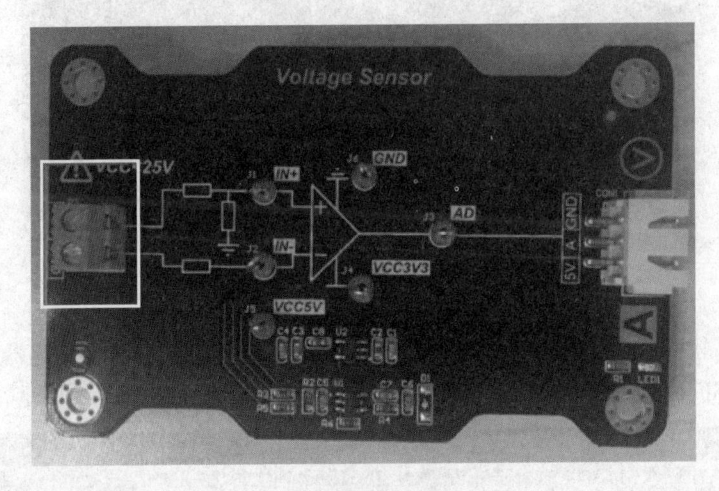

图 1-12　P3 绿色端子位置图

下载并运行程序,串口终端输出当前检测的电压值,读者可以使用不同电压的电源来测量,观察串口终端输出的值,如图 1-13 所示。

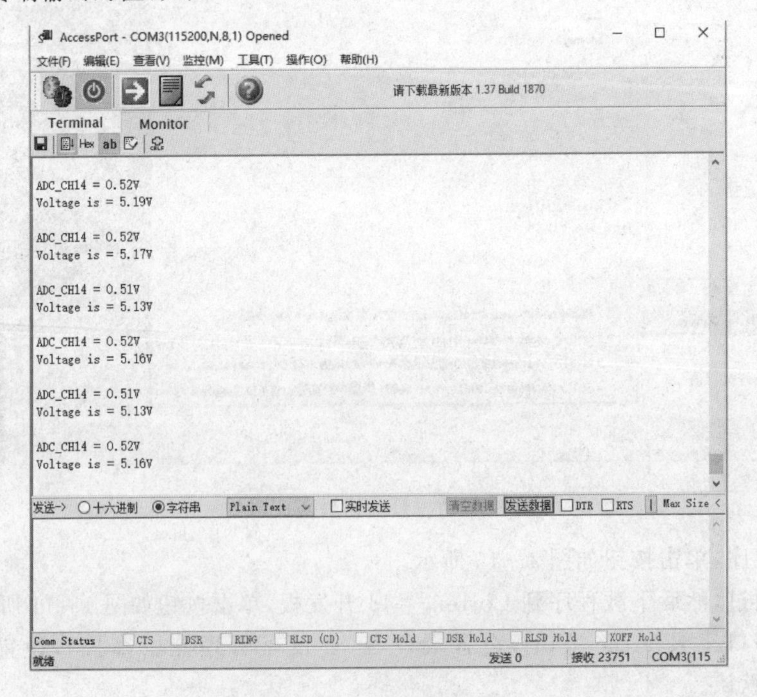

图 1-13　电压检测结果图

4. 备 注

电压传感器必须按产品说明在原边串联一个限流电阻 R1,以使原边得到额定电流,在一般情况下,2 倍的过压持续时间不得超过 1 min。

5. 仿真软件的使用及实验操作

(1) 传感器列表

打开传感器 3D 虚拟仿真软件目录后,双击 OIEP_SensorSimulation.exe 即可启动运行软件,软件启动后进入传感器列表主界面,如图 1-14 所示。

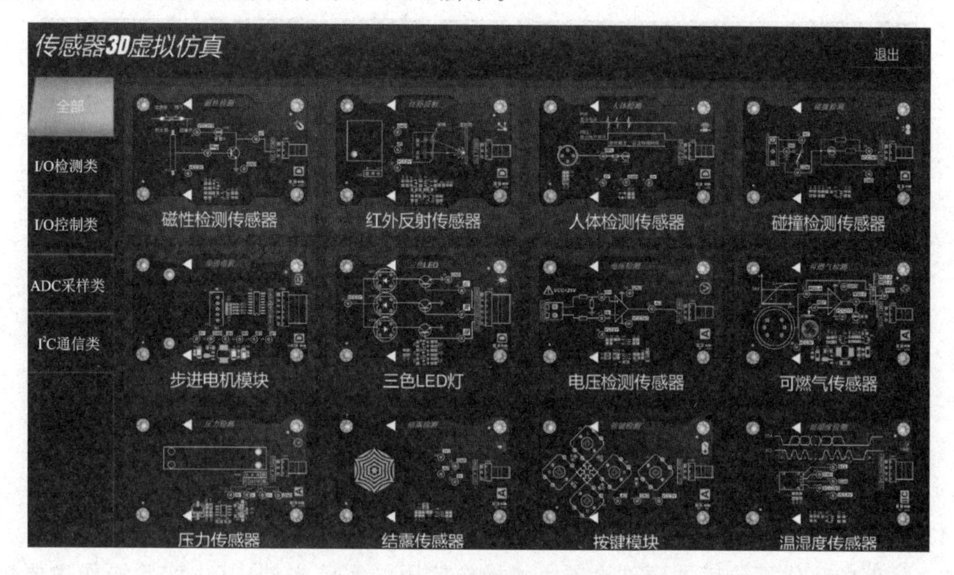

图 1-14 传感器列表界面

(2) 模型展示

在传感器列表界面中找到"电压检测传感器",单击即进入模型展示界面,如图 1-15 所示。

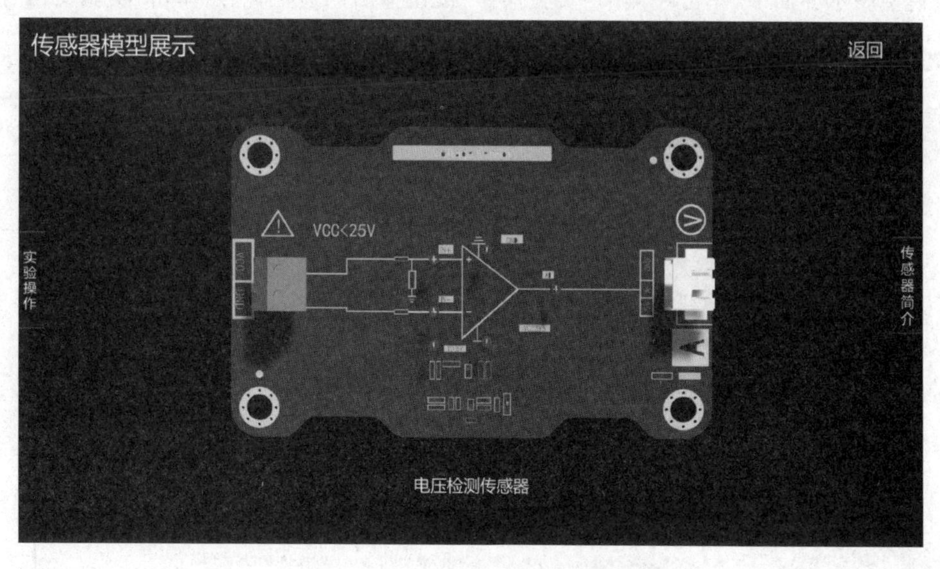

图 1-15 传感器模型展示界面

在模型展示界面中，可以通过对模型的“拖动”“缩放”“旋转”操作查看传感器硬件的仿真构造，将光标移动到模型上，按住鼠标左键拖动光标即可拖动传感器模型，按住鼠标右键拖动光标可旋转模型，滑动鼠标滚轮可放大/缩小模型，单击“传感器简介”按钮可查看传感器的简介。

(3) 工作原理

在模型展示界面中，单击左侧的“实验操作”按钮弹出侧边栏，然后单击“工作原理”按钮即可进入传感器工作原理界面，如图 1-16 所示，界面左侧为传感器工作原理介绍，右侧为传感器工作原理说明图。

图 1-16　工作原理界面

(4) 实验文档

仿真软件中集成了传感器硬件设备实物操作使用的实验文档，其中实验操作主要包括硬件接线、程序烧写及实验结果三个部分，传感器的仿真实验操作就是根据实验文档的实验步骤将重要实验环节涉及到的信号、接口、工具、软件、程序及配置等进行实验操作的仿真。

在模型展示界面中，单击左侧的“实验操作”按钮弹出侧边栏，然后单击“实验文档”按钮即可打开查看实验文档，如图 1-17 所示。

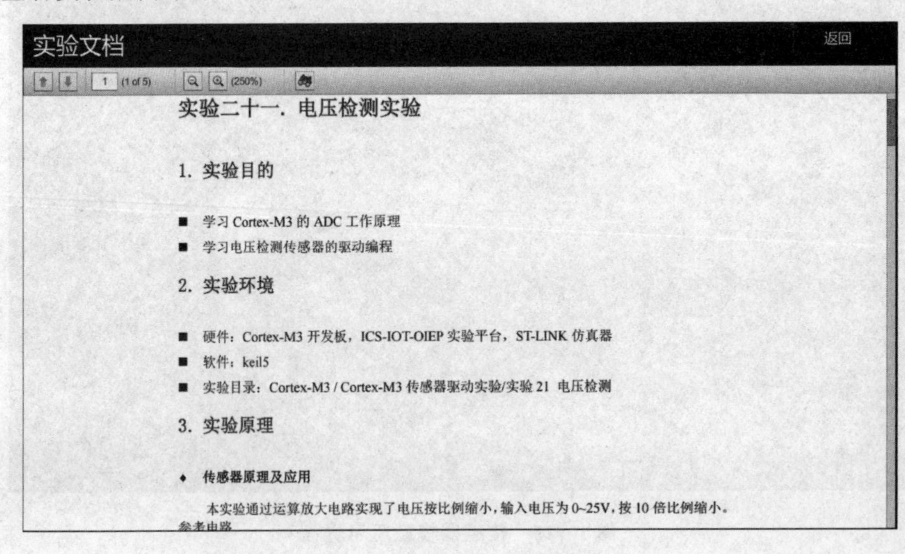

实验二十一. 电压检测实验

1. 实验目的

- 学习 Cortex-M3 的 ADC 工作原理
- 学习电压检测传感器的驱动编程

2. 实验环境

- 硬件：Cortex-M3 开发板，ICS-IOT-OIEP 实验平台，ST-LINK 仿真器
- 软件：keil5
- 实验目录：Cortex-M3 / Cortex-M3 传感器驱动实验/实验 21 电压检测

3. 实验原理

◆ 传感器原理及应用

本实验通过运算放大电路实现了电压按比例缩小，输入电压为 0~25V，按 10 倍比例缩小。

参考电路

图 1-17　实验文档界面

(5) 硬件接线

根据实验文档仿真硬件实物连接操作与配置的关键步骤,硬件接线功能主要包括传感器、I/O扩展板、核心板相关的接线端子、连接线、通信接口、跳线配置、安装方式、仿真器调试工具、电源等操作和配置。

在模型展示界面中,单击左侧的“实验操作”按钮弹出侧边栏,然后单击“硬件接线”按钮即可进入硬件接线场景界面,如图1-18所示。

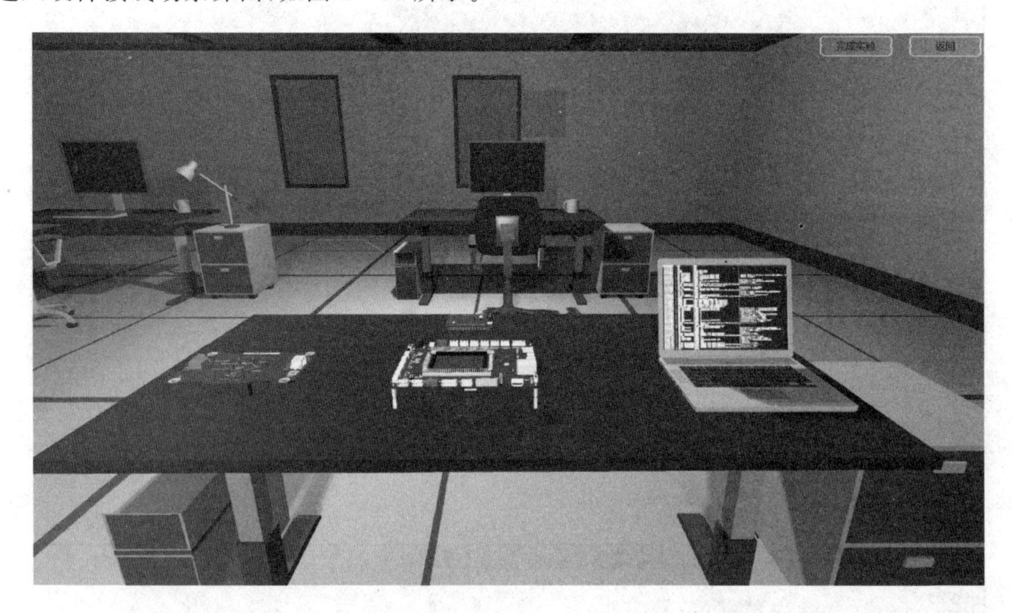

图1-18 硬件接线场景界面

在场景中桌子上摆放了硬件模型,左边的是传感器,中间上方的是Cortex-M3核心板,中间下方的是I/O扩展板,右边是一台笔记本电脑。

在场景中按键盘A、D、W、S键移动视角,按住鼠标右键拖动可旋转视角,将光标移动到传感器、Cortex-M3核心板、I/O扩展板上,单击即可弹出对应的操作配置界面。

➢ 传感器与I/O扩展板连接配置

① 单击虚拟场景界面中桌面的“传感器”模块,弹出“请选择连接线”界面,选择第一项(3Pin线),然后单击“下一步”按钮,如图1-19所示。

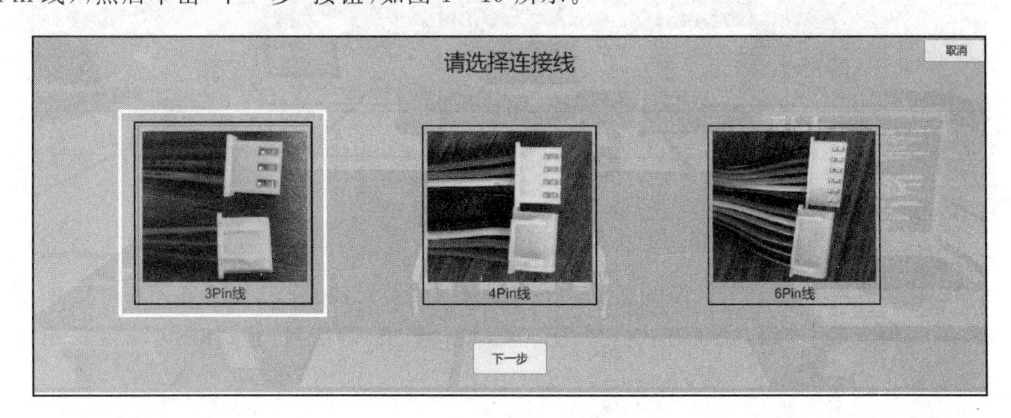

图1-19 选择连接线

② 传感器接线端子选择，将光标移动到端子上单击选中，然后单击“下一步”按钮，如图 1-20 所示。

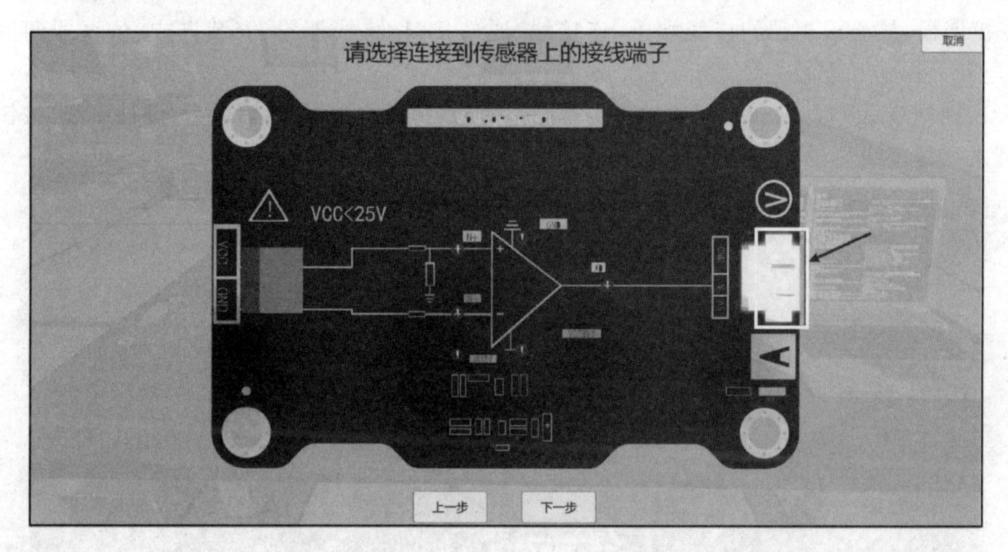

图 1-20　选择传感器接线端子

③ 移动光标到 I/O 扩展板的 ADC0 端子上单击选中，然后单击“完成”按钮，如图 1-21 所示。

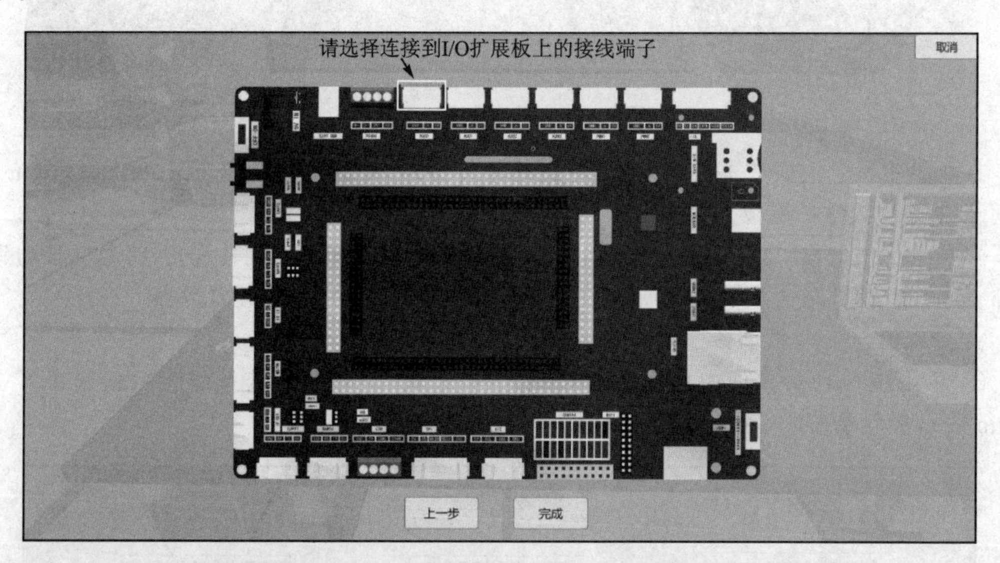

图 1-21　选择连接到 I/O 扩展板的接线端子

④ 传感器与 I/O 扩展板接线配置完成，如图 1-22 所示。

➢ Cortex-M3 核心板配置

① 单击虚拟场景界面中桌面的“Cortex-M3 核心板”模块，弹出菜单如图 1-23 所示，然后单击“核心板安装”按钮，安装方式选择第一项，然后单击“确定”按钮，如图 1-24 所示。

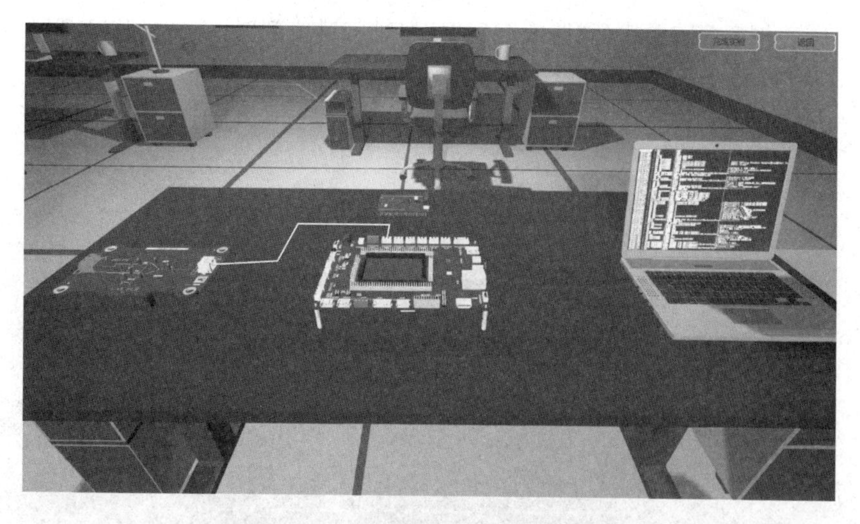

图1-22　传感器与I/O扩展板接线图

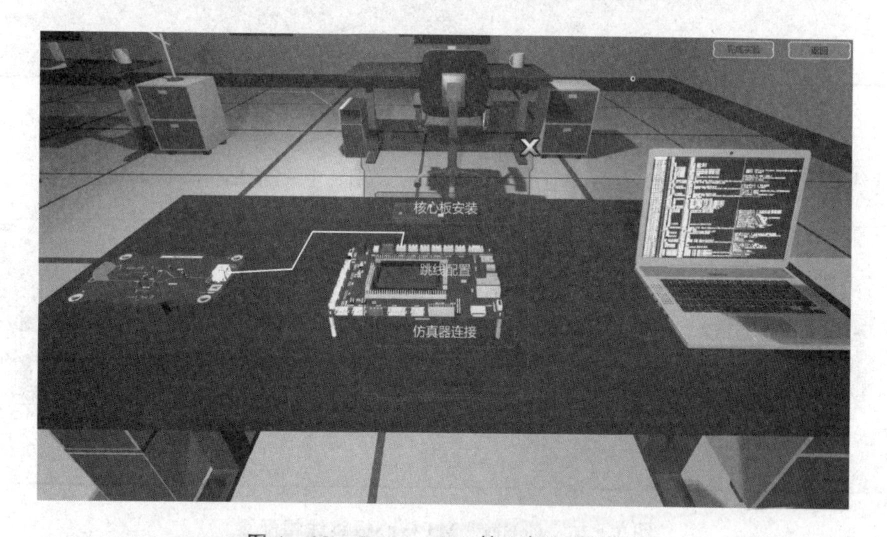

图1-23　Cortex-M3核心板配置菜单

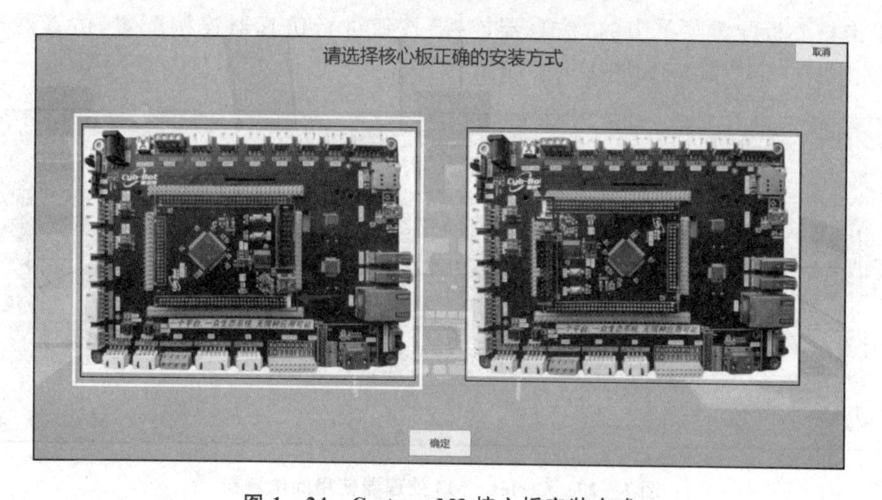

图1-24　Cortex-M3核心板安装方式

② 单击核心板配置菜单中的“跳线配置”按钮进行跳线配置，将光标移动到跳线端子上单击选中，然后单击“下一步”按钮，如图 1-25 所示。

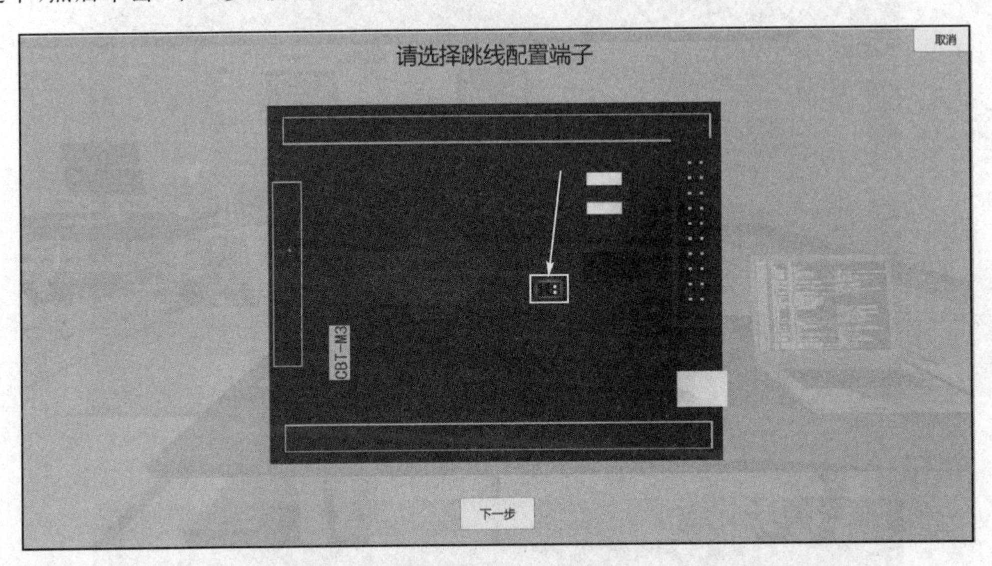

图 1-25　Cortex-M3 核心板跳线端子选择

③ 跳线配置选择第二项，然后单击“确定”按钮，如图 1-26 所示。

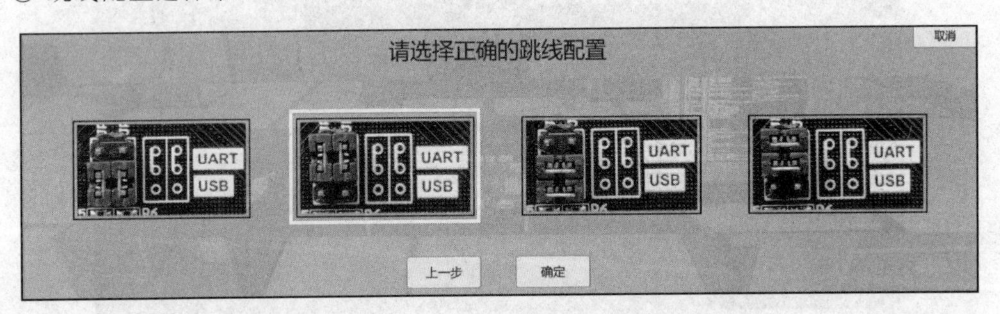

图 1-26　Cortex-M3 核心板跳线帽配置

④ 单击核心板配置菜单中的“仿真器连接”按钮进行仿真器连接配置，仿真器选择第三项，然后单击“下一步”按钮，如图 1-27 所示。

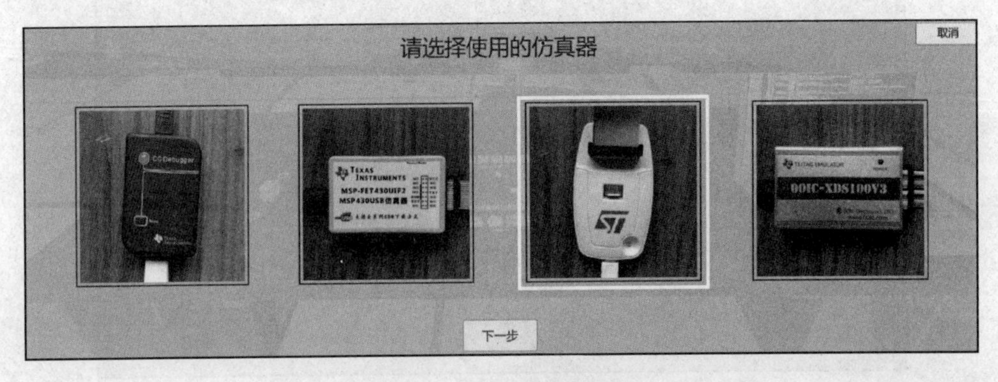

图 1-27　Cortex-M3 处理器使用的仿真器

⑤ 将光标移动到 Cortex - M3 核心板的 JTAG 仿真器连接接口上单击选中,然后单击“确定”按钮,如图 1 - 28 所示。

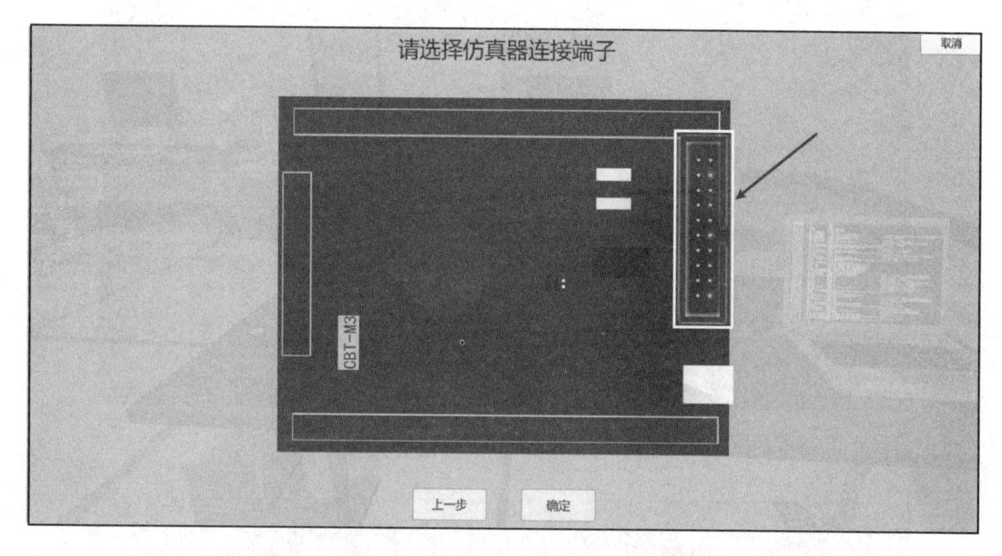

图 1-28 核心板仿真器连接端子

⑥ 核心板配置完成,关闭菜单,返回如图 1 - 29 所示的界面。

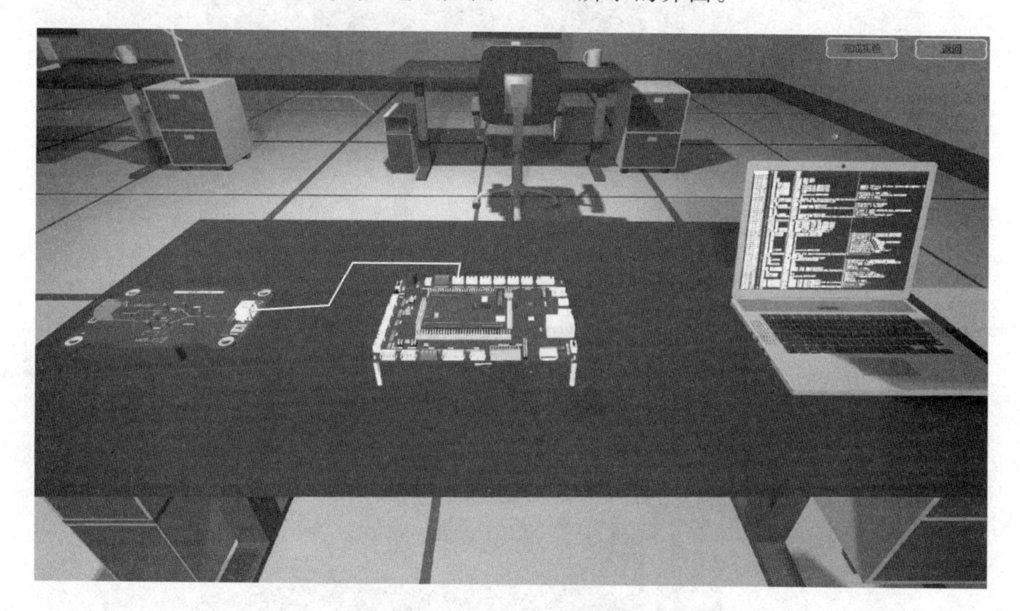

图 1-29 核心板安装配置完成

➢ I/O 扩展板配置

① 单击虚拟场景界面中桌面的“I/O 扩展板”模块,弹出配置菜单如图 1 - 30 所示,然后单击“接线配置”按钮进行 I/O 扩展板连接 PC 的配置,移动光标到 I/O 扩展板的 UART USB 接口上单击选中,然后单击“确定”按钮,如图 1 - 31 所示。

② 单击 I/O 扩展板配置菜单中的“跳线配置”按钮,将光标移动到 I/O 扩展板 USB 与 UART0 的跳线配置端子上单击选中,然后单击“下一步”按钮,如图 1 - 32 所示。

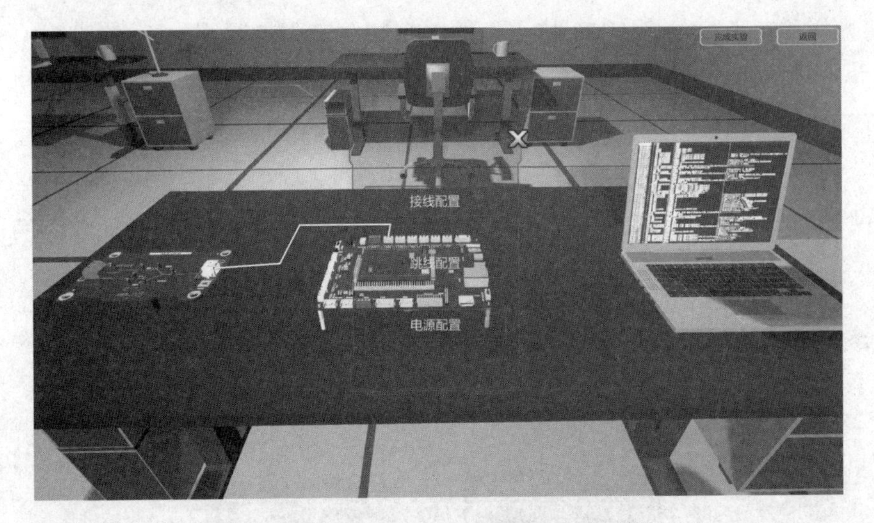

图 1-30　I/O 扩展板配置菜单

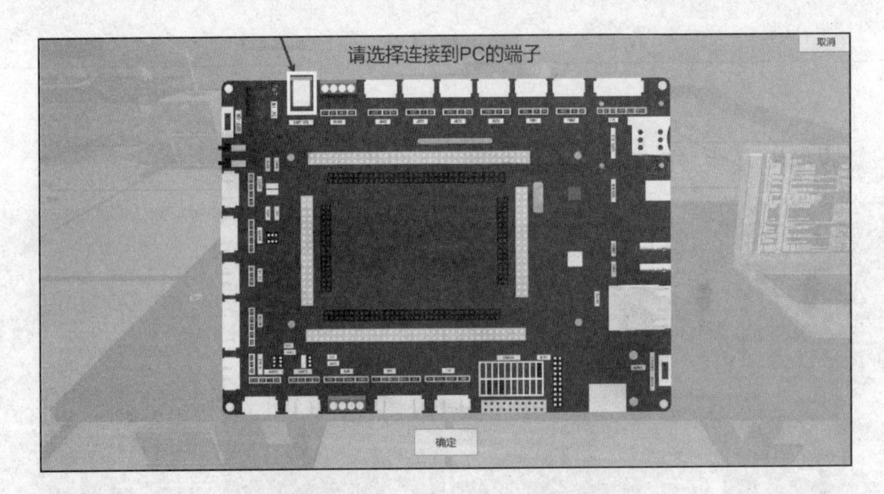

图 1-31　选择连接到 PC 的端子

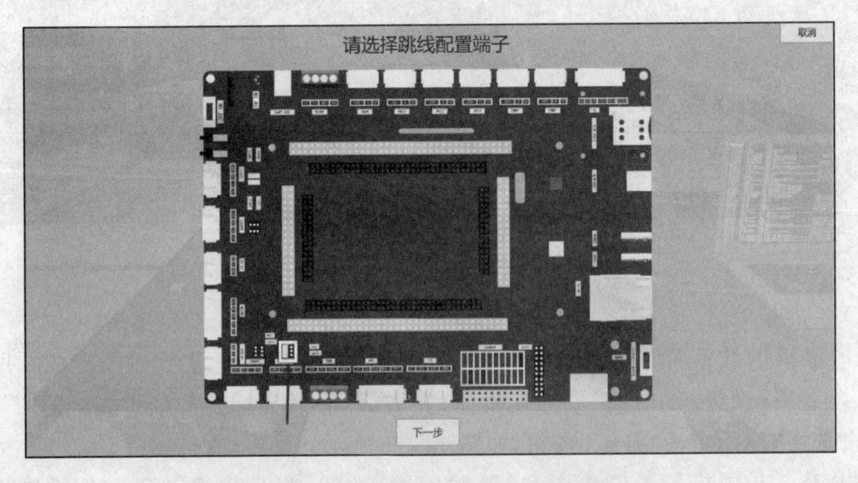

图 1-32　I/O 扩展板选择跳线配置端子

③ 跳线配置选择第二项，然后单击“确定”按钮完成跳线的配置，如图1-33所示。

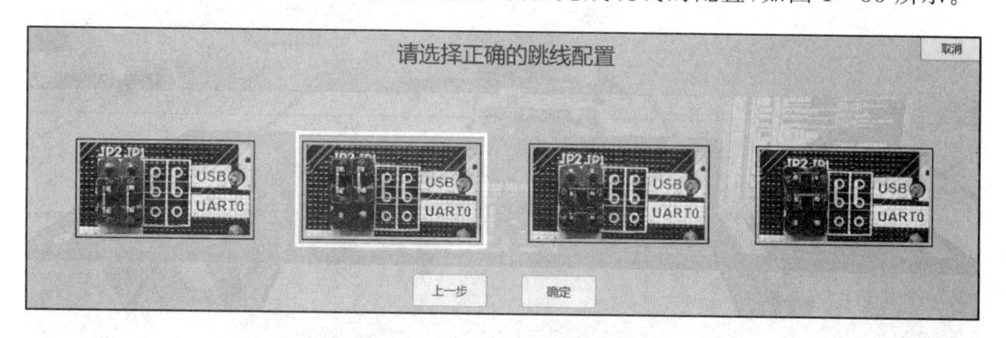

图1-33　I/O扩展板跳线配置方式

④ 单击I/O扩展板配置菜单中的“电源配置”按钮，进行电源连接及输入电压配置，将光标移动到I/O扩展板电源接入接口单击选中，然后单击“下一步”按钮，如图1-34所示。

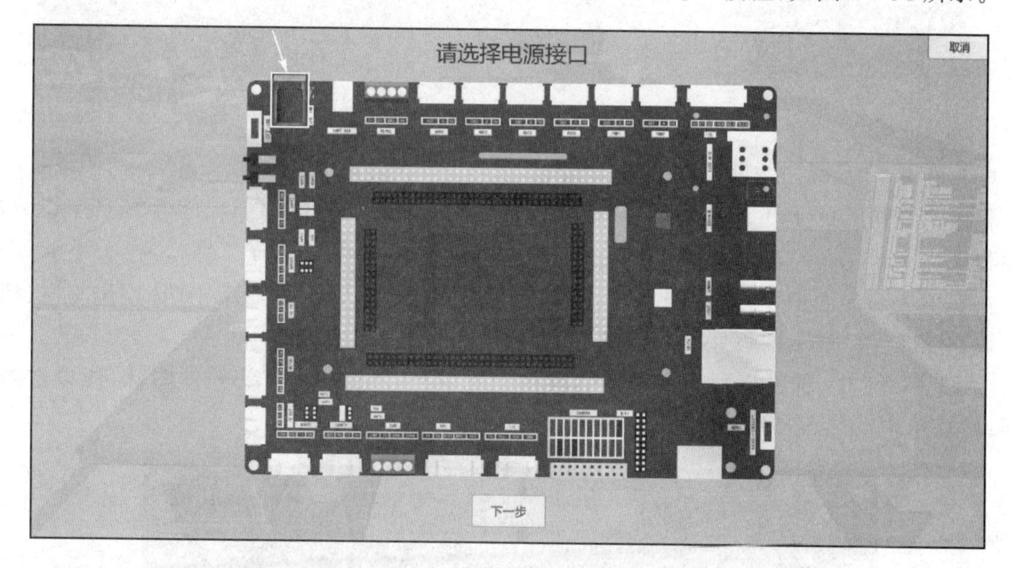

图1-34　选择电源接口

⑤ 供电电源电压选择第二项(5 V)，然后单击“确定”按钮，如图1-35所示。

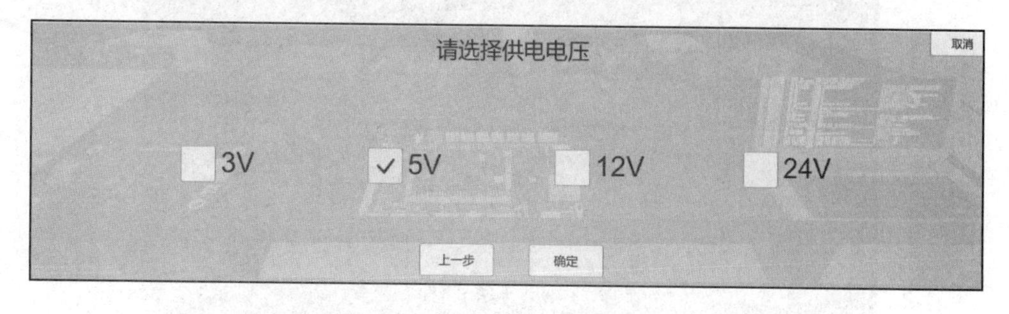

图1-35　选择供电电压

⑥ 硬件接线所有配置完成后，单击界面右上角的“完成实验”按钮，可以查看实验结果，如图1-36所示。

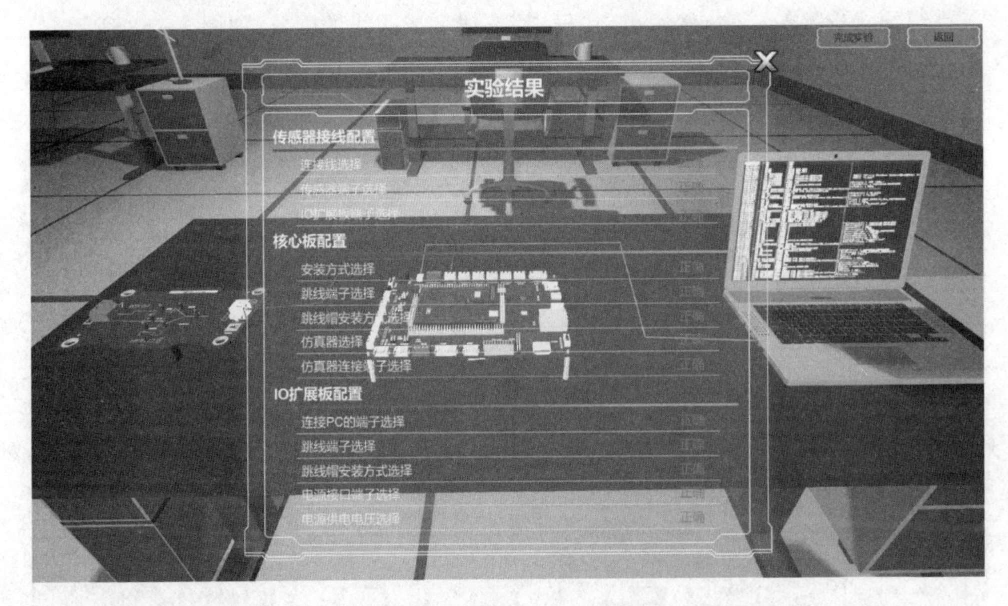

图 1 - 36　硬件接线实验结果

(6) 程序烧写

程序烧写仿真的主要目的是让用户了解和掌握使用 Keil 软件编译程序并对 Cortex - M3 烧写程序。

在模型展示界面中,单击左侧的“实验操作”按钮弹出侧边栏,然后单击“程序烧写”按钮即可进入如图 1 - 37 所示的程序烧写虚拟场景界面。

① 图 1 - 37 中,选择烧写程序使用的软件 IDE,第一项是 Keil5 的软件图标,所以选择第一项,然后单击“下一步”按钮。

图 1 - 37　选择烧写程序的软件 IDE

② 选择第 4 个菜单选项 Project,然后单击“下一步”按钮,即可打开源码工程,如图 1 - 38 所示。

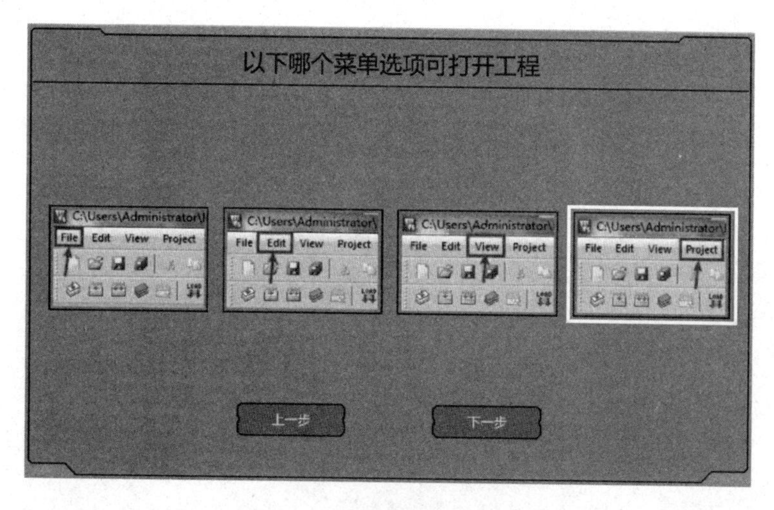

图1-38 选择打开工程选项

③ 在弹出的"打开工程文件"窗口中,按路径:实验21电压检测>USER>VOLTAGE.uvprojx选择正确格式的工程文件,如图1-39所示。

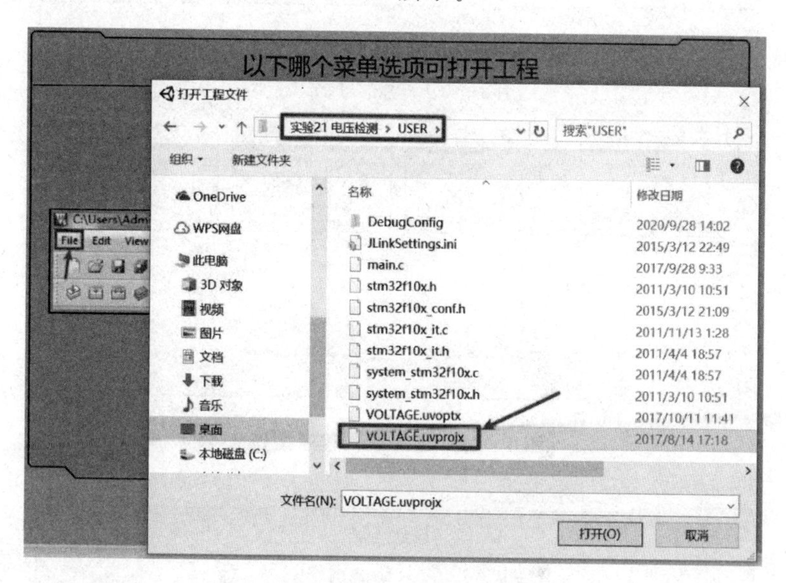

图1-39 选择工程文件

④ 选择第3个选项,然后单击"下一步"按钮,即可对程序进行编译,如图1-40所示。

⑤ 选择第4个选项,然后单击"完成"按钮,即可烧写程序,如图1-41所示。

⑥ 程序烧写完成后,弹出实验结果如图1-42所示。如果有错误,可单击"返回重做"按钮,然后仔细查看实验文档,重新进行程序烧写仿真实验;单击"退出"按钮则返回传感器模型展示场景界面。

(7) 实验结果

根据实验文档,当硬件接线完成并对Cortex-M3烧写程序后,程序运行通过接口获取电压检测传感器数据并通过串口输出,所以可以使用串口终端软件获取最终实验的输出结果。

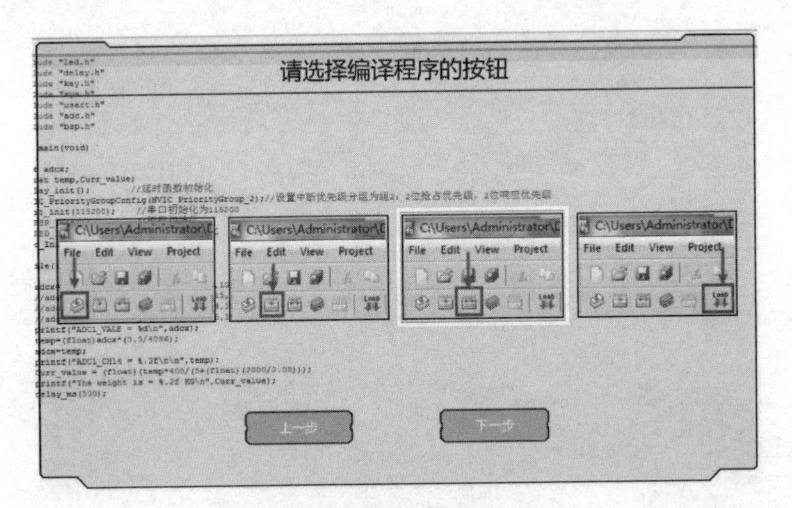

请选择编译程序的按钮
上一步
下一步

图 1－40　选择编译程序按钮

请选择烧写程序的按钮
上一步
完成

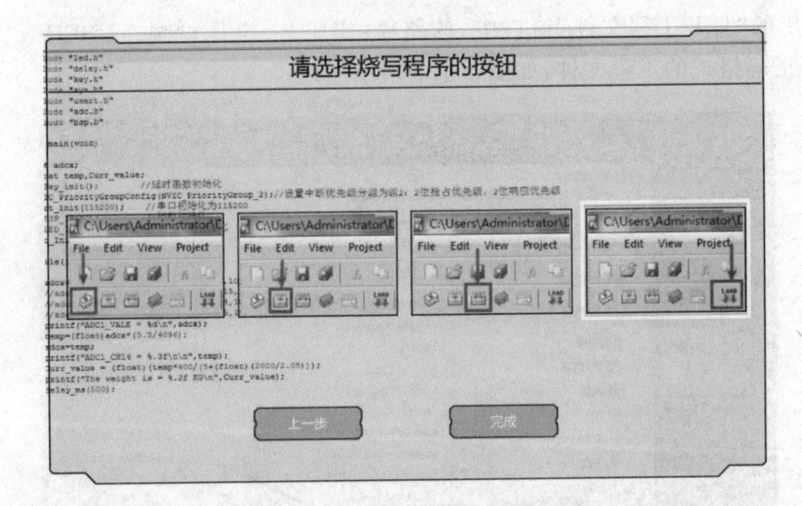

图 1－41　选择烧写程序按钮

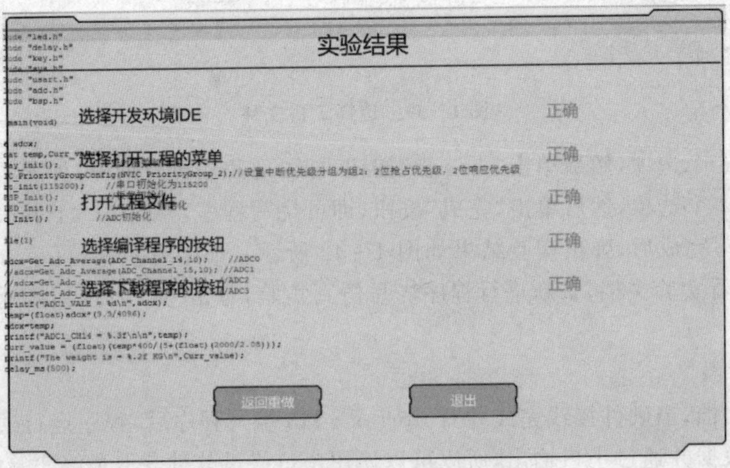

实验结果
选择开发环境IDE
正确
选择打开工程的菜单
正确
打开工程文件
正确
选择编译程序的按钮
正确
选择下载程序的按钮
正确
返回重做
退出

图 1－42　烧写程序实验结果

在模型展示界面中，单击左侧的“实验操作”按钮弹出侧边栏，然后单击“实验结果”按钮进入如图1-43所示的实验结果虚拟场景界面。

① 图1-43中，选择串口终端软件，第二项是AccessPort串口软件的图标，所以选择第二项，然后单击“下一步”按钮，进入如图1-44所示界面。

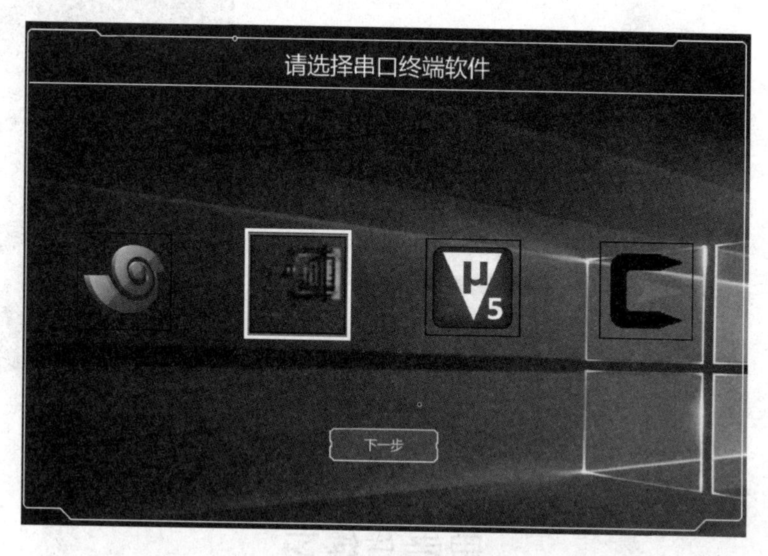

图1-43　选择串口终端软件

② 如图1-44所示，在串口终端软件中进行串口选项设置，串口选择先单击“查看串口”按钮，查看连接到电脑的串口，本实例为COM7，所以“串口”从下拉列表中选择COM7，“波特率”选择115 200，“校验位”选择NONE，“数据位”选择8，“停止位”选择1，“接收区显示方式”选择“字符形式”，最后单击“确定”按钮。

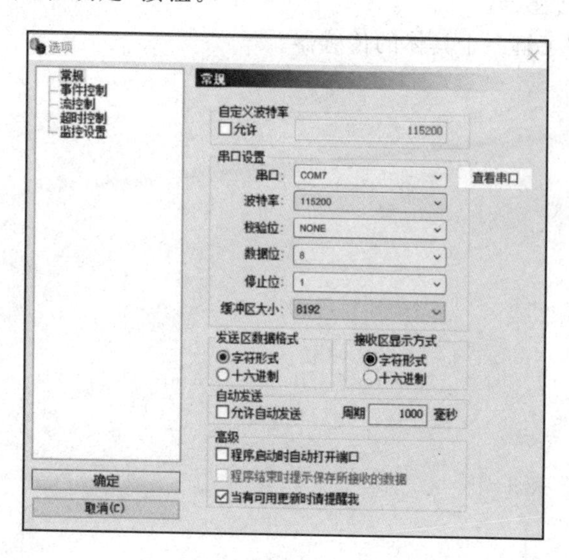

图1-44　配置串口连接选项

③ 串口软件配置完成后，串口终端输出当前检测的电压值，如图1-45所示。

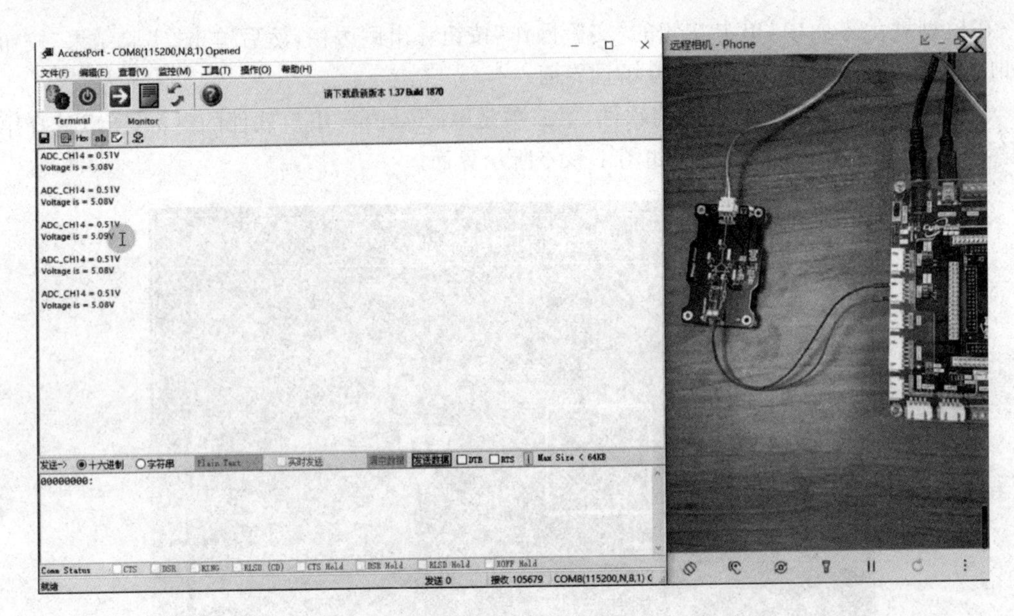

图 1-45　实验结果

思考与练习

1. 试述传感器的定义及组成。
2. 传感器有哪几种分类方法？各有什么特点？
3. 试述传感器的发展趋势。
4. 列举你身边的传感器。
5. 查阅资料，认识了解一个具体的传感器。

项目2　力传感器

项目描述

在生活中存在着各种各样的力，为了便于测量、存储、计算、传输，我们需要将力转换为电信号，力传感器就是能够把力的变化转换为电压或电流的变化，再通过相应的电路对转换后的电压或电流信号进行测量，把测量得到的电信号通过对应关系再转换为力的大小的传感器。最常见的是压力传感器，电子秤是生活中使用最广泛的一种压力传感器，根据使用场所的不同有不同的量程可选。

项目首先介绍力传感器的基本概念、主要特性、分类、工作原理和常见应用；然后将理论用于实践，通过称重检测系统和气压检测计的设计，全面了解力传感器的使用过程。

项目要求/知识学习目标

① 掌握力传感器的概念、作用；
② 了解力传感器的分类；
③ 了解力传感器的性能指标；
④ 理解各种常用力传感器的工作电路；
⑤ 掌握常用力传感器的使用方法及程序调试。

2.1　力传感器定义

自然界中的力有多种表现形式。按性质，可分为重力、弹力、摩擦力、分子力、电场力、磁场力等；按作用效果，可分为拉力、推力、压力、支持力、动力、阻力等；按作用方式，可分为接触力、场力等；按研究对象，可分为内力、外力等。

力是自然界非常常见的物理量之一，广泛存在于人们生活的各个方面。传统的测量力的方法是利用弹性元件的形变和位移来表示力的大小，其特点是成本低、不需要电源，但其输出为非电量，不便于在计算机中存储、传输与计算。后来发现了应变计——力传感器(force sensor)，是将力学量转换为电学量的装置。传统的力传感器是利用弹性元件的形变和位移来表征力的大小，具有体积庞大、笨重、输出非线性等缺点。随着微电子技术的发展，利用半导体材料的压阻效应研制出的半导体力敏传感器，具有体积小、重量轻、灵敏度高等优点，得到了广泛应用。力传感器能检测张力、拉力、压力、重量、扭矩、内应力和应变等力学量。具体的器件有金属应变片、压力传感器等，在动力设备、工程机械、各类工作母机和工业自动化系统中，成为不可缺少的核心部件。力传感器广泛应用于自动控制、水利、交通、建筑、航空航天、军事、石化、电力、船舶、机床等行业。

力传感器是一种将力信号转变为电信号输出的电子元件，主要由三个部分组成：力敏元件、转换元件与电路部分。

2.2　力传感器分类

力能够产生多种物理效应,可采用多种不同的原理和工艺,针对不同的需要设计制造力传感器。力传感器就是将这些力学量转换为电学量的装置,其种类繁多,性能各异。力传感器主要有:①被测力使弹性体(如弹簧、梁、波纹管、膜片等)产生相应的位移,通过位移的测量获得力的信号。②弹性构件和应变片共同构成传感器,应变片牢固粘贴在构件表面上。弹性构件受力时产生形变,使应变片电阻值变化(发生应变时,应变片几何形状和电阻率发生改变,导致电阻值变化),通过电阻测量获得力的信号。应变片可由金属箔制成,也可由半导体材料制成。③利用压电效应测力。通过压电晶体把力直接转换为置于晶体两面电极上的电位差。④力引起机械谐振系统固有频率变化,通过频率测量获取力的相关信息。⑤通过电磁力与待测力的平衡,由平衡时相关电磁参数获得力的信息。

根据传感器的工作原理,力传感器可分为:应变式(包括电阻式、电位式、电阻应变式)、电感式(包括自感式电感传感器、差动变压式传感器、电涡流式传感器)、电容式(包括变间隙式电容传感器、变面积式电容传感器)、压电式(包括石英晶体和压电陶瓷)等。不同类型的力传感器,所涉及的原理、材料、特性及工艺也各不相同,本项目只介绍几种应用比较广泛的传感器,并介绍典型力学传感器的基本知识以及应用电路的调试和注意事项等。

2.3　力传感器原理

2.3.1　应变式传感器原理

根据物理知识可知,刚性物体受力后会发生变形,应变式传感器就是基于此特性设计出来的测量物体受力变形所产生的应变的一种传感器。电阻应变片则是其最常采用的传感元件。它是一种能将机械构件上应变的变化转换为电阻变化的传感元件。由于其结构简单,易于制造,价格便宜,性能稳定,输出功率大,因此在检测系统中得到了广泛的应用。

每一种金属体都有电阻,电阻值因金属的种类而异,同样的材料,金属体越细或越薄,则电阻值越大。当加有外力时,金属若变细变长,则阻值增大;若变粗变短,则阻值减小。如果发生应变的物体上安装有(通常是粘贴)金属电阻,则当物体伸缩时,金属体也按某一比例发生伸缩,因而电阻值会发生相应的变化。

电位器式传感器(分为直线位移型、角位移型和非线性型等)通过滑动触点把位移转换为电阻丝的长度变化,从而改变电阻值大小,进而再将这种变化值转换成电压或电流的变化值。

当导体或半导体材料在外力作用下产生机械变形时,其电阻值也相应发生变化的物理现象,称为电阻应变效应。电阻应变式传感器是利用电阻应变片将应变转换为电阻变化即应变效应而设计制作的传感器。电阻应变片是一种将被测件上的应变变化转换成为一种电信号的敏感器件。电阻应变片应用最多的是金属电阻应变片和半导体应变片两种。金属电阻应变片分体型和薄膜型,属于体型的有电阻丝栅应变片、箔式应变片、应变花等。半导体应变片用锗或硅等半导体材料作为敏感栅。任何非电量,只要能设法转换为应变片的应变,都可以利用此种传感器进行测量。通常是将应变片通过特殊的黏合剂紧密地黏合在产生力学应变的基体上，当基体受力发生应力变化时，电阻应变片也一起产生形变，使应变片的阻值发生改变，从而使加在电阻上的电压发生变化。因此电阻应变式传感器可以用来测量应变、力、扭矩、位移和加速度等多种参数。

2.3.2　电感式传感器原理

电感式传感器是利用被测量的变化引起线圈自感或互感系数的变化，从而导致线圈电感的改变来实现测量的。根据转换原理，电感式传感器可分自感式电感传感器、差动变压器式传感器、电涡流式传感器。

自感式电感传感器是利用线圈自感量的变化来实现测量被测量的。它由线圈、铁芯和衔铁三部分组成。铁芯和衔铁由导磁材料如硅钢片或坡莫合金制成，在铁芯和衔铁之间有气隙，传感器的运动部分与衔铁相连。当被测量发生变化时，使衔铁产生位移，引起磁路中磁阻变化，从而导致电感线圈的电感量变化，因此只要能测出这种电感量的变化，就能确定衔铁位移量的大小和方向，这种传感器又称为变磁阻式传感器。差动变隙式传感器由两个完全相同的电感线圈合用一个衔铁和相应的磁路组成。

差动变压器式传感器中差动变压器的工作原理类似于变压器的工作原理。这种类型的传感器主要包括衔铁、一次绕组和二次绕组等。一、二次绕组间的耦合能随衔铁的移动而变化，即绕组间的互感随被测位移改变而变化。由于在使用时采用两个二次绕组反向串接，以差动方式输出，所以把这种传感器称为差动变压器式电感传感器，通常简称差动变压器。

电涡流式传感器是利用涡流效应，将非电量转换为阻抗的变化而进行测量的。当通过金属体的磁通量变化时，就会在导体中产生感生电流，这种电流在导体中是自行闭合的，这就是所谓的电涡流。电涡流的产生必然要消耗一部分能量，从而使产生磁场的线圈阻抗发生变化，这一物理现象称为涡流效应。

2.3.3　电容式传感器原理

电容式传感器是一种把被测的机械量转换为电容量变化的传感器。它的敏感部分就是具有可变参数的电容器。电容式传感器可分为极距变化型、面积变化型、介质变化型三类。极距变化型一般用来测量微小的线位移或由于力、压力、振动等引起的极距变化。面积变化型一般用于测量角位移或较大的线位移。介质变化型常用于物位测量和各种介质的温度、密度、湿度的测定。电容器作为传感元件，将不同物理量的变化转换为电容量的变化。在大多数情况下，作为传感元件的电容器是由两平行板组成的以空气为介质的电容器，有时也采用由两平行圆筒或其他形状平面组成的电容器，包括变间隙式电容传感器、变面积式电容传感器。

2.3.4　压电式传感器原理

某些电介质在沿一定方向上受到力的作用而变形时，内部会产生极化，同时在其表面有电荷产生，当外力去掉后，表面电荷消失，这种现象称为压电正向效应。反之，在电介质的极化方向施加交变电场，它会产生机械变形，当去掉外加场时，电介质变形随之消失，这种现象称为压电逆向效应（电致伸缩效应）。压电式传感器的基本原理就是利用压电材料的压电效应这个特性，即当有力作用在压电元件上时，传感器就有电荷（或电压）输出。压电式传感器是一种典型的自发电型传感器，由压电传感元件和测量转换电路组成。压电传感元件是一种力敏感元件，凡是能够变换为力的物理量,如应力、压力、振动、加速度等,均可进行测量,由于压电效应的可逆性,压电元件又常用作超声波的发射与接收装置。

压电式传感器中使用的压电材料主要包括石英晶体、压电陶瓷(如钛酸钡、钛酸铅、铌镁酸铅等)和高分子压电材料(如聚二氟乙烯和聚氯乙烯等)。其中石英晶体(二氧化硅)是一种天然晶体,压电效应就是在这种晶体中发现的,在一定的温度范围之内,压电性质一直存在,但温度超过这个范围之后,压电性质完全消失(这个高温就是所谓的“居里点”)。由于随着应力的变化电场变化微小(也就是说压电系数比较小),所以石英逐渐被其他的压电晶体所替代。

2.4 力传感器应用

力传感器能检测张力、拉力、压力、重量、扭矩、内应力和应变等力学量,具体的器件有金属应变片、压力传感器等。力传感器在动力设备、工程机械、各类工作母机和工业自动化系统中,成为不可缺少的核心部件。

力传感器主要应用在各种电子衡器、在线控制、安全过载报警、材料试验机等领域,如电子汽车衡、电子台秤、电子叉车、动态轴重秤、电子吊钩秤、电子计价秤、电子钢材秤、电子轨道衡、料斗秤、配料秤、罐装秤等。

力传感器形式的选择主要取决于称重的类型和安装空间,需要保证安装合适,称重安全可靠;同时还要考虑制造厂家的建议,传感器制造厂家一般规定了传感器的受力情况、性能指标、安装形式、结构形式、弹性体的材质等。

2.5 应用实例

任务1　称重检测设计

1. 任务基本内容

(1) 设计任务

设计一个能够检测当前称重传感器所受压力质量的系统,系统具有显示功能。

(2) 任务目的

① 学习称重传感器的基本原理、电路设计和驱动编程。

② 学习 Cortex－M3 的 ADC 工作原理。

③ 通过实验仿真操作掌握传感器的硬件接线及程序下载,并最终得出实验仿真结果。

(3) 基本要求

① 在串口调试助手中显示当前称重传感器所受压力质量。

② (选做)设计上位机程序,显示检测数据并存储在数据库中。

(4) 应用场景

应用场景包括各种工业自控环境,涉及水利水电、铁路交通、智能建筑、生产自控、航空航天、军工、石化等。

2. 系统软硬件环境

(1) 系统环境

① 硬件:Cortex - M3 开发板,ICS - IOT - OIEP 实验平台,ST - LINK 仿真器。

② 软件:Keil5。

③ 仿真实验环境:传感器 3D 虚拟仿真软件。

④ 实验目录:传感器驱动实验/实验 22 称重检测。

(2) 原理详解

称重传感器实际上是一种将质量信号转变为可测量的电信号输出的装置。其工作过程如下:首先,通过敏感元件直接感受被测量(质量)并输出与被测量有确定关系的其他物理量。例如,电阻应变式称重传感器的弹性体,是将被测物体的质量转变为形变;电容式称重传感器的弹性体将被测的质量转变为位移。然后,经过变换元件(又称传感元件)将敏感元件的输出转变为便于测量的信号。例如,电阻应变式称重传感器的电阻应变计(或称电阻应变片),将弹性体的形变转换为电阻量的变化;电容式称重传感器的电容器,将弹性体的位移转变为电容量的变化。有时某些元件兼有敏感元件和变换元件两者的职能,如电压式称重传感器的压电材料,在外载荷的作用下,在发生变形的同时输出电量。最后,通过测量元件将变换元件的输出变换为电信号,为进一步传输、处理、显示、记录或控制提供方便。电阻应变式称重传感器中的电桥电路,压电式称重传感器的电荷前置放大器,均为测量元件。

(3) 硬件电路

使用压力传感器,此传感器输出模拟信号,传感器硬件原理如图 2 - 1 所示。图中,208R1%中的 R 表示电阻的单位为 Ω,1%表示电阻误差为 1%。

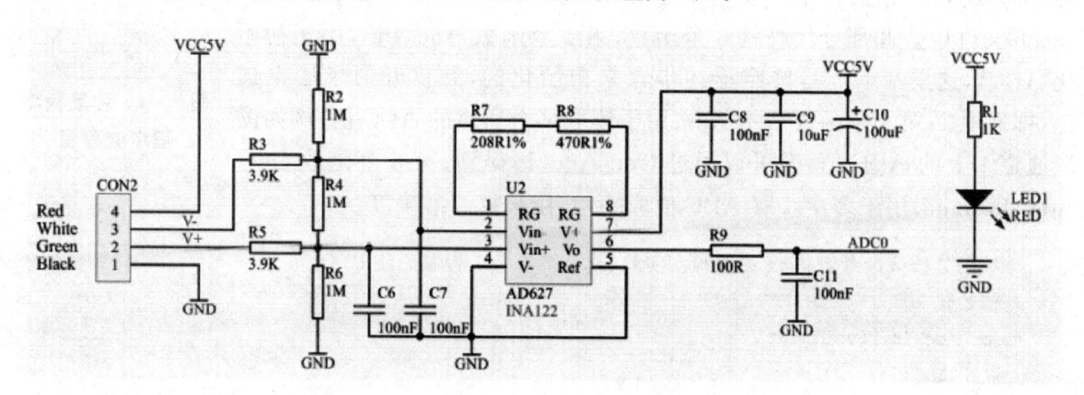

图 2 - 1　压力传感器硬件原理图

传感器通过 3Pin 的对插线与 I/O 扩展板 ADC0 相连接(也可使用 ADC1、ADC2、ADC3),I/O 扩展板的引脚电路图如图 2 - 2 所示,Cortex - M3 接口原理图如图 2 - 3 所示。

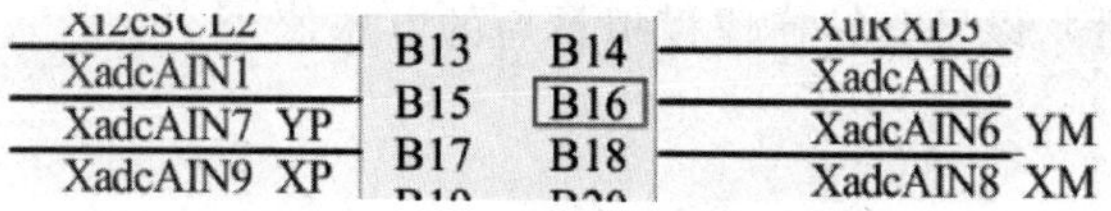

XI2cSCL2 | B13 B14 | XuRXD3
XadcAIN1 | B15 B16 | XadcAIN0
XadcAIN7 YP | B17 B18 | XadcAIN6 YM
XadcAIN9 XP | | XadcAIN8 XM

图 2 - 2　I/O 扩展板接口原理图

STM32 拥有 1~3 个 ADC(STM32F101/102 系列只有 1 个 ADC),这些 ADC 可以独立

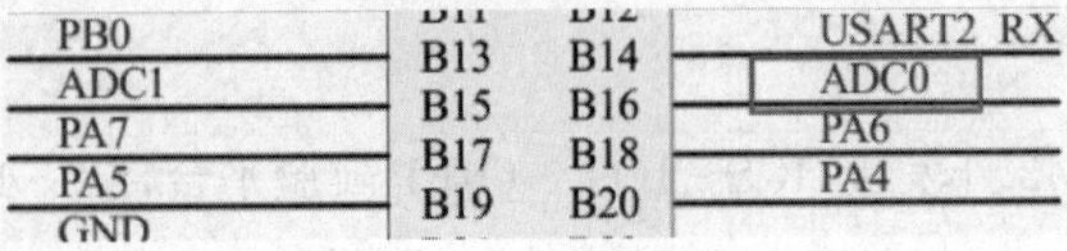

PB0 B11 B12 USART2_RX
ADC1 B13 B14 ADC0
PA7 B15 B16 PA6
PA5 B17 B18 PA4
GND B19 B20

图 2-3　Cortex-M3 接口原理图

使用,也可以使用双重模式(提高采样率)。STM32 的 ADC 是 12 位逐次逼近型的模拟/数字转换器。它有 18 个通道,可测量 16 个外部和 2 个内部信号源。各通道的 A/D 转换可以单次、连续、扫描或间断模式执行。ADC 的结果可以左对齐或右对齐方式存储在 16 位数据寄存器中。

如图 2-1 和图 2-3 所示,压力传感器对应的是 ADC0,转换通道为 ADC123_IN14(完整原理参考附录 A 核心板原理图)。ADC0 对应引脚 PC4,设置引脚功能为模拟输入模式、ADC 采样功能。

(4) 软件设计流程图

称重检测程序流程图如图 2-4 所示。首先,程序开始运行,延时函数初始化,ADC 初始化,串口初始化,读取 A/D 转换并输出当前重量值,然后根据重量测量范围将当前传感器重量值输出,显示在串口调试助手中。

开　始
初始化
读取A/D转换当前重量值
根据重量测量范围显示重量值
结　束

图 2-4　称重检测程序流程图

(5) 源码分析

打开工程源码,可以看到工程中多了 1 个 adc.c 文件和 1 个 adc.h 文件。同时 ADC 相关的库函数是在 stm32f10x_adc.c 文件和 stm32f10x_adc.h 文件中。此部分代码就 3 个函数,第 1 个函数 Adc_Init,用于初始化 ADC1,这里基本上是按照上述步骤来初始化的,并仅开通了 1 个通道,即通道 1;第 2 个函数 Get_Adc,用于读取某个通道的 ADC 值,例如读取通道 1 上的 ADC 值,就可以通过 Get_Adc(1)得到;第 3 个函数 Get_Adc_Average,用于多次获取 ADC 值取平均,用来提高准确度。

```
//源码分析可参考实验 11 光照检测实验,或直接参考工程源码获得
//初始化 ADC
void  Adc_Init(void)
//获得 ADC 值
u16 Get_Adc(u8 ch)
//获取平均值
u16 Get_Adc_Average(u8 ch,u8 times)
```

主函数中实现时钟、串口、ADC 等初始化,最终每隔 500 ms 读取一次 ADC 的值,并显示读到的 ADC 值(数字量),以及其转换成模拟量后的电压值。

```
int main(void)
  {
    u16 adcx;
    float temp,current;
    delay_init();                    //延时函数初始化
```

```
    NVIC_PriorityGroupConfig(NVIC_PriorityGroup_2);
    //设置中断优先级分组为组 2:2 位抢占优先级,2 位响应优先级
    uart_init(115200);              //串口初始化为 115200
    Adc_Init();                     //ADC 初始化
    while(1)
    {
        adcx = Get_Adc_Average(ADC_Channel_14,10);      //ADC0
        //adcx = Get_Adc_Average(ADC_Channel_15,10);    //ADC1
        //adcx = Get_Adc_Average(ADC_Channel_4,10);     //ADC2
        //adcx = Get_Adc_Average(ADC_Channel_5,10);     //ADC3
        temp = (float)adcx * (3.3/4096);
        current = (temp - 2.5) * 5.0; //电流测量范围 - 5～5 A
        printf("Current = %.2fA\n",current);
        printf("ADC1_CH14 = %.2fV\n\n",temp);
        delay_ms(500);
    }
}
```

3. 实验运行步骤和结果

(1) 实验步骤

① 称重传感器通过 3Pin 的对插线与 I/O 扩展板的 ADC0 接口连接,如图 2－5 所示。

图 2－5 压力传感器连接图

② 连接电源线、mini 串口线并打开电源开关,将核心板上的跳线接到 UART 端,I/O 扩展板的跳线接到 USB 端,跳线位置如图 2－6 所示。

③ 将 ST－LINK 仿真器一端连接在 PC 机上,另一端连接在 Cortex－M3 仿真器下载口上。

④ 用 Keil5 软件打开实验工程,目录在:Cortex－M3/Cortex－M3 传感器驱动实验/实验 22 称重传感器/USER,之后打开后缀名为.uvprojx 的工程文件,如图 2－7 所示。

图 2-6　核心板跳线位置图

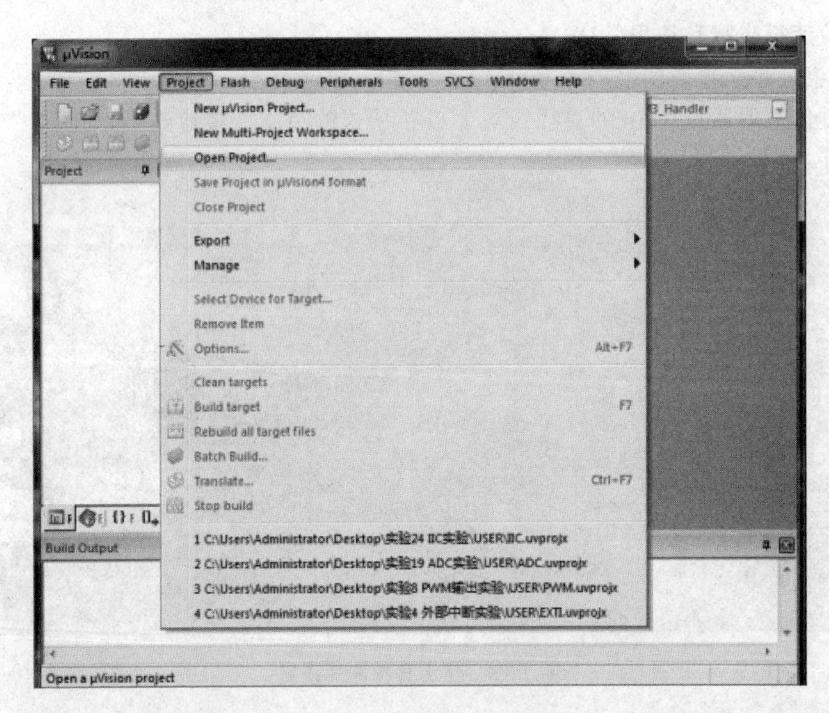

图 2-7　打开工程文件图

⑤ 编译程序,单击按钮如图 2-8 所示。

⑥ 编译通过,然后下载程序到 Cortex-M3 开发板,单击按钮如图 2-9 所示。

图 2-8　编译程序按钮图

图 2-9　下载程序按钮图

⑦ 打开串口工具 AccessPort，设置端口号（在设备管理器中查找），设置“波特率”为 115 200，其他默认。

(2) 设计运行结果

下载并运行程序，串口终端输出当前检测的电压值，读者可以使用不同电压的电源来测量，观察串口终端输出的值，如图 2－10 所示。

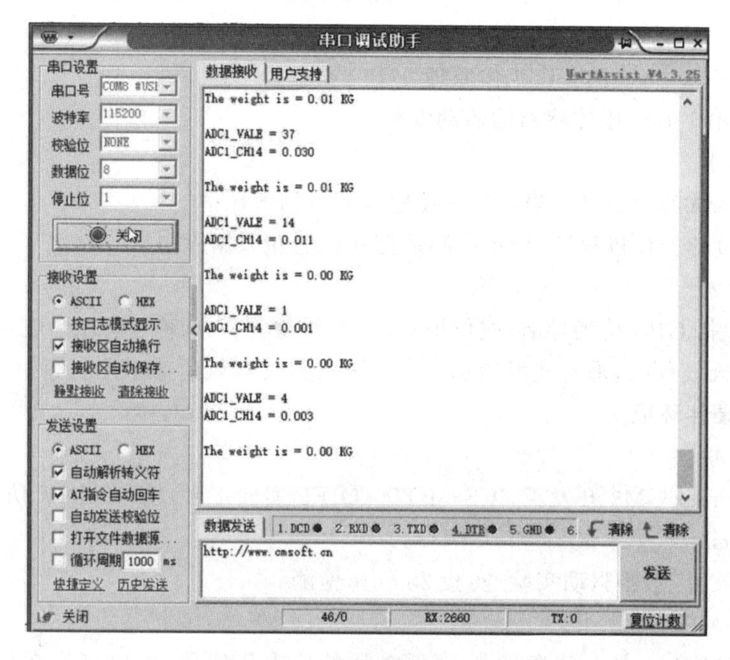

图 2－10　电压检测结果图

4. 仿真软件使用及实验操作

打开传感器 3D 虚拟仿真软件目录后，双击 OIEP_SensorSimulation.exe 即可启动运行软件，软件启动后进入传感器列表主界面，如图 2－11 所示，选择“压力传感器”进行虚拟仿真实验。

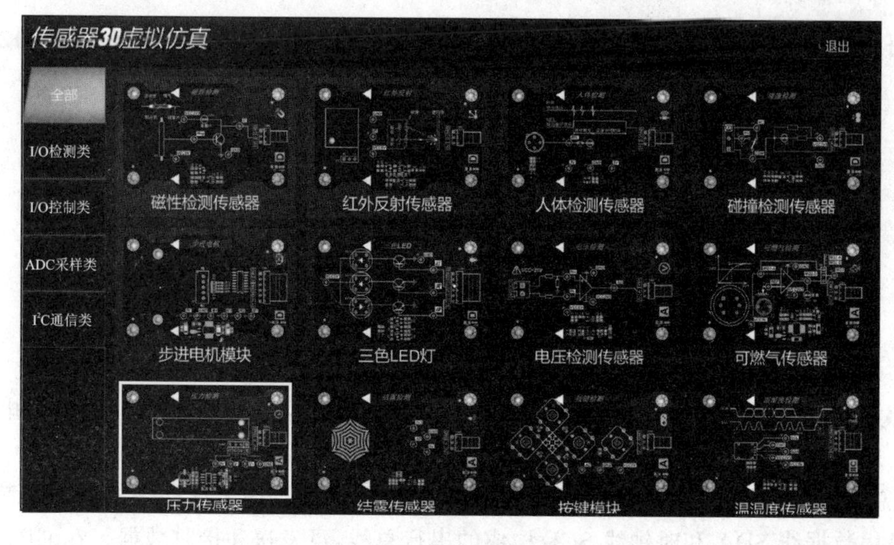

图 2－11　传感器列表界面

任务 2　气压检测设计

1. 任务基本内容

(1) 设计任务

设计一个能够检测当前气压传感器所测量气压值的系统，系统具有显示功能。

(2) 任务目的

① 学习 Cortex - M3 的 I^2C 工作原理。

② 学习 BMP180 气压传感器的驱动编程。

(3) 基本要求

① 在串口调试助手中显示当前气压传感器测量的气压值。

② (选做)设计上位机程序，显示检测数据并存储在数据库中。

(4) 应用场景

应用场景包括 GPS 精确导航(航位推算、上下桥检测等)，室内室外导航，休闲、体育和医疗健康等监测，天气预报，垂直速度指示(上升/下沉速度)，风扇功率控制等。

2. 系统软硬件环境

(1) 系统环境

① 硬件：Cortex - M3 开发板，ICS - IOT - OIEP 实验平台，ST - LINK 仿真器。

② 软件：Keil5。

③ 实验目录：传感器驱动实验/实验 28 气压检测。

(2) 原理详解

BMP085/BMP180 是一款高精度、超低能耗的压力传感器，可以应用在移动设备中。它的性能卓越，绝对精度最低可以达到 3 Pa，并且耗电极低，只有 3 μA。BMP085 采用强大的 8Pin 陶瓷无引线芯片承载(LCC)超薄封装，可以通过 I^2C(Inter - Integrated Circuit)总线直接与各种微处理器相连。

(3) 硬件电路

使用 Attitude 模块，传感器与核心采用 I^2C 总线通信，传感器硬件原理如图 2 - 12 所示。

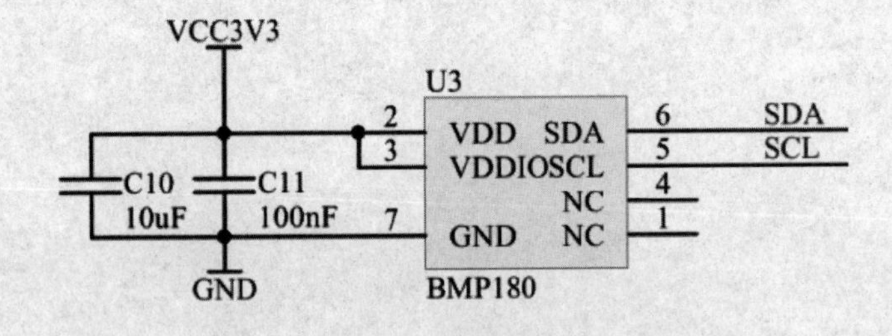

图 2 - 12　BMP180 传感器硬件原理图

传感器通过 4Pin 的对插线与 I/O 的 I^2C 总线接口相连接，I/O 扩展板的引脚电路图如图 2 - 13 所示，Cortex - M3 接口原理图如图 2 - 14 所示。

I^2C 总线是一种由 PHILIPS 公司开发的两线式串行总线，用于连接微控制器及其外围设备。它是由数据线 SDA 和时钟线 SCL 构成的串行总线，可发送和接收数据。在 CPU 与被控 IC 之间、IC 与 IC 之间进行双向数据传送，高速 I^2C 总线一般可达 400 kbps 以上。I^2C 总线在

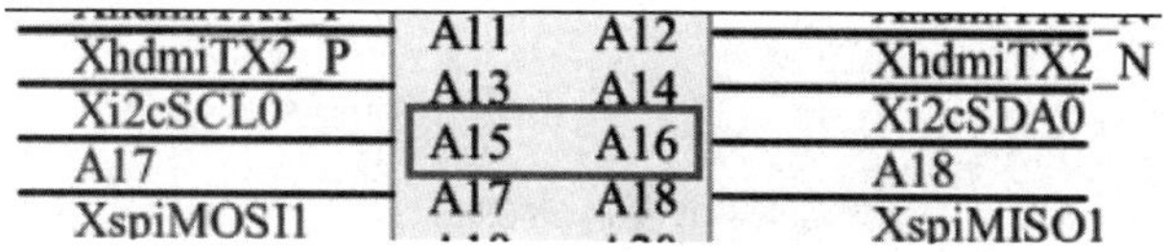

图 2-13　I/O 扩展板接口原理图

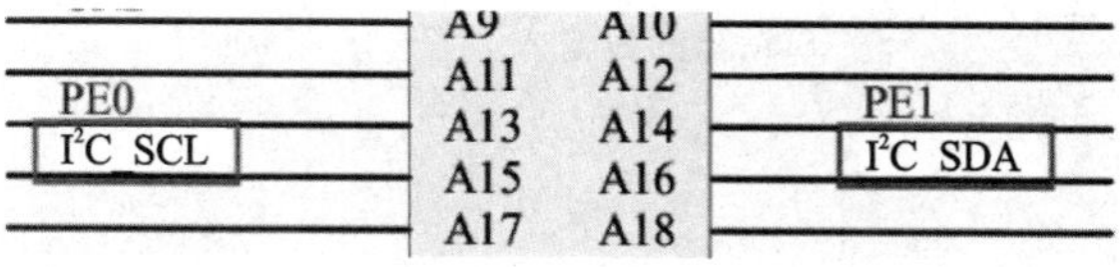

图 2-14　Cortex-M3 接口原理图

传送数据过程中共有三种类型信号，分别是：开始信号、结束信号和应答信号。

目前大部分 MCU 都带有 I²C 总线接口，STM32 也不例外。但是本书不使用 STM32 的硬件 I²C 总线接口来读写 BMP180 气压传感器，而是通过软件模拟。STM32 的硬件 I²C 总线接口非常复杂，故不推荐使用。使用模拟 I²C 总线能够更加清晰地去理解 I²C 总线的通信过程，所以本书就通过模拟 I²C 总线来实现数据的读取。

(4) 软件设计流程图

气压检测程序流程图如图 2-15 所示。首先，初始化程序，读取 A/D 转换气压值，然后根据气压测量范围输出气压值，最终每隔 500 ms 读取一次 ADC 的值，并显示读到的 ADC 值（数字量），以及其转换成模拟量后的气压值。

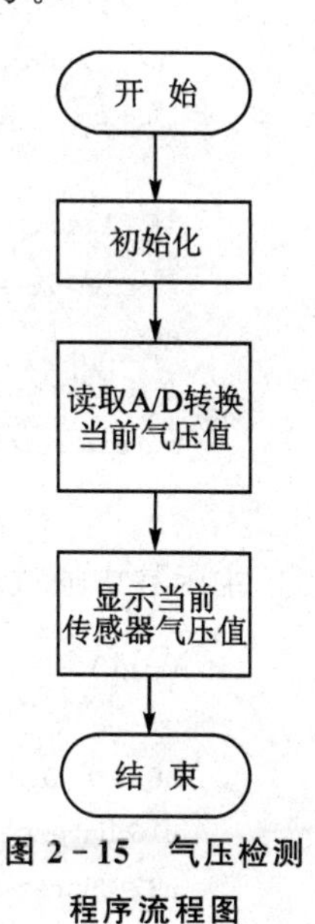

图 2-15　气压检测程序流程图

(5) 源码分析

模拟 I²C 时序读写函数代码如下：

```
//IIC 发送一个字节
//返回从机有无应答
//1,有应答
//0,无应答
void IIC_Send_Byte(u8 txd)
{
    u8 t;
    SDA_OUT();
    IIC_SCL = 0;                //拉低时钟开始数据传输
    for(t = 0;t<8;t ++ )
    {
        IIC_SDA = (txd&0x80)>>7;
        txd<< = 1;
        delay_us(2);            //对 TEA5767 这三个延时都是必需的
        IIC_SCL = 1;
        delay_us(2);
        IIC_SCL = 0;
```

```
        delay_us(2);
    }
}
//读 1 个字节,ack = 1 时,发送 ACK,ack = 0,发送 nACK
u8 IIC_Read_Byte(unsigned char ack)
{
    unsigned char i,receive = 0;
    SDA_IN();                  //SDA 设置为输入
    for(i = 0;i<8;i++)
    {
        IIC_SCL = 0;
        delay_us(2);
        IIC_SCL = 1;
        receive<<= 1;
        if(READ_SDA)receive++;
        delay_us(1);
    }
    if (! ack)
    IIC_NAck();                //发送 nACK
    else
    IIC_Ack();                 //发送 ACK
    return receive;
}
```

主函数中通过 I²C 读取传感器的气压、温度、海拔。程序代码如下：

```
int main()
{
    u8 i = 0;
    u16 Untemperature = 0;
    u32 Unpressure = 0;
    s16 temperature = 0;
    s32 pressure = 0;
    s32 height = 0;
    float tmp1,tmp2;
    u8 Read_Data_Byte = 0;
    u16 Read_Data_Buff[20];
    //struct bmp180_calibration_param_t bmp_param;
    delay_init();
    NVIC_PriorityGroupConfig(NVIC_PriorityGroup_2);
    uart_init(115200);
    IIC_Init();
    Read_Data_Byte = IIC_bmp180_Read_Byte(Add_bmp180ID);
    if(Read_Data_Byte == ID_bmp180)
    {
        for(i = 0;i<11;i++)
```

```
        Read_Data_Buff[i] = IIC_bmp180_Read_TwoByte(0xAA + i * 2);
        bmp_param.ac1 = Read_Data_Buff[0];
        bmp_param.ac2 = Read_Data_Buff[1];
        bmp_param.ac3 = Read_Data_Buff[2];
        bmp_param.ac4 = Read_Data_Buff[3];
        bmp_param.ac5 = Read_Data_Buff[4];
        bmp_param.ac6 = Read_Data_Buff[5];
        bmp_param.b1 = Read_Data_Buff[6];
        bmp_param.b2 = Read_Data_Buff[7];
        bmp_param.mb = Read_Data_Buff[8];
        bmp_param.mc = Read_Data_Buff[9];
        bmp_param.md = Read_Data_Buff[10];
        while(1)
        {
            Untemperature = IIC_bmp_Read_UnsetTemperature();
            Unpressure = IIC_BMP_Read_UnsetPressure();
            temperature = bmp180_get_temperature(Untemperature);
            pressure = bmp180_get_pressure(Unpressure) + 1000;
            height = 44330 - 4961 * pow(pressure, 0.19);
            tmp1 = (float)temperature/10;
            tmp2 = (float)pressure/1000;
            printf("Temperature: %4.1f C \n",tmp1);
            printf("Pressure: %4.3f Kpa \n",tmp2);
            printf("Height: %d m \n\n",height);
            delay_ms(1000);
        }
    }
    else
        printf("iic communication to bmp180 failed! \n");
}
```

3. 实验运行步骤和结果

(1) 实验步骤

① 气压检测传感器通过 4Pin 的对插线与 I/O 扩展板的 I^2C 接口连接,如图 2-16 所示。

② 连接电源线、mini 串口线并打开电源开关,将核心板上的跳线接到 UART 端,I/O 扩展板的跳线接到 USB 端,跳线位置如图 2-17 所示。

③ 将 ST-LINK 仿真器一端连接在 PC 机上,另一端连接在 Cortex-M3 仿真器下载接口上。

④ 用 Keil5 软件打开实验工程,目录在:Cortex-M3/Cortex-M3 传感器驱动实验/实验 28 气压检测/USER,之后打开后缀名为.uvprojx 的工程文件,如图 2-18 所示。

⑤ 编译程序,单击按钮如图 2-19 所示。

⑥ 编译通过,然后下载程序到 Cortex-M3 开发板,单击按钮如图 2-20 所示。

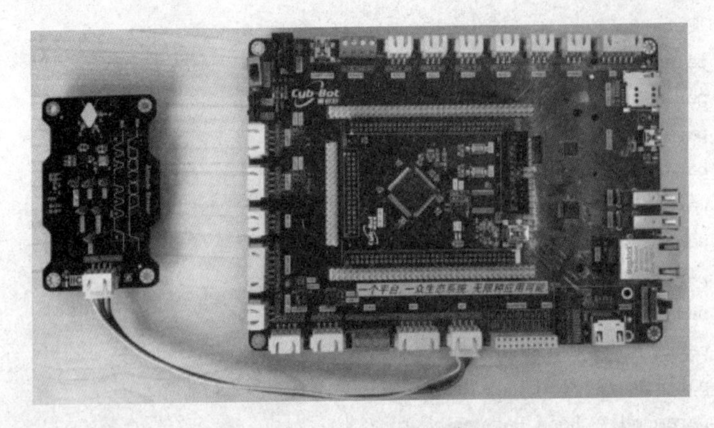

图 2－16　气压传感器连接图

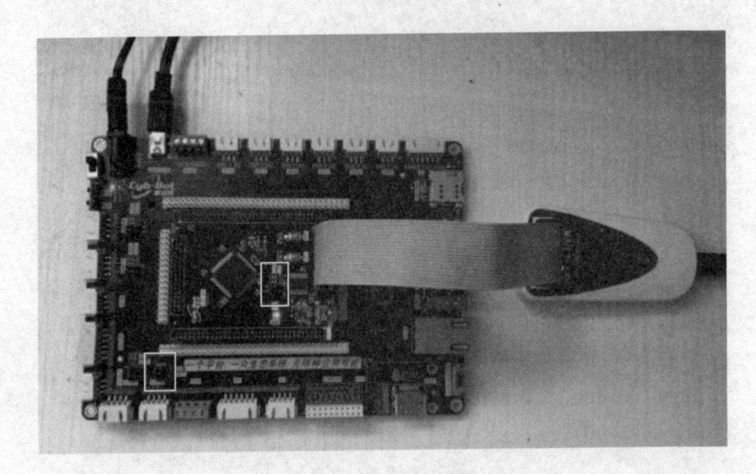

图 2－17　核心板跳线位置图

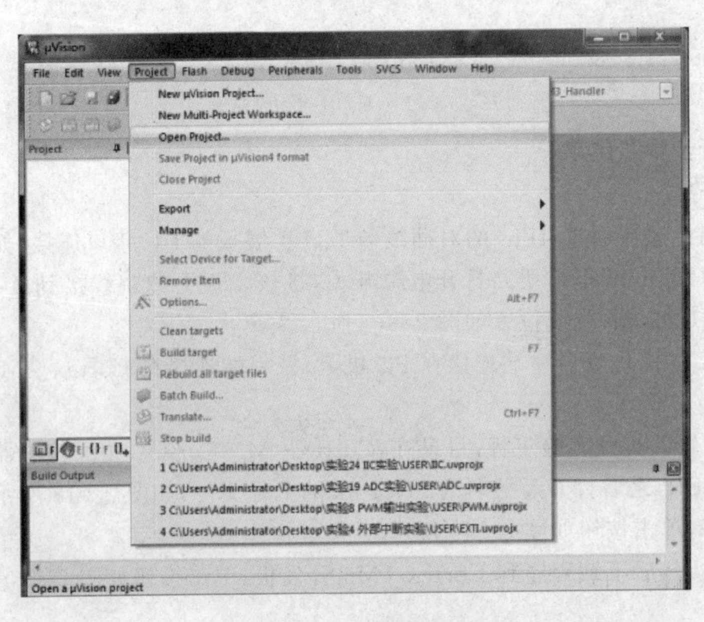

图 2－18　打开工程文件图

图 2 - 19　编译程序按钮图

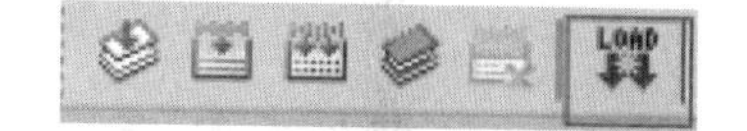

图 2 - 20　下载程序按钮图

⑦ 打开串口工具 AccessPort，设置端口号（在设备管理器中查找），设置“波特率”为 115 200，其他默认。

（2）设计运行结果

下载并运行程序，串口终端输出当前环境下的温度、气压、海拔高度，如图 2 - 21 所示。

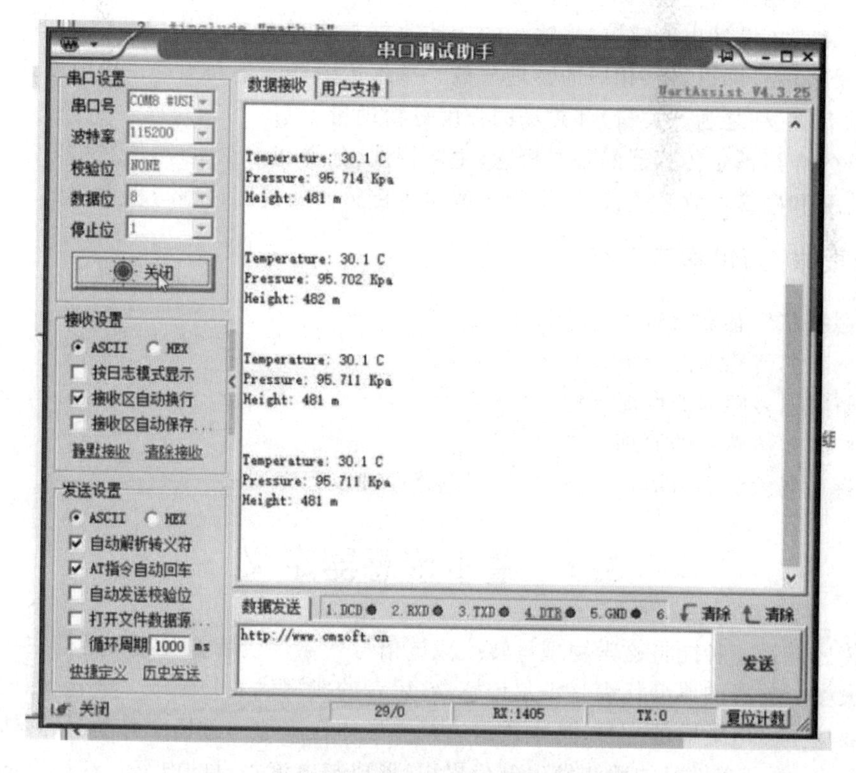

图 2 - 21　电压检测结果图

思考与练习

1. 简述力传感器的定义。
2. 力传感器包括哪几部分？
3. 什么是压电效应？
4. 车载安全气囊用到了哪类传感器？查阅相关资料，简述它的原理。
5. 简述应变式传感器、电感式传感器、电容式传感器、压电式传感器的工作原理。

项目3　霍尔传感器

项目描述

在我们的现实生活中有些信号是无法通过直接接触的方式测量得到的，比如快速转动的汽车车轮的转速就无法直接测量。根据从物理学中电场与磁场之间的相互关系得到启发，学者们利用电磁现象设计出传感器，将输入的运动速度等物理参数变换成感应电势等电信号输出，通过测量电信号即可得到相应的物理参数。霍尔传感器就是利用这一原理设计的，它可以测量信号的有无（称之为开关量）和磁场的强度等物理量。

项目首先介绍霍尔传感器的基本概念、主要特性、分类和工作原理；然后将理论用于实践，通过磁场检测和碰撞检测系统设计，全面了解霍尔传感器的使用过程与程序调试。

项目要求/知识学习目标

① 掌握霍尔传感器的概念、作用；
② 了解霍尔传感器的分类；
③ 了解霍尔传感器的性能指标；
④ 理解霍尔传感器的原理；
⑤ 掌握磁场检测和碰撞检测方法、检测电路原理及程序调试。

3.1　霍尔传感器定义

磁敏传感器是一种能将磁学物理量转换成电信号的器件或装置。按其结构主要分为体型和结型两大类。前者的典型代表是霍尔传感器，后者的典型代表是磁敏二极管、磁敏晶体管。

霍尔效应是磁电效应的一种，其本质是当载流导体在施加的磁场中移动时，其轨迹由于洛伦兹力而移动，并且在材料的两侧发生电荷累积，形成与电流垂直的电荷。在该方向上的电场最终平衡载体的洛伦兹力与电场排斥，从而建立稳定的电位差，即两侧的霍尔电压。研究发现，半导体、导电流体等也有这种效应，而半导体的霍尔效应比金属强得多，通过霍尔效应实验测定的霍尔系数，能够判断半导体材料的导电类型、载流子浓度及载流子迁移率等重要参数。以霍尔效应为工作基础制成的各种霍尔元件，广泛地应用于工业自动化技术、交通运输和日常生活中的检测技术及信息处理等方面。

3.2　霍尔传感器分类

根据工作原理，霍尔传感器分为开关型霍尔传感器和线性型霍尔传感器两种。

3.2.1　开关型霍尔传感器

开关型霍尔传感器能感知与磁信息有关的物理量，并以开关信号形式输出，输出数字量。

这类传感器具有使用寿命长，无触点磨损，无火花干扰，无转换抖动，工作频率高，温度特性好，能适应恶劣环境等优点。开关型霍尔传感器由稳压器、霍尔元件、差分放大器、施密特触发器和输出级组成。开关型霍尔传感器还有一种特殊的形式，称为锁键型霍尔传感器，其电路主要由稳压电路、霍尔元件、放大电路、施密特触发器、开路输出五部分组成，其中稳压电路可使传感器在较宽的电源电压范围内工作，开路输出可使传感器方便地与各种逻辑电路接口。

3.2.2　线性型霍尔传感器

线性型霍尔传感器是输出电压与外加磁场强度呈线性比例关系的磁传感器，输出模拟量，一般由霍尔元件、线性放大器和射极跟随输出器组成。在实际电路设计中，为了提高传感器的性能，往往在电路中设置稳压、电流放大输出级、失调调整和线性度调整等电路。线性型霍尔传感器的输出对外加磁场呈线性感应，因此广泛用于位置、力、重量、厚度、速度、磁场、电流等的测量或控制。线性型霍尔传感器有单端输出和双端输出两种。

线性型霍尔传感器主要用于交直流电流和电压测量。线性型霍尔传感器又可分为开环式和闭环式。

开环式电流传感器，由于通电螺线管内部存在磁场，其大小与导线中的电流成正比，故可以利用霍尔传感器测量出磁场，从而确定导线中电流的大小。利用这一原理可以设计制成霍尔电流传感器。其优点是不与被测电路发生电接触，不影响被测电路，不消耗被测电源的功率，特别适合于大电流传感。

闭环式电流传感器，又称零磁通式霍尔电流，由原边电路、聚磁环、霍尔元件次级线圈、放大器等组成。当原边电流产生的磁通通过高品质磁芯集中在磁路中时，霍尔元件固定在气隙中检测磁通，通过绕在磁芯上的多匝线圈输出反向的补偿电流，用于抵消原边电流产生的磁通，使得磁路中的磁通始终保持为零。经过特殊电路的处理，传感器的输出端能够输出准确反映原边电流的电流变化。

3.3　霍尔传感器原理

霍尔效应实质是物质运动电荷在磁场中受到洛伦兹力作用的现象，当把一块薄片金属或半导体垂直放在磁感应强度为 B 的磁场中，沿着垂直于磁场方向通过电流 I，就会在薄片的垂直于磁场和电流 I 方向侧面间产生电动势 U_H，所产生的电动势称为霍尔电动势，这种薄片(一般为半导体)也被称为霍尔片或霍尔器件。

当霍尔片组件使用的材料是 P 型半导体时，导电的载流子为带正电的空穴，空穴带正电，在电场 E 作用下沿电力线方向运动(与电子运动方向相反)，在霍尔电压表达式中的霍尔系数为正。因而可以根据霍尔系数的符号判断它的导电类型。

霍尔电压随磁场强度的变化而变化，磁场越强，电压越高；磁场越弱，电压越低。霍尔电压值很小，通常只有几个毫伏，但经放大器放大，就能使该电压放大到足以输出较强的信号。若使霍尔集成电路起传感作用，需要用机械的方法来改变磁感应强度。

3.4 霍尔传感器应用

按被检测的对象的性质，霍尔传感器的应用可分为直接应用和间接应用。直接应用是直接检测出受检测对象本身的磁场或磁特性；间接应用是检测受检对象中人为设置的磁场，用这个磁场来作被检测的信息的载体，通过它，将许多非电、非磁的物理量例如力、力矩、压力、应力、位置、位移、速度、加速度、角度、角速度、转数、转速以及工作状态发生变化的时间等，转变成电量来进行检测和控制。

3.4.1 霍尔式位移传感器

霍尔式位移传感器的工作原理是，在保持霍尔元件的控制电流恒定的情况下，使霍尔元件在一个均匀梯度的磁场中沿 z 方向移动。

霍尔电动势的极性代表了元件位移的方向。而磁场梯度越大，则灵敏度越高；磁场梯度越均匀，输出的线性度就越好。为了得到均匀的磁场梯度，通常将磁钢的磁极片设计成特殊形状。这种位移传感器可用来测量±0.5 mm 的小位移，因此适用于微位移、机械振动等测量。若霍尔元件在均匀磁场内转动，则产生与转角的正弦函数成比例的霍尔电压，可以用来测量角位移。

3.4.2 霍尔式压力传感器

任何非电量只要能转换成位移量的变化，均可利用霍尔式位移传感器的原理转换成霍尔电动势。霍尔式压力传感器正是利用这个原理，首先由弹性元件（可以是波纹管或膜盒）将被测压力转换成位移，由于霍尔元件是固定在弹性元件的自由端上的，当弹性元件产生位移时，将带动霍尔元件，使其在线性变化的磁场中移动，从而输出霍尔电动势。

3.4.3 霍尔式速度传感器

霍尔式速度传感器的特点是能检测慢速运动物体的速度。当测速的靶转到霍尔传感器的位置时，霍尔传感器位于靶和磁铁之间，可以检测到靶感应的磁通量变化。与可变磁阻传感器测磁通量的变化率不同，霍尔传感器感测的是磁通量的大小。

由于工作温度范围所限，限制了霍尔式速度传感器的应用，但由于其集成了信号处理电路，从而提高了抗干扰能力，且能检测接近零速的运动物体速度，并能输出数字信号，所以在速度检测中仍具有广泛的应用。

3.4.4 霍尔式接近开关

霍尔式接近开关，磁极的轴线与霍尔式接近开关的轴线在同一直线上。当磁铁随运动部件移动到距霍尔式接近开关几毫米时，霍尔式接近开关的输出由高电平变为低电平，经驱动电路使继电器吸合或释放，控制运动部件停止移动（否则将撞坏霍尔式接近开关）起到限位的作用。

3.4.5 霍尔式无刷电动机

霍尔式无刷电动机取消了换向器和电刷，而采用霍尔元件来检测转子和定子之间的相对位置，其输出信号经放大、整形后触发电子线路，从而控制电枢电流的换向，维持电动机的正常运转。由于无刷电动机不产生电火花及电刷磨损等问题，所以其在录像机、CD唱机、光驱等家用电器中得到越来越广泛的应用。

3.5 应用实例

任务1 磁场检测设计

1. 任务基本内容

(1) 设计任务

设计一个能够检测环境中有无磁场的系统，可设置检测阈值，系统具有显示功能。

(2) 任务目的

① 学习磁性检测传感器的基本原理、电路设计和驱动编程。

② 学习 Cortex-M3 的外部中断原理。

③ 通过实验仿真操作掌握传感器的硬件接线及程序下载，并最终得出实验仿真结果。

(3) 基本要求

① 在串口调试助手中显示当前环境中是否有磁场。

② (选做)设计上位机程序，显示检测数据并存储在数据库中。

(4) 应用场景

在手机、程控交换机、复印机、洗衣机、电冰箱、照相机、消毒碗柜、门磁、窗磁、电磁继电器、电子衡器、液位计、煤气表、水表等设备中有广泛应用。

2. 系统软硬件环境

(1) 系统环境

① 硬件：Cortex-M3 开发板，ICS-IOT-OIEP 实验平台，ST-LINK 仿真器。

② 软件：Keil5。

③ 仿真实验环境：传感器3D虚拟仿真软件。

④ 实验目录：传感器驱动实验/实验05磁场检测。

(2) 原理详解

干簧管的工作原理非常简单，两片端点处重叠的可磁化的簧片密封于一玻璃管中，两簧片间隔的距离仅约几个微米，玻璃管中装填有高纯度的惰性气体。在尚未操作时，两片簧片并未接触；当外加磁场时，两片簧片端点位置附近产生不同的极性，致使两片不同极性的簧片互相吸引并闭合。如此形成一个转换开关：当永久磁铁靠近干簧管或绕在干簧管上的线圈通电形成的磁场使簧片磁化时，簧片的触点部分就会被磁力吸引，当吸引力大于簧片的弹力时，常开接点就会吸合；当磁力减小到一定程度时，接点被簧片的弹力打开。依此技术可做成非常小尺寸的切换组件，并且切换速度非常高，且具有优异的可靠性。在实际应用中，通过控制永久磁铁的方位和方向确定环形磁铁何时开关以及开关多少次，如图3-1所示。

前
左
位移工作状态
右
后
OFF
OFF
S
N
ON
OFF
ON
OFF
N
OFF
ON
S
N
S
ON
OFF
N
S
环形磁铁

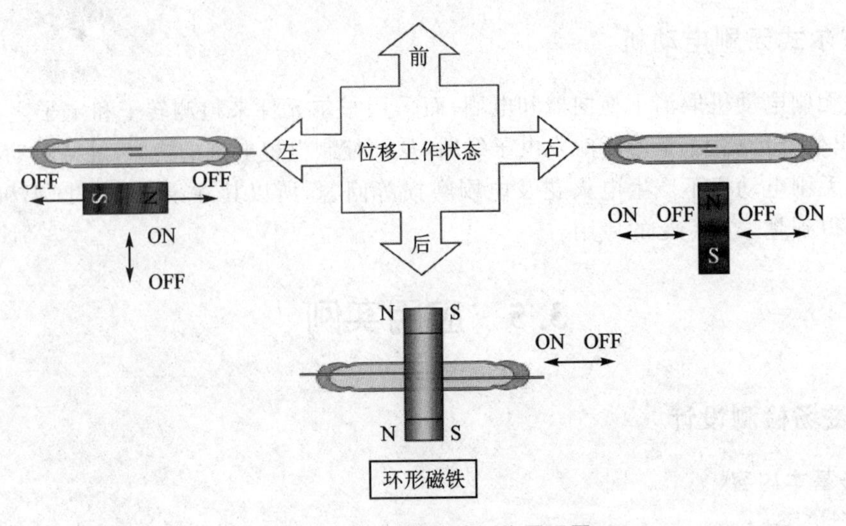

图 3-1 干簧管的工作原理图

(3) 硬件电路

本实验使用平台配套的 RA-901 磁性检测传感器,传感器硬件原理如图 3-2 所示。

VCC5V
VCC3V3
RS1
RA-901
R5
1K
LED2
BLUE
IO
R3
1K
Mag
Q2
S8050-J3Y
R2
10K
GND

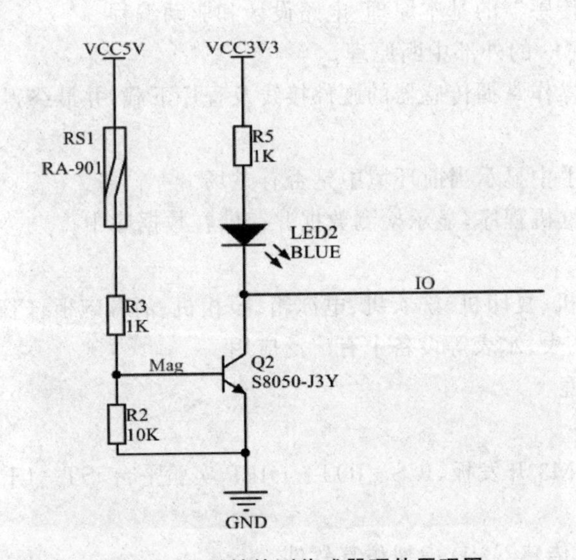

图 3-2 磁性检测传感器硬件原理图

传感器通过 3Pin 的对插线与 I/O 扩展板相连接,I/O 扩展板的引脚电路图如图 3-3 所示,Cortex-M3 接口原理图如图 3-4 所示。

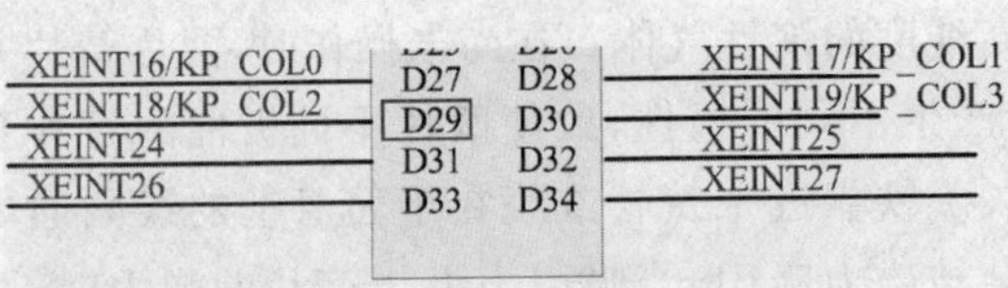

XEINT16/KP_COL0
XEINT18/KP_COL2
XEINT24
XEINT26
D27
D28
D29
D30
D31
D32
D33
D34
XEINT17/KP_COL1
XEINT19/KP_COL3
XEINT25
XEINT27

图 3-3 I/O 扩展板接口原理图

PB12
PB14
PD8
D25
D26
D27
D28
D29
D30
D31
D32
D33
D34
PB13
PB15
PD9

图 3-4 Cortex-M3 接口原理图

如图 3-2 和图 3-4 所示,磁场检测传感器的 I/O 引脚连接到了 Cortex-M3 的 PB14 引

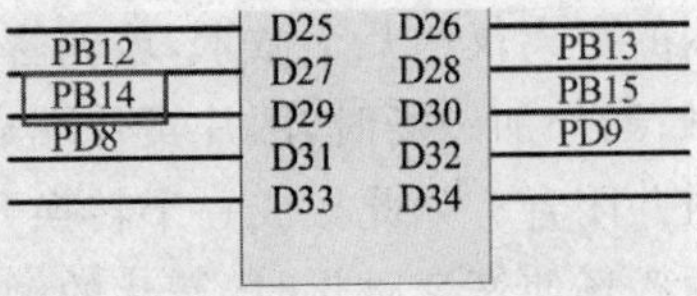

脚，I/O检测引脚默认为高电平，当干簧管检测到磁场时，I/O检测引脚为低电平，由此可将单片机的引脚设置为下降沿中断触发模式，当检测到有磁场时触发中断。

(4) 软件设计流程图

磁场检测程序流程图如图3-5所示。首先对中断线以及中断初始化配置，然后检测是否进入外部中断，若进入外部中断，则执行相应的指示控制以及显示相应的参数设置。

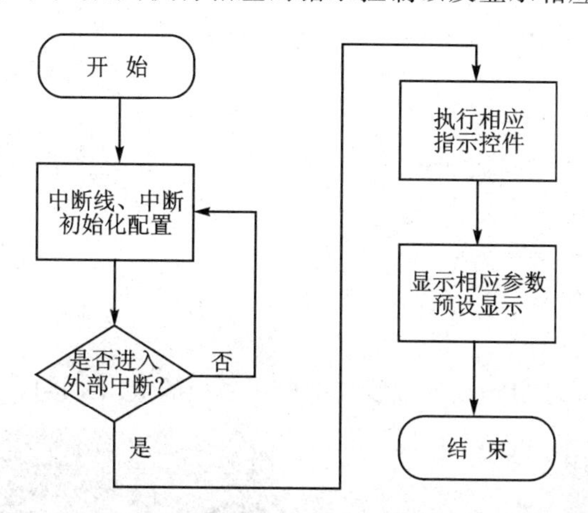

图3-5 磁场检测程序流程图

(5) 源码分析

打开工程源码，在HARDWARE目录下面增加了exti.c文件，同时固件库目录增加了stm32f10x_exti.c文件。exit.c文件共包含2个函数，一个是外部中断初始化函数void EXTIX_Init(void)，另一个是中断服务函数。

```
//外部中断服务程序
void EXTIX_Init(void)
{
    EXTI_InitTypeDef EXTI_InitStructure;
    NVIC_InitTypeDef NVIC_InitStructure;
    IRM_Init();                                                          //初始化与 IRM 连接的引脚接口
    RCC_APB2PeriphClockCmd(RCC_APB2Periph_GPIOB, ENABLE);
    RCC_APB2PeriphClockCmd(RCC_APB2Periph_AFIO,ENABLE);                  //使能复用功能时钟
    //GPIOD15        中断线以及中断初始化配置下降沿触发                  //KEY5
    GPIO_EXTILineConfig(GPIO_PortSourceGPIOB,GPIO_PinSource14);
    EXTI_InitStructure.EXTI_Line = EXTI_Line14;
    EXTI_InitStructure.EXTI_Mode = EXTI_Mode_Interrupt;
    EXTI_InitStructure.EXTI_Trigger = EXTI_Trigger_Falling;
    EXTI_Init(&EXTI_InitStructure);
    //根据 EXTI_InitStruct 中指定的参数初始化外设 EXTI 寄存器
    NVIC_InitStructure.NVIC_IRQChannel = EXTI15_10_IRQn ;
    //使能按键所在的外部中断通道
    NVIC_InitStructure.NVIC_IRQChannelPreemptionPriority = 0x02;   //抢占优先级 2
    NVIC_InitStructure.NVIC_IRQChannelSubPriority = 0x03;          //子优先级 3
    NVIC_InitStructure.NVIC_IRQChannelCmd = ENABLE;                //使能外部中断通道
```

```
    NVIC_Init(&NVIC_InitStructure);
}
//外部中断 15 - 10 服务程序
void EXTI15_10_IRQHandler(void)
{
    delay_ms(3);                                    //消抖(消抖时间短一点,准确率更高)
    if(EXTI_GetITStatus(EXTI_Line14)! = RESET)
    {
        printf("有磁场 \n");
        EXTI_ClearITPendingBit(EXTI_Line14);        //清除 LINE2 上的中断标志位
    }
}
```

3. 实验运行步骤和结果

(1) 实验步骤

① 磁性检测传感器通过 3Pin 的对插线与 I/O 扩展板的 IO IN 接口连接,如图 3-6 所示。

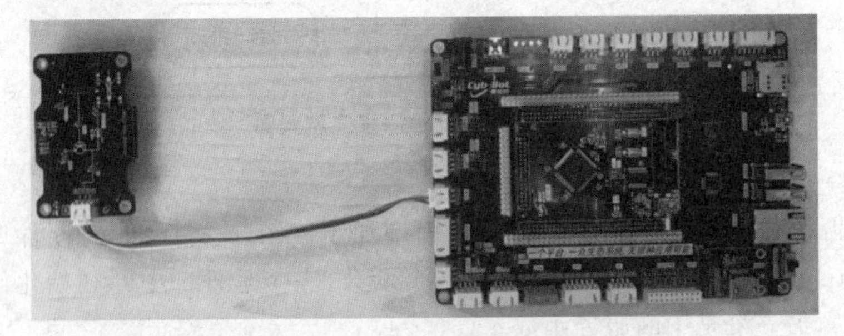

图 3-6　扩展板与传感器接线图

② 连接电源线、mini 串口线并打开电源开关,将核心板上的跳线接到 UART 端,I/O 扩展板的跳线接到 USB 端,跳线位置如图 3-7 所示。

图 3-7　扩展板跳线位置

③ 将 ST-LINK 仿真器一端连接到 PC 机上，另一端连接到 Cortex-M3 仿真器下载接口上。

④ 用 Keil5 软件打开实验工程，目录在：Cortex-M3/Cortex-M3 传感器驱动实验/实验05 磁场检测/USER，之后打开后缀名为.uvprojx 的工程文件，如图 3-8 所示。

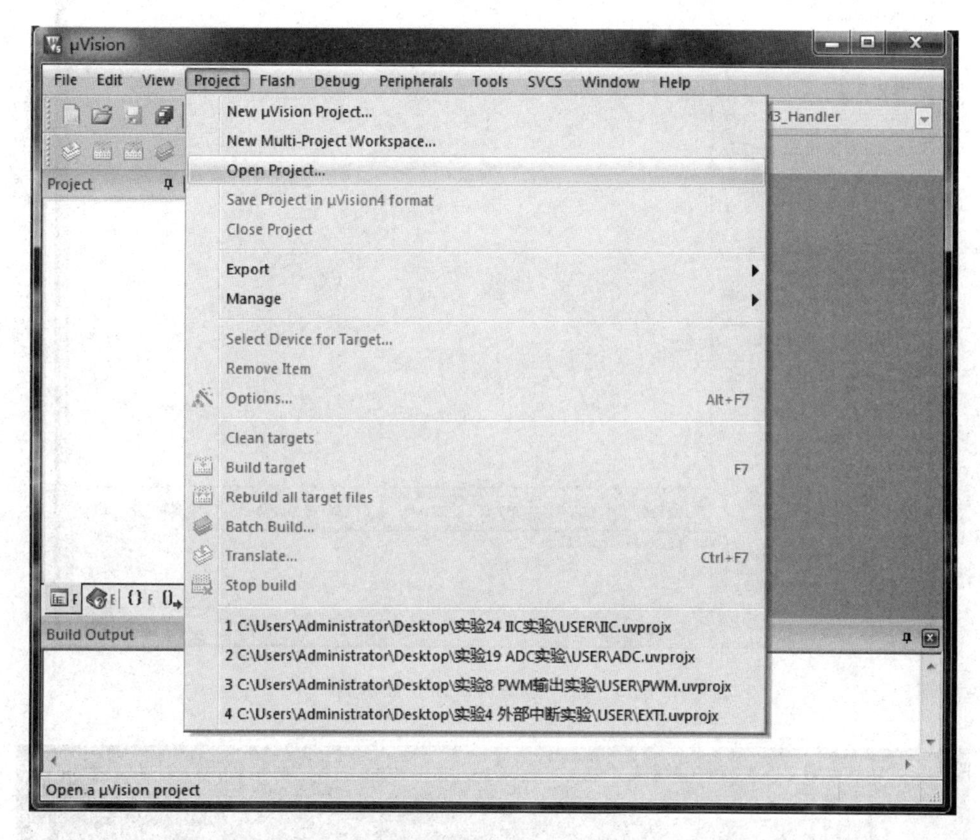

图 3-8　打开工程文件图

⑤ 编译程序，单击按钮如图 3-9 所示。

⑥ 编译通过，然后下载程序到 Cortex-M3 开发板，单击按钮如图 3-10 所示。

图 3-9　编译程序按钮图　　　　图 3-10　下载程序按钮图

⑦ 打开串口工具 AccessPort，设置端口号（在设备管理器中查找），设置“波特率”为 115 200，其他默认。

(2) 运行结果

下载并运行程序，当传感器检测到磁场时，传感器模块上的 LED2 状态指示灯会亮，并且串口终端输出“有磁场”，如图 3-11 所示。

4. 仿真软件使用及实验操作

打开传感器 3D 虚拟仿真软件目录后，双击 OIEP_SensorSimulation.exe 即可启动运行软件，软件启动后进入传感器列表主界面，如图 3-12 所示，选择“磁性检测传感器”进行虚拟仿真实验。

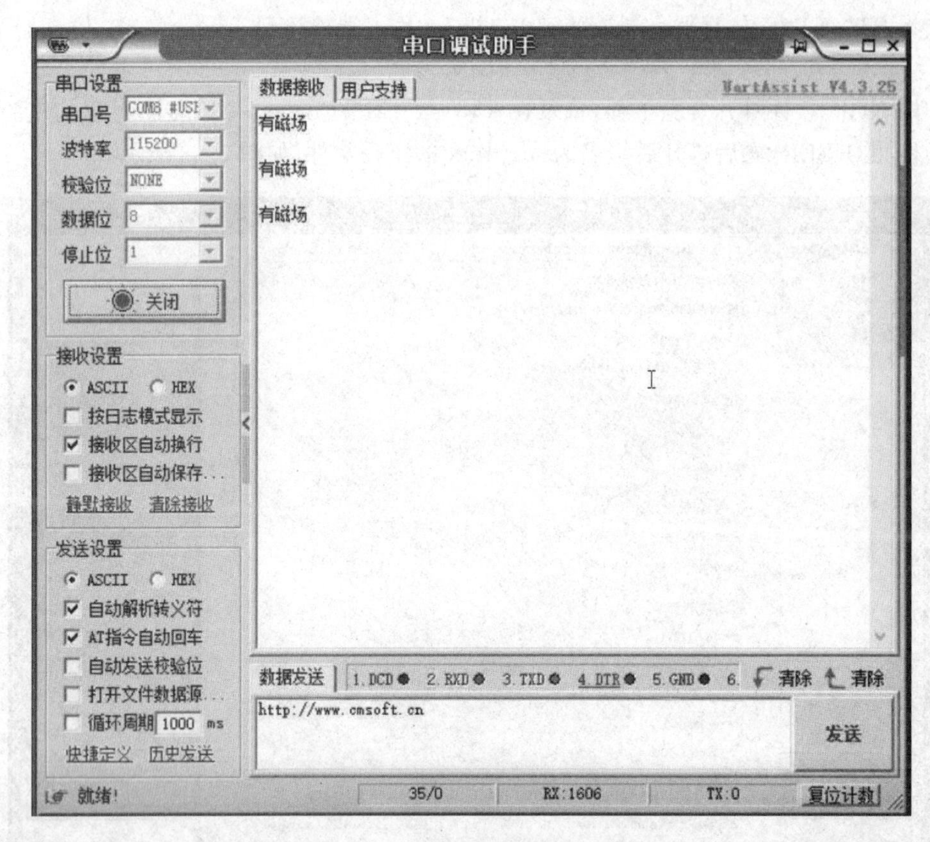

图 3-11　串口调试助手显示图

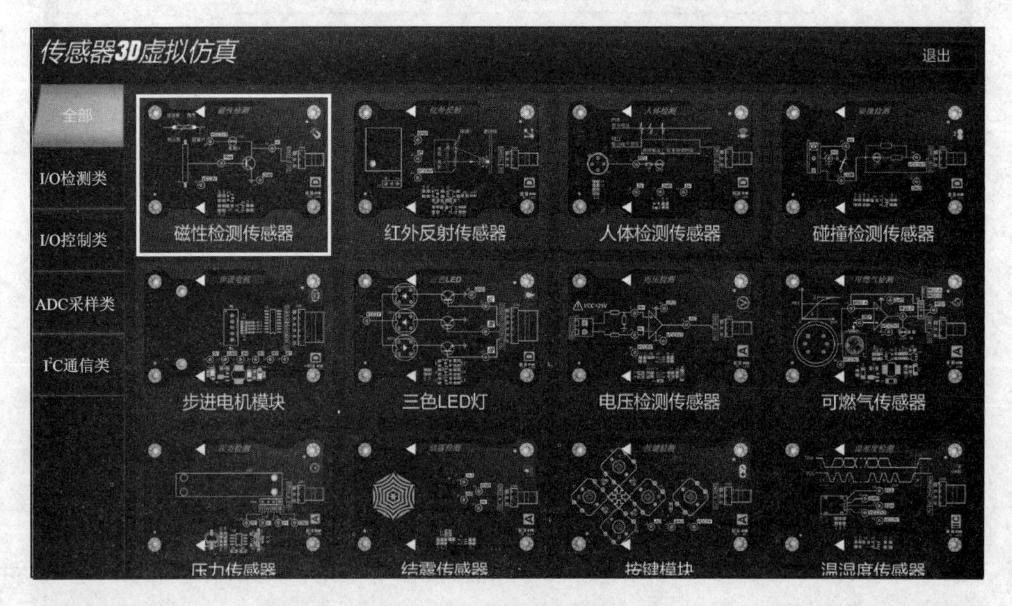

图 3-12　传感器列表界面

任务2 碰撞检测实验

1. 任务基本内容

(1)设计任务

设计一个能够检测环境中是否有人接近的系统,系统具有显示功能。

(2) 任务目的

① 学习碰撞检测传感器的基本原理、电路设计和驱动编程。

② 学习 Cortex - M3 的外部中断原理。

③ 通过实验仿真操作掌握传感器的硬件接线及程序下载,并最终得出实验仿真结果。

(3) 实验环境

① 硬件:Cortex - M3 开发板,ICS - IOT - OIEP 实验平台,ST - LINK 仿真器。

② 软件:Keil5。

③ 仿真实验环境:传感器 3D 虚拟仿真软件。

(4) 应用场景

应用场景包括:通过机械位移量测量、控制电动机的运行状态;在机床上用以控制工件运动或自动进刀的行程,避免发生碰撞事故。

2. 系统软硬件环境

(1) 传感器原理

行程开关是位置开关(又称限位开关)的一种,是一种常用的小电流主令电器。利用生产机械运动部件的碰撞使其触头动作来实现接通或分断控制电路,达到一定的控制目的。通常,这类开关被用来限制机械运动的位置或行程,使运动机械按一定位置或行程自动停止、反向运动、变速运动或自动往返运动等。

行程开关的应用很多,很多电器里都有它的身影。在洗衣机的脱水(甩干)过程中,一旦有人开启洗衣机的门或盖时,就自动把电机断电,甚至还要靠机械办法联动,使门或盖一打开就立刻"刹车",强迫转动着的部件停下来,避免伤害人身。在录音机和录像机中,我们常常使用到"快进"或者"倒带"功能,磁带急速地转动,但是当到达磁带的端点时会自动停下来,这是行程开关又一次发挥了作用,不过这一次不是靠碰撞而是靠磁带的张力的突然增大引起动作的。

行程开关主要用于将机械位移量转变成电信号,使电动机的运行状态得以改变,从而控制机械动作或用作程序控制。行程开关真正的用武之地是在工业领域,它能够与其他设备配合,组成更复杂的自动化设备。机床上有很多这样的行程开关,用它控制工件运动或自动进刀的行程,避免发生碰撞事故。

(2) 硬件电路

本实验使用平台配套的碰撞检测传感器,传感器硬件原理如图 3 - 13 所示。

传感器通过 3Pin 的对插线与 I/O 扩展板相连接,I/O 扩展板的引脚电路图如图 3 - 14 所示,Cortex - M3 接口原理图如图 3 - 15 所示。

如图 3 - 13 和图 3 - 15 所示,碰撞检测传感器的 I/O 引脚连接到了 Cortex - M3 的 PB14 引脚,I/O 检测引脚默认为高电平,当传感器开关被触发时输出低电平,由此可将单片机的引脚设置为下降沿中断触发模式,当检测到有碰撞时触发中断。

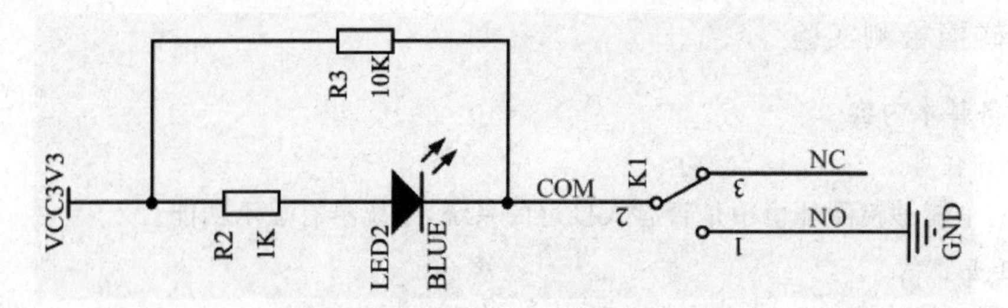

图 3-13 碰撞检测传感器硬件原理图

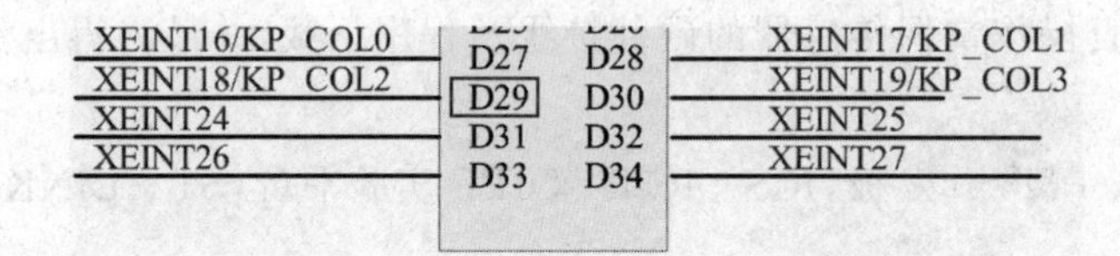

图 3-14 I/O 扩展板接口原理图

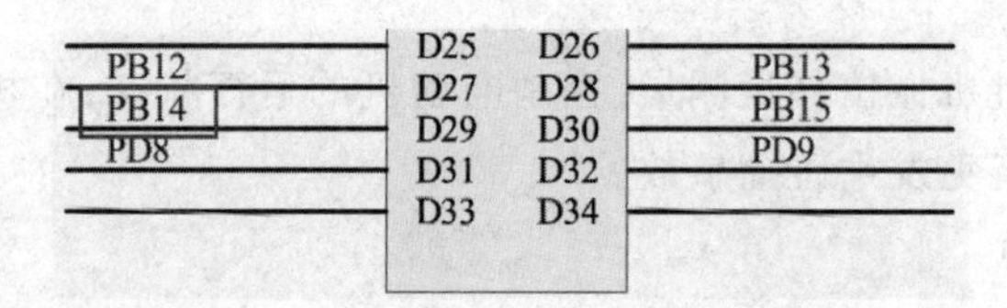

图 3-15 Cortex-M3 接口原理图

(3) 软件设计流程图

碰撞检测程序流程图如图 3-16 所示。先将中断线以及中断进行初始化配置，当检测到有碰撞时，进入外部中断，在串口调试助手中显示碰撞警报。

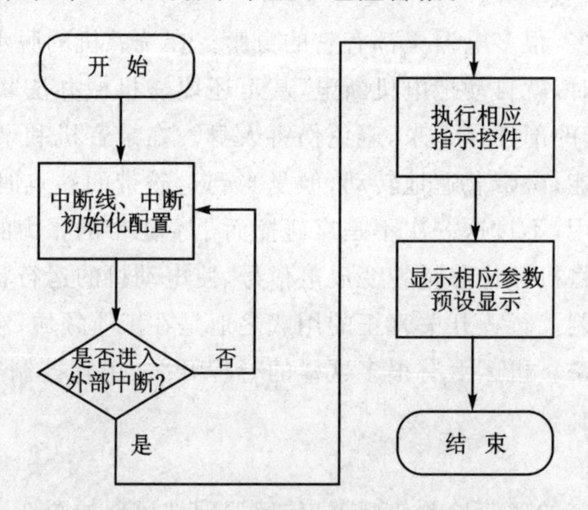

图 3-16 碰撞检测程序流程图

(4) 源码分析

打开工程源码，在 HARDWARE 目录下面增加了 exti. c 文件，同时固件库目录增加了 stm32f10x_exti. c 文件。exit. c 文件总共包含 2 个函数，一个是外部中断初始化函数 void EXTIX_Init(void)，另一个是中断服务函数。

```
//外部中断服务程序
void EXTIX_Init(void)
{
    EXTI_InitTypeDef EXTI_InitStructure;
    NVIC_InitTypeDef NVIC_InitStructure;
    IRM_Init();                  //初始化与 IRM 连接的引脚接口
    RCC_APB2PeriphClockCmd(RCC_APB2Periph_GPIOB, ENABLE);
    RCC_APB2PeriphClockCmd(RCC_APB2Periph_AFIO,ENABLE);    //使能复用功能时钟
    //GPIOD15        中断线以及中断初始化配置 下降沿触发 //KEY5
    GPIO_EXTILineConfig(GPIO_PortSourceGPIOB,GPIO_PinSource14);
    EXTI_InitStructure.EXTI_Line = EXTI_Line14;
    EXTI_InitStructure.EXTI_Mode = EXTI_Mode_Interrupt;
    EXTI_InitStructure.EXTI_Trigger = EXTI_Trigger_Falling;
    EXTI_Init(&EXTI_InitStructure);  //根据 EXTI_InitStruct 中指定的参数初始化外设 EXTI 寄存器
    NVIC_InitStructure.NVIC_IRQChannel = EXTI15_10_IRQn ;     //使能按键所在的外部中断通道
    NVIC_InitStructure.NVIC_IRQChannelPreemptionPriority = 0x02;    //抢占优先级 2
    NVIC_InitStructure.NVIC_IRQChannelSubPriority = 0x03;          //子优先级 3
    NVIC_InitStructure.NVIC_IRQChannelCmd = ENABLE;               //使能外部中断通道
    NVIC_Init(&NVIC_InitStructure);
}
//外部中断 15 - 10 服务程序
void EXTI15_10_IRQHandler(void)
{
    delay_ms(3);                                      //消抖(消抖时间短一点,准确率更高)
    if(EXTI_GetITStatus(EXTI_Line14)! = RESET)
    {
        printf("碰撞警报 \n");
        EXTI_ClearITPendingBit(EXTI_Line14);          //清除 LINE2 上的中断标志位
    }
}
```

3. 实验运行步骤和结果

(1) 实验步骤

① 碰撞检测传感器通过 3Pin 的对插线与 I/O 扩展板的 IO IN 接口连接，如图 3 - 17 所示。

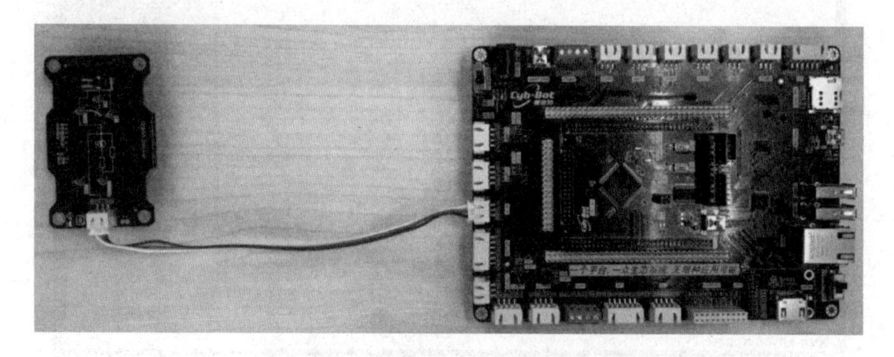

图 3 - 17　传感器与 I/O 扩展板连接图

② 连接电源线、mini 串口线并打开电源开关，将核心板上的跳线接到 UART 端，I/O 扩展板的跳线接到 USB 端，跳线位置如图 3 - 18 所示。

图 3-18　核心板及扩展板跳线位置图

③ 将 ST-LINK 仿真器一端连接到 PC 机上,另一端连接到 Cortex-M3 仿真器下载口上。

④ 用 Keil5 软件打开实验工程,目录在:Cortex-M3/Cortex-M3 传感器驱动实验/实验 09 碰撞检测/USER,之后打开后缀名为.uvprojx 的工程文件,如图 3-19 所示。

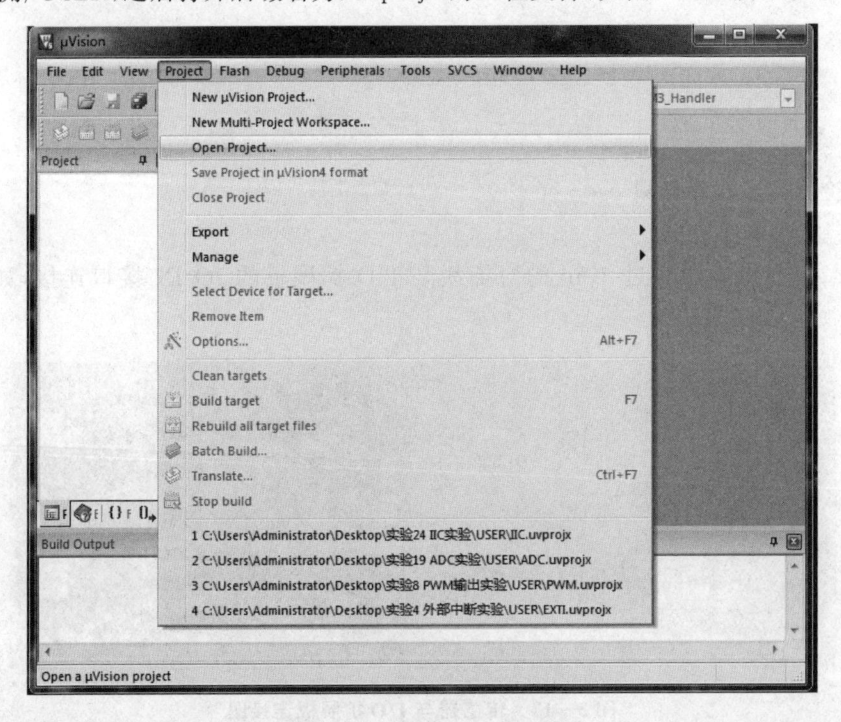

图 3-19　打开工程文件图

⑤ 编译程序，单击按钮如图 3 - 20 所示。

⑥ 编译通过，然后下载程序到 Cortex - M3 开发板，单击按钮如图 3 - 21 所示。

图 3 - 20　编译程序按钮图　　　　图 3 - 21　下载程序按钮图

⑦ 打开串口工具 AccessPort，设置端口号（在设备管理器中查找），设置“波特率”为 115 200，“校验位”为 NONE，“数据位”为 8，“停止位”为 1，“接收区显示方式”为“字符形式”，其他默认。

(2) 运行结果

下载并运行程序，当传感器被触发时，传感器模块上的 LED2 状态指示灯会亮，并且串口终端输出“碰撞警报”，如图 3 - 22 所示。

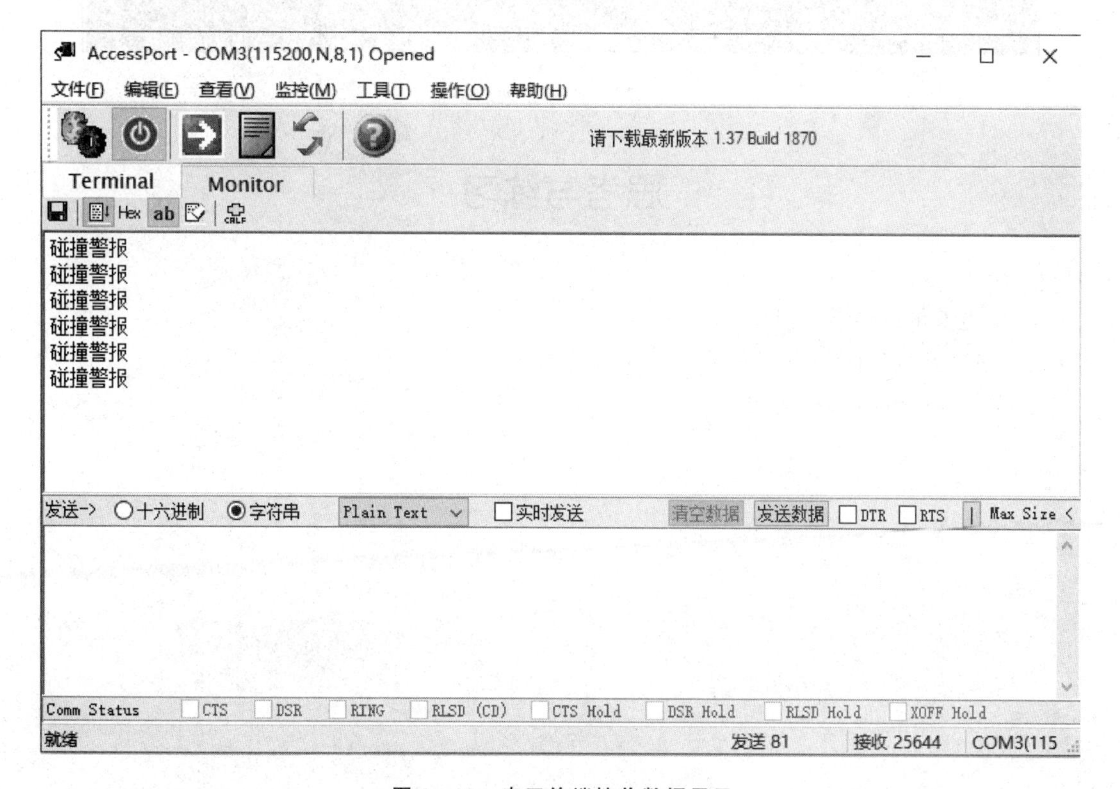

图 3 - 22　串口终端接收数据显示

4. 仿真软件使用及实验操作

打开传感器 3D 虚拟仿真软件目录后，双击 OIEP_SensorSimulation.exe 即可启动运行软件，软件启动后进入传感器列表主界面，如图 3 - 23 所示，选择“碰撞检测传感器”进行实验。

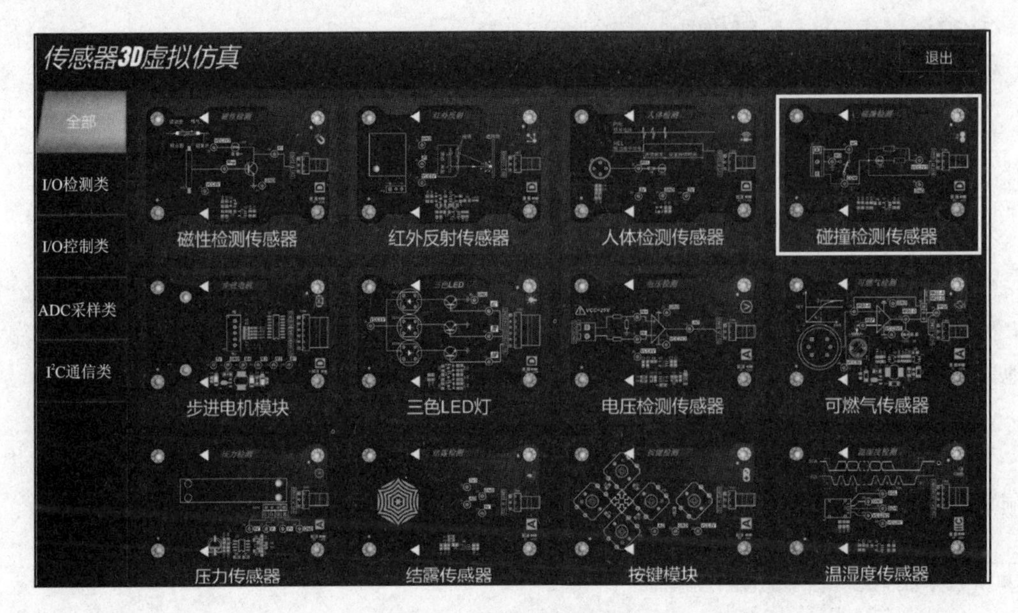

图 3-23 传感器列表界面

思考与练习

1. 什么是霍尔效应?
2. 简述霍尔传感器的组成。
3. 霍尔传感器有哪些?
4. 霍尔传感器有哪些应用?

项目4　温度传感器

项目描述

在我们的生活、工作和生产中，为了保证生活和生产的安全，需要对温度进行检测和控制，温度传感器实现了这个功能。我们通常针对不同的应用环境选择不同精度和不同量程的温度传感器，实现对生产和生活中的目标温度进行测量。

项目首先介绍温度传感器的基本概念、主要特性、分类和工作原理；然后将理论用于实践，通过温度检测系统设计，全面了解温度传感器的使用过程。

项目要求/知识学习目标

① 掌握温度传感器的概念、作用；
② 了解温度传感器的分类；
③ 了解温度传感器的性能指标；
④ 理解温度传感器的原理；
⑤ 掌握温度检测方法、检测电路原理及程序调试方法。

4.1　温度传感器定义

温度是表征物体冷热程度的物理量，是物体内部分子无规则运动剧烈程度的标志，分子运动越剧烈，温度就越高。温度也是与人类生活息息相关的物理量，日常生活、工农业生产、商业活动、科学研究、航天航空探索、医学检测等都与温度有着密切的关系。温度的测量占有重要地位，人类生活离不开温度，但是温度不能直接测量，而是借助于某种物体的某种物理参数随温度冷热不同而明显变化的特性进行间接测量的。进行间接温度测量使用的感温设备称之为温度传感器，通常是由感温元件部分和温度显示部分组成的。

温度传感器，顾名思义就是对温度敏感的传感器，是指能感受温度并转换成可用输出信号（利用物质各种物理性质随温度变化的规律把温度转换为可用输出信号）的传感器。本项目中主要是指能够把温度信息转换为可以测量的电信号的传感器。

4.2　温度传感器分类

按照测量方式，温度传感器分为接触式和非接触式两类。按照传感器材料及电子元件特性，温度传感器分为热电阻和热电偶两类。按照工作原理，温度传感器分为热电偶、热敏电阻、电阻温度检测器（RTD）和IC温度传感器。其中，IC温度传感器又包括模拟输出和数字输出两种类型。

4.2.1　接触式温度传感器

接触式温度传感器的检测部分与被测对象有良好的接触，又称温度计。

温度计通过传导或对流达到热平衡,从而使温度计的显示值能直接表示被测对象的温度。一般情况下,温度计的测量精度较高。在一定的测温范围内,它甚至能够测量物体内部的温度分布。但对于运动物体、小目标或热容量很小的对象,则会产生较大的测量误差。常用的温度计有双金属温度计、玻璃液体温度计、压力式温度计、电阻式温度计、热敏电阻温度计和温差电偶温度计等。它们广泛应用于工业、农业、商业等部门。在日常生活中,人们也常常使用这些温度计。随着低温技术在国防工程、空间技术、冶金、电子、食品、医药和石油化工等部门的广泛应用和超导技术的研究,测量 120 K 以下温度的低温温度计得到了发展,如低温气体温度计、蒸汽压温度计、声学温度计、顺磁盐温度计、量子温度计、低温热电阻温度计和低温温差电偶温度计等。低温温度计要求感温元件体积小、准确度高、复现性和稳定性好。利用多孔高硅氧玻璃渗碳烧结而成的渗碳玻璃热电阻就是低温温度计的一种感温元件,可用于测量 1.6～300 K 范围内的温度。

4.2.2 非接触式温度传感器

非接触式温度传感器的敏感元件与被测对象互不接触,又称非接触式测温仪表。这种仪表可用来测量运动物体、小目标和小热容量或温度变化迅速(瞬变)对象的表面温度,也可用于测量温度场的温度分布。

最常用的非接触式测温仪表基于黑体辐射的基本定律,称为辐射测温仪表。辐射测温法包括亮度法(见光学高温计)、辐射法(见辐射高温计)和比色法(见比色温度计)。各类辐射测温方法只能测出对应的光度温度、辐射温度或比色温度。只有对黑体(吸收全部辐射并不反射光的物体)所测温度才是真实温度。如欲测定物体的真实温度,则必须进行材料表面发射率的修正。而材料表面发射率不仅取决于温度和波长,而且还与表面状态、涂膜和微观组织等有关,因此很难精确测量。在自动化生产中往往需要利用辐射测温法来测量或控制某些物体的表面温度,如冶金中的钢带轧制温度、轧辊温度、锻件温度和各种熔融金属在冶炼炉或坩埚中的温度。在这些具体情况下,物体表面发射率的测量是相当困难的。对于固体表面温度的自动测量和控制,可以采用附加的反射镜使其与被测表面一起组成黑体空腔。附加辐射的影响能提高被测表面的有效辐射和有效发射系数。利用有效发射系数通过仪表对实测温度进行相应的修正,最终可得到被测表面的真实温度。对于气体和液体介质真实温度的辐射测量,则可以采用插入耐热材料管至一定深度以形成黑体空腔的方法,通过计算求出与介质达到热平衡后的圆筒空腔的有效发射系数,在自动测量和控制中就可以用此值对所测腔底温度(即介质温度)进行修正而得到介质的真实温度。

非接触测温的优点是测量上限不受感温元件耐温程度的限制,因而对最高可测温度原则上没有限制。对于 1 800 ℃以上的高温,主要采用非接触测温方法。随着红外技术的发展,辐射测温逐渐由可见光向红外线扩展,700 ℃以下直至常温都已采用,且分辨率很高。

4.2.3 热电偶温度传感器

热电偶是温度测量中最常用的温度传感器,其优点是:温度范围宽,能适应各种大气环境,结实,价格低,无需供电,精确度高,稳定性好。热电偶由在一端连接的两条不同金属线(金属 A 和金属 B)构成,当热电偶一端受热时,热电偶电路中就有电势差,可用测量的电势差来计算温度。由于电压和温度是非线性关系,因此需要为参考温度作第二次测量,并利用测试设备软件或硬件在仪器内部处理电压-温度变换，以最终获得热偶温度。

热电偶温度传感器的缺陷是：灵敏度比较低，容易受到环境干扰信号的影响，也容易受到前置放大器温度漂移的影响，因此不适合测量微小的温度变化。热电偶温度传感器的灵敏度与材料的粗细无关，用非常细的材料就能够做成温度传感器，且制作热电偶的金属材料具有很好的延展性，这种细微的测温元件有极高的响应速度，可以测量快速变化的过程。

简而言之，热电偶是最简单和最通用的温度传感器，但热电偶并不适合高精度的测量和应用。

4.2.4 热敏电阻温度传感器

热敏电阻使用半导体材料，大多为负温度系数，即阻值随温度升高而降低。温度变化会造成大的阻值改变，因此它是最灵敏的温度传感器。但热敏电阻的线性度极差，并且与生产工艺有很大关系。制造商无法提供标准化的热敏电阻曲线。

热敏电阻还有其自身的测量技巧。热敏电阻体积非常小，它能很快稳定，不会造成热负载，但也因此很不结实，大电流会造成自热。由于热敏电阻是一种电阻性器件，任何电流源都会在其上因功率而造成发热，因此要使用小的电流源。如果热敏电阻暴露在高热中，将导致永久性的损坏。

4.3 温度传感器原理

温度是一种表征物体冷热程度的物理量，而温度传感器就是将物体的冷热程度转换为便于测量的物理参数进而对温度进行间接测量的仪器。温度传感器主要由感温元件和温度显示两部分组成，感温元件主要用于感受温度并将其转换为电信号等易于测量的物理参数，经过处理电路将其转换为相应的温度并显示出来。下面介绍常用温度传感器的工作原理。

4.3.1 热电偶温度传感器原理

热电偶温度传感器主要利用的是热电效应，其由两种不同材料的导体构成，这两种导体接触时构成一个闭合回路，由于两种材料的接触点温度不同使得回路中产生电动势，此电势与两种导体或半导体的性质及在接触点的温度有关，热电偶温度传感器便是根据此电动势的大小来判断温度的。这种现象可以在很宽的温度范围内出现，如果精确测量这个电位差，再测量出不加热部位的环境温度，就可以准确计算加热点的温度。由于它必须有两种不同材质的导体，所以称之为热电偶。不同材质做出的热电偶使用于不同的温度范围，它们的灵敏度也各不相同。热电偶的灵敏度是指加热点温度变化 1 ℃时，输出电位差的变化量。对于大多数金属材料支撑的热电偶而言，这个数值为 5～40 μV/℃。

4.3.2 金属热电阻温度传感器原理

金属热电阻温度传感器又称为热电阻传感器，主要由电阻体、绝缘管、保护套管、引线和接线盒等组成，其中电阻体采用的是热敏电阻，其阻值大小随温度的变化而变化，进而可以将电阻阻值的变化反向转换为温度的值进而显示出来。

4.3.3 集成温度传感器原理

集成温度传感器，顾名思义是将温度传感器集成在一块很小的硅片上，由于其集成度很高，通常使用的感温元件是PN结。PN结不耐高温，因此集成温度传感器通常测量150 ℃以下的温度。但PN结可以将温度变化转换为电流量、电压量、频率量等多种物理参数，这是较其他类型温度传感器而言优势一般的存在，因此集成温度传感器应用也很广泛。

4.3.4 光纤温度传感器原理

光纤温度传感器的基本工作原理是将来自光源的光经过光纤送入调制器，待测温度与进入调制区的光相互作用后，导致光的光学性质（如光的强度、波长、频率、相位等）发生变化，称为被调制的信号光。再经过光纤送入光探测器，经解调后，获得被测参数。

光纤温度传感器种类很多，但概括起来按其工作原理可分为功能型和传输型两种。功能型光纤温度传感器是利用光纤的各种特性（相位、偏振、强度等）随温度变换的特点，进行温度测定。这类传感器尽管具有传、感合一的特点，但也增加了增敏和去敏的困难。传输型光纤温度传感器的光纤只是起到光信号传输的作用，以避开测温区域复杂的环境，对待测对象的调制功能是靠其他物理性质的敏感元件来实现的。这类传感器由于存在光纤与传感头的光耦合问题，增加了系统的复杂性，且对机械振动之类的干扰比较敏感。

4.3.5 红外温度传感器原理

研究发现，太阳光谱各种单色光的热效应从紫色光到红色光是逐渐增大的，而且最大的热效应出现在红外辐射的频率范围之内，因此人们又将红外辐射称为热辐射或热射线。红外辐射的物理本质是热辐射。在自然界中，当物体的温度高于绝对零度时，由于它内部热运动的存在，就会不断地向四周辐射电磁波能量，物体的向外辐射能量的大小及其按波长的分布与它的表面温度有着密切的关系，其中就包含了波段位于0.75～100 μm的红外线，物体的温度越高，所辐射出来的红外线越多，红外辐射的能量就越强。黑体的光谱辐射出射度由普朗克公式确定，红外测温仪的测温原理是黑体辐射定律，红外温度传感器就是利用这一原理制作而成的。

4.4 温度传感器应用

温度传感器是通过物体随温度变化而改变某种特性来间接测量温度的，不少材料、元件的特性都随温度的变化而变化，所以能用作温度传感器的材料相当多。温度传感器随温度而引起变化的物理参数有：膨胀、电阻、电容、电动势、磁性能、频率、光学特性及热噪声等。

温度传感器是实现温度检测与控制的重要器件，工业、农业、商业、科研、国防、医学及环保等领域都与温度有着密不可分的关系。在各类繁多的传感器中，温度传感器是应用最广泛、发展最快的传感器之一。在我们日常所需的汽车、消费电子、家用电器等产品上都存在一个至数个温度传感器。较其他种类传感器而言，温度传感器出现得最早，相继出现了热电偶传感器、RTD铂电阻和集成半导体温度传感器等多种温度传感器，并且随着技术的发展，新型温度传感器还在不断涌现。

1. 在汽车领域中的应用

车用传感器是汽车电子设备的重要组成部分，它们担负着信息收集的任务。在汽车电喷发动机系统、自动空调系统中，温度是需要测量和控制的重要参数之一。发动机热状态的测量、气体和液体温度的测量都需要用到温度传感器。因此，车用温度传感器必不可少。

2. 在家用电器中的应用

温度传感器广泛应用于家用电器，如微波炉、空调、油烟机、吹风机、烤面包机、电磁炉、炒锅、冰箱、热水器、饮水机、洗衣机等。

3. 在医药方面的应用

现如今，诸多药品的研发与生产也开始对温度有了要求，如何保证药品在研发到运输到存储或食用这几个阶段内依旧安全有效，医药链温度监测是重中之重。有效使用温度传感器，病人患者的生命安全将得到保障。

4. 在工业中的应用

在工业生产自动化流程中，温度测量点约占全部测量点的一半。例如，在钢铁冶炼过程中，准确地控制冶炼温度可以明显提高产品质量，还能节能降耗；在石油炼化过程中，准确地控制裂解温度，可以得到不同品质的柴油系列产品。

5. 在建筑行业的应用

在建筑行业，温度传感器在混凝土凝结硬化的过程中，起着很大的作用。裂缝在混凝土构件特别是大体积混凝土构件中是较为普遍的，其严重影响到结构的整体性和耐久性，究其原因，都是由混凝土温度应力造成的。因此在大体积混凝土中，用温度传感器实现温度的控制具有重要的意义。

4.5 应用实例

任务1 温湿度检测设计

1. 任务基本内容

(1) 设计任务

设计一个能够检测当前环境中的温湿度的系统，系统具有显示功能。

(2) 任务目的

① 学习温湿度传感器的驱动编程。

② 学习 Cortex－M3 数据库使用。

③ 通过实验仿真操作掌握传感器的硬件接线及程序下载，并最终得出实验仿真结果。

(3) 基本要求

① 在串口调试助手中显示当前环境的温度湿度值。

② (选做)设计上位机程序，显示检测数据并存储在数据库中。

(4) 应用场景

典型应用：暖通空调、除湿器、测试及检测设备、消费品、汽车、自动控制、数据记录器、气象站、家电、湿度调节、医疗及其他相关温湿度检测控制。

2. 系统软硬件环境

(1) 系统环境

① 硬件:Cortex - M3 开发板,ICS - IOT - OIEP 实验平台,ST - LINK 仿真器。

② 软件:Keil5。

③ 仿真实验环境:传感器 3D 虚拟仿真软件。

④ 实验目录:传感器驱动实验/实验 30 温湿度检测。

(2) 原理详解

AM2322 数字温湿度传感器是一款含有已校准数字信号输出的温湿度复合型传感器,采用专用的温湿度采集技术,确保产品具有极高的可靠性与卓越的长期稳定性。传感器包括一个电容式感湿元件和一个高精度集成测温元件,并与一个高性能微处理器相连接。该产品具有品质卓越,响应速度快,抗干扰能力强,性价比高等优点。

(3) 硬件电路

本实验使用平台配套的温湿度传感器,传感器与核心板采用 I^2C 总线通信,传感器硬件原理如图 4 - 1 所示。

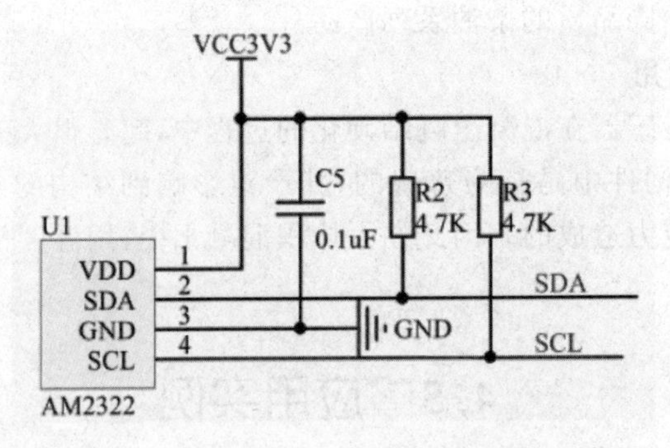

图 4 - 1 温湿度传感器硬件原理图

传感器通过 4Pin 的对插线与 I/O 扩展板的 I^2C 总线接口相连接,I/O 扩展板的引脚电路图如图 4 - 2 所示,Cortex - M3 接口原理图如 4 - 3 所示。

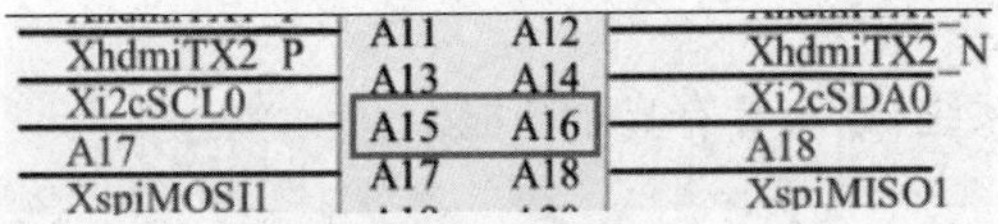

图 4 - 2 I/O 扩展板接口原理图

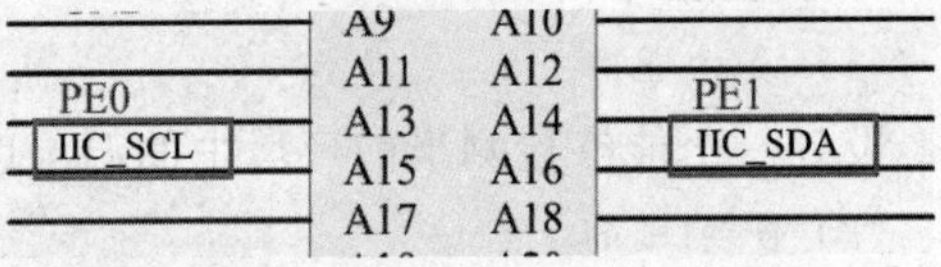

图 4 - 3 Cortex - M3 接口原理图

目前大部分 MCU 都带有 I^2C 总线接口,STM32 也不例外。但是本书不使用 STM32 的硬件 I^2C 总线接口来读/写 AM2322,而是通过软件模拟。STM32 的硬件 I^2C 总线接口非常复杂,故不推荐使用。使用模拟 I^2C 总线能够更加清晰地理解 I^2C 总线的通信过程,所以就通过模拟 I^2C 总线来实现数据的读取。

(4) 软件设计流程图

温湿度检测程序流程图如图 4 - 4 所示。首先,初始化程序,读取 A/D 转换电流值,然后根据电流测量范围输出电流值,最终每隔500 ms 读取一次 ADC 的值,并显示读到的 ADC 值(数字量),以及其转换成模拟量后的电压值。

(5) 源码分析

模拟 I^2C 时序读/写函数,代码如下:

```
//IIC 发送一个字节,返回从机有无应答,1,有应答;0,无应答
void IIC_Send_Byte(u8 txd)

//读 1 个字节,ack = 1 时,发送 ACK,ack = 0,发送 nACK
u8 IIC_Read_Byte(unsigned char ack)
```

AM2322 传感器数据读取程序,代码如下:

```
void UARTSend_Nbyte(void)
{
    double Tmp1,Tmp2;
    Clear_Data();                  //清除收到的数据
    WR_Flag = 0;
    Waken();                       //唤醒传感器
    //发送读指令
    WriteNByte(IIC_Add,IIC_TX_Buffer,3);
    //发送读取或写数据命令后,至少等待 2 ms(给探头返回数据作时间准备)
    delay_ms(2);                   //读返回数据
    ReadNByte(IIC_Add,IIC_RX_Buffer,8);
    delay_ms(2);
    IIC_SDA = 1;
    IIC_SCL = 1;                   //确认释放总线
    //通过串口向上发送传感器数据
    if(WR_Flag == 0)
    {
            if(CheckCRC(IIC_RX_Buffer,8))
            {
                    Tmp1 = IIC RX_Buffer[2] * 256 + IIC_RX_Buffer[3];
                    Tmp1 = Tmp1/10;
                    Tmp2  =  IIC_RX_Buffer[4] * 256 + IIC_RX_Buffer[5];
                    Tmp2 = Tmp2/10;
                    printf("湿度:%.1f     温度:%.1f\n",Tmp1,Tmp2);
            }
            else
            {
                    printf("Data: CRC Wrong\n");
            }
        }
        else
        {
            printf("Sensor Not Connected\n");
        }
}
```

开始 → 初始化 → 读取A/D转换,输出当前的温湿度值 → 显示当前传感器周围的温湿度值 → 结束

图 4-4　温湿度检测程序流程图

3. 实验运行步骤和结果

(1) 实验步骤

① 温湿度传感器通过 4Pin 的对插线与 I/O 扩展板的 I^2C 接口连接,如图 4-5 所示。

图 4-5　温湿度传感器连接图

② 连接电源线、mini 串口线并打开电源开关,将核心板上的跳线接到 UART 端,I/O 扩展板的跳线接到 USB 端,跳线位置如图 4-6 所示。

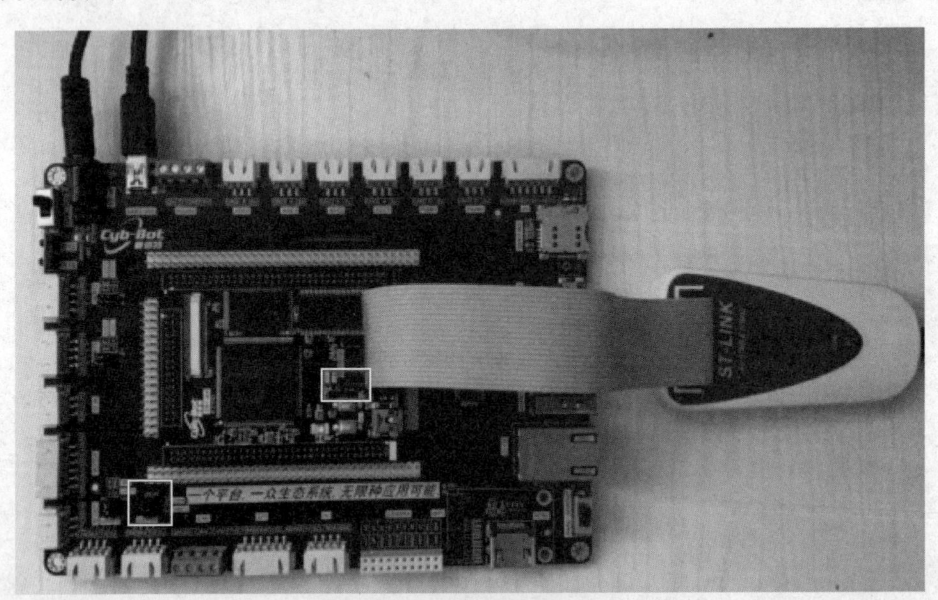

图 4-6　核心板跳线位置图

③ 将 ST-LINK 仿真器一端连接在 PC 机上,另一端连接在 Cortex-M3 仿真器下载接口上。

④ 用 Keil5 软件打开实验工程,目录在:Cortex-M3/Cortex-M3 传感器驱动实验/实验

30 温湿度检测/USER,之后打开后缀名为.uvprojx 的工程文件,如图 4-7 所示。

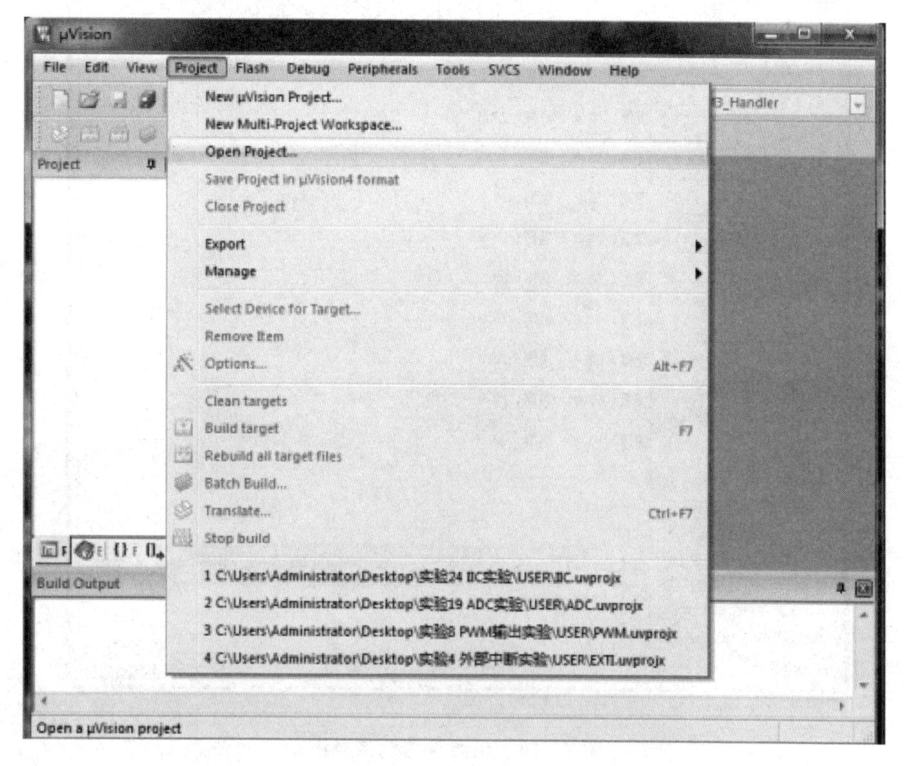

图 4-7　打开工程文件图

⑤ 编译程序,单击按钮如图 4-8 所示。

⑥ 编译通过,然后下载程序到 Cortex-M3 开发板,单击按钮如图 4-9 所示。

图 4-8　编译程序按钮图

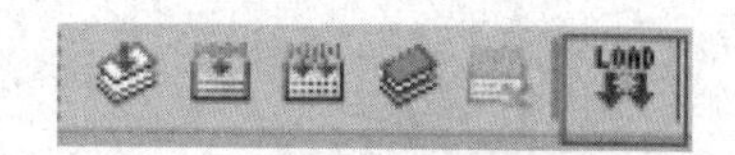

图 4-9　下载程序按钮图

⑦ 打开串口工具 AccessPort,设置端口号(在设备管理器中查找),“波特率”选择 115 200,“校验位”选择 NONE,“数据位”选择 8,“停止位”选择 1,“接收区显示方式”选择“字符形式”,其他默认,如图 4-10 所示。

(2) 设计运行结果

下载并运行程序,串口终端输出当前环境的温度湿度值,如图 4-10 所示。

4. 仿真软件使用及实验操作

(1) 传感器列表

打开传感器 3D 虚拟仿真软件目录后,双击 OIEP_SensorSimulation.exe 即可启动运行软件,软件启动后进入传感器列表主界面,如图 4-11 所示。

(2) 模型展示

在传感器列表界面中找到“温湿度传感器”,单击即进入模型展示界面,如图 4-12 所示。

在模型展示界面中,可以通过对模型的“拖动”“缩放”“旋转”操作查看传感器硬件的仿真

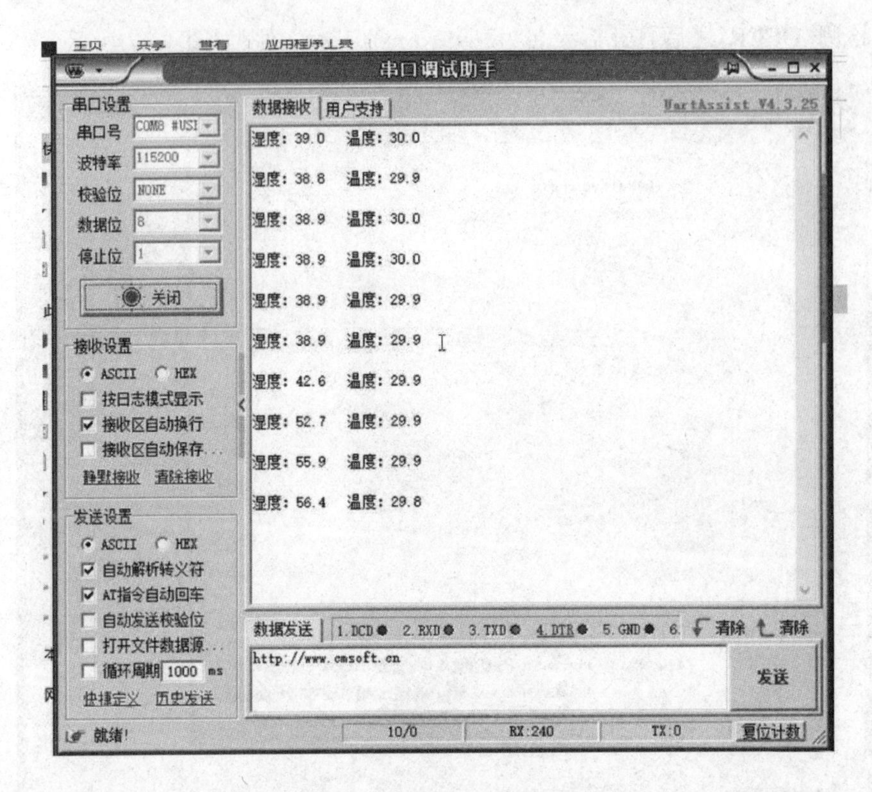

图 4-10 温湿度检测结果图

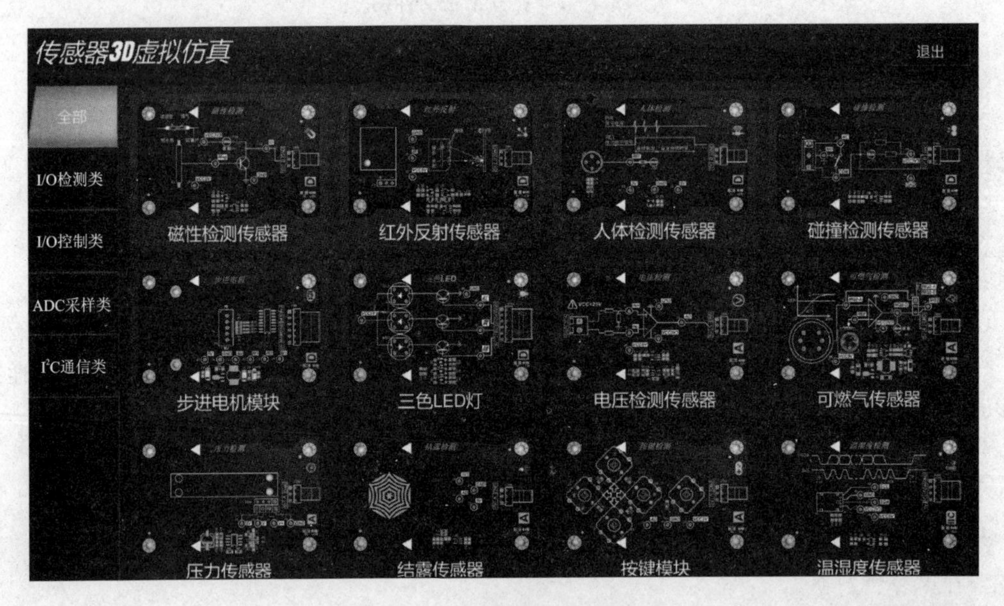

图 4-11 传感器列表界面

构造，将光标移动到模型上按住鼠标左键拖动光标即可拖动传感器模型，按住鼠标右键拖动光标可旋转模型，滑动鼠标滚轮可放大/缩小模型，单击“传感器简介”按钮可查看传感器的简介。

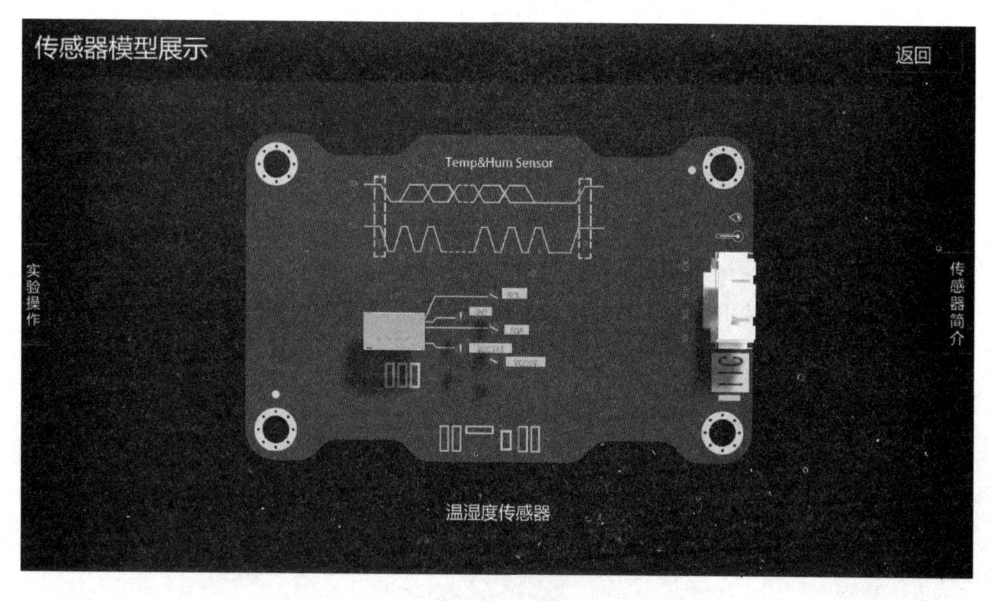

图 4-12　传感器模型展示界面

(3) 工作原理

在模型展示界面中，单击左侧的“实验操作”按钮弹出侧边栏，然后单击“工作原理”按钮即可进入传感器工作原理界面，如图 4-13 所示，界面左侧为传感器工作原理介绍，右侧为传感器工作原理说明图。

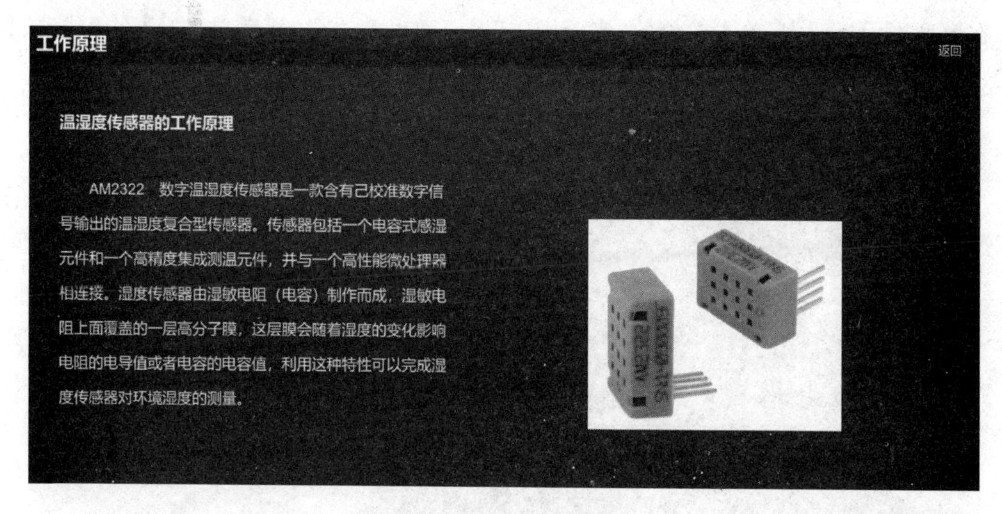

图 4-13　工作原理界面

(4) 实验文档

仿真软件中集成了传感器硬件设备实物操作使用的实验文档，其中实验操作主要包括硬件接线、程序烧写及实验结果三个部分，传感器的仿真实验操作就是根据实验文档的实验步骤将重要实验环节涉及到的信号、接口、工具、软件、程序及配置等进行实验操作的仿真。

在模型展示界面中，单击左侧的“实验操作”按钮弹出侧边栏，然后单击“实验文档”按钮即可打开查看实验文档，如图 4-14 所示。

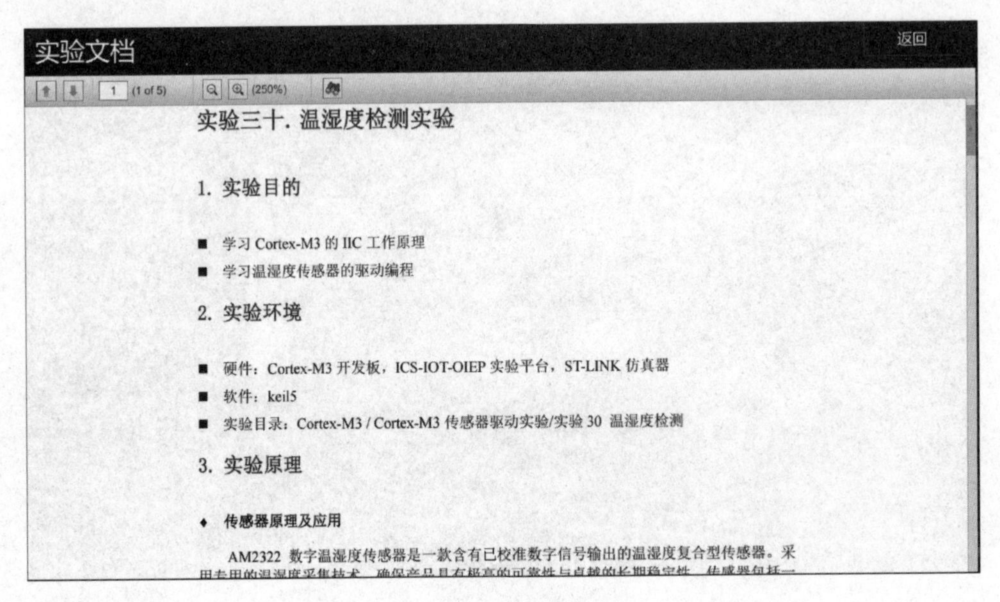

实验三十. 温湿度检测实验

1. 实验目的

■ 学习 Cortex-M3 的 IIC 工作原理
■ 学习温湿度传感器的驱动编程

2. 实验环境

■ 硬件：Cortex-M3 开发板，ICS-IOT-OIEP 实验平台，ST-LINK 仿真器
■ 软件：keil5
■ 实验目录：Cortex-M3 / Cortex-M3 传感器驱动实验/实验 30 温湿度检测

3. 实验原理

◆ 传感器原理及应用

AM2322 数字温湿度传感器是一款含有已校准数字信号输出的温湿度复合型传感器。采

图 4-14 实验文档界面

(5) 硬件接线

硬件接线功能是根据实验文档仿真硬件实物连接操作与配置的关键步骤，主要包括传感器、I/O 扩展板、核心板相关的接线端子、连接线、通信接口、跳线配置、安装方式、仿真器调试工具、电源等操作和配置。

在模型展示界面中，单击左侧的“实验操作”按钮弹出侧边栏，然后单击“硬件接线”按钮即可进入硬件接线场景界面，如图 4-15 所示。

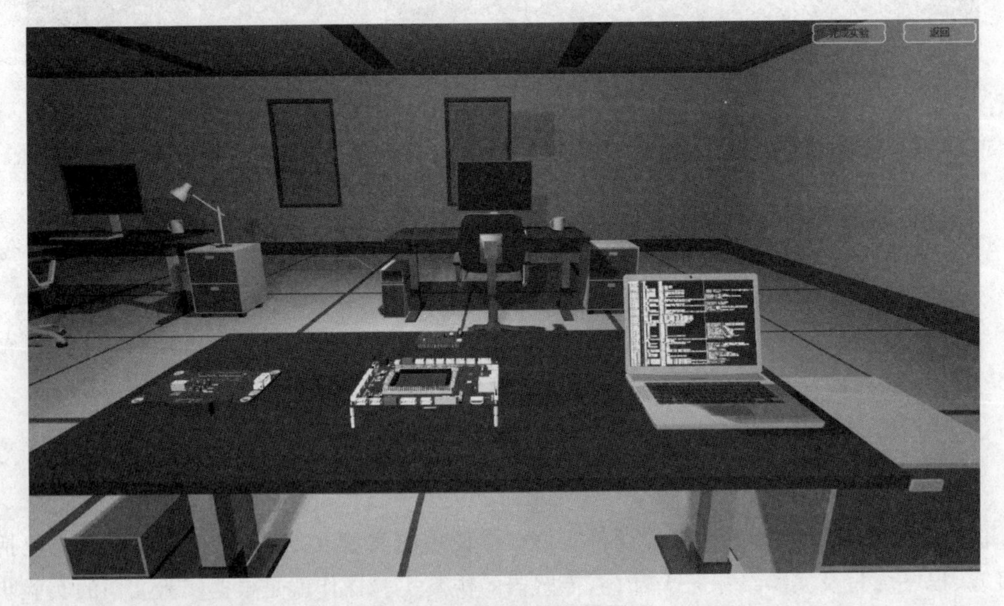

图 4-15 硬件接线场景界面

在场景中桌子上摆放了硬件模型，左边的是传感器，中间上方的是 Cortex-M3 核心板，中间下方的是 I/O 扩展板，右边是一台笔记本电脑。

在场景中按键盘 A、D、W、S 键移动视角，按住鼠标右键拖动可旋转视角，将光标移动到传感器、Cortex－M3 核心板、I/O 扩展板上，单击即可弹出对应的操作配置界面。

➢ 传感器与 I/O 扩展板连接配置

① 单击虚拟场景界面中桌面的“传感器”模块，弹出“请选择连接线”界面，选择第二项(4Pin 线)，然后单击“下一步”按钮，如图 4－16 所示。

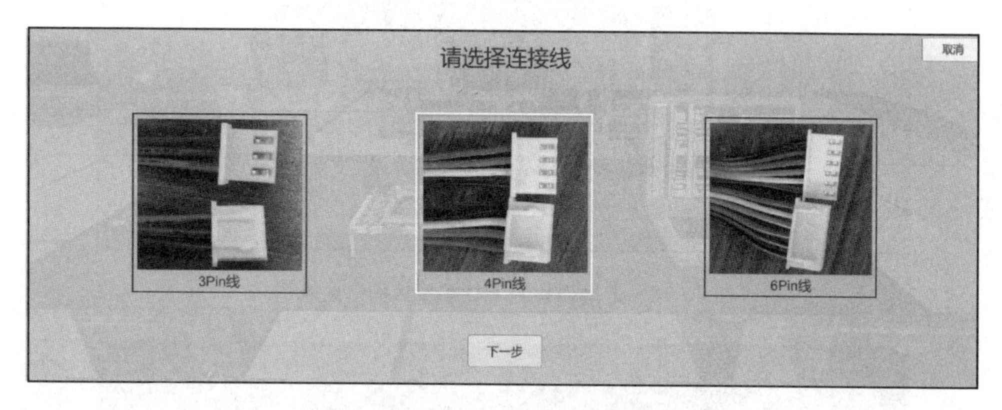

图 4－16　选择连接线

② 传感器接线端子选择，将光标移动到端子上单击选中，然后单击“下一步”按钮，如图 4－17 所示。

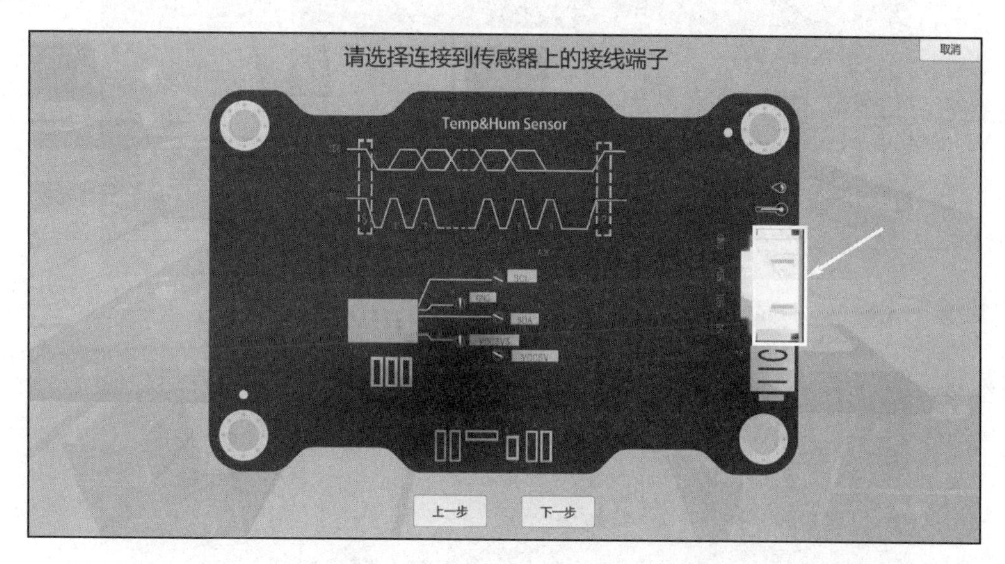

图 4－17　选择传感器接线端子

③ 移动光标到 I/O 扩展板的 I^2C 端子上单击选中，然后单击“完成”按钮，如图 4－18 所示。

④ 传感器与 I/O 扩展板接线配置完成，如图 4－19 所示。

➢ Cortex－M3 核心板配置

① 单击虚拟场景界面中桌面的“Cortex－M3 核心板”模块，弹出菜单如图 4－20 所示，然后单击“核心板安装”按钮，安装方式选择第一项，然后单击“确定”按钮，如图 4－21 所示。

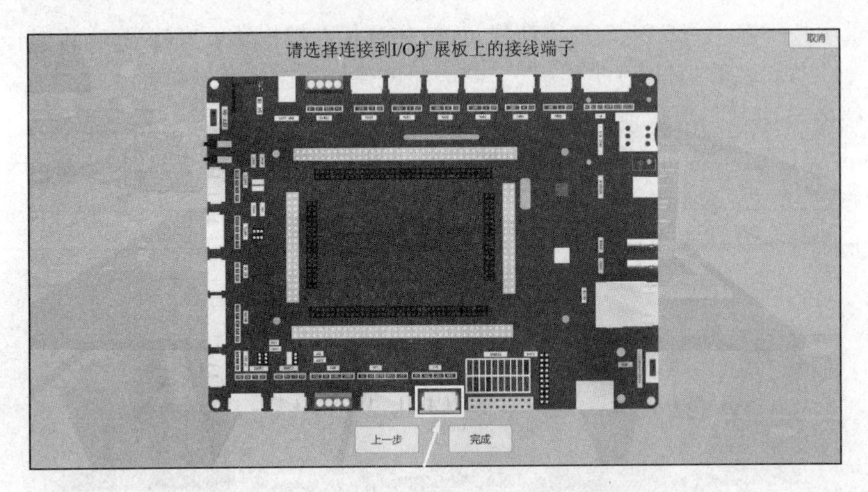

图 4-18　选择连接到 I/O 扩展板的接线端子

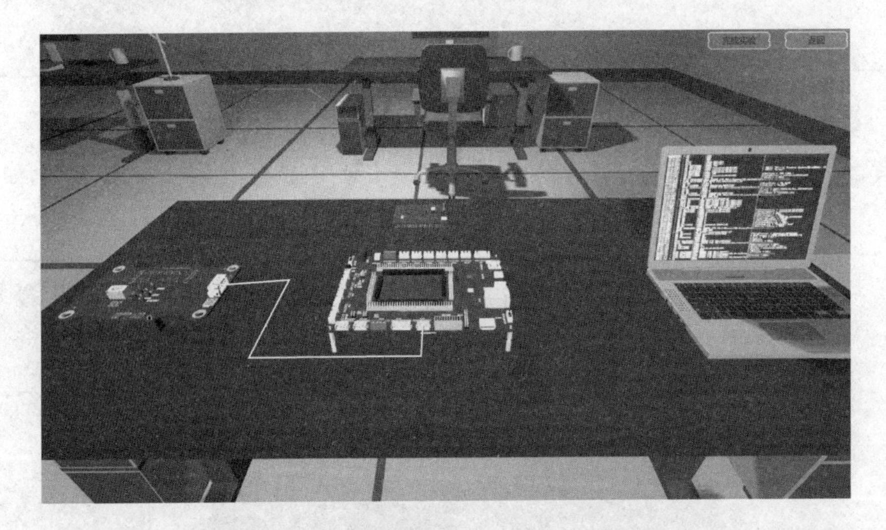

图 4-19　传感器与 I/O 扩展板接线图

图 4-20　Cortex-M3 核心板配置菜单

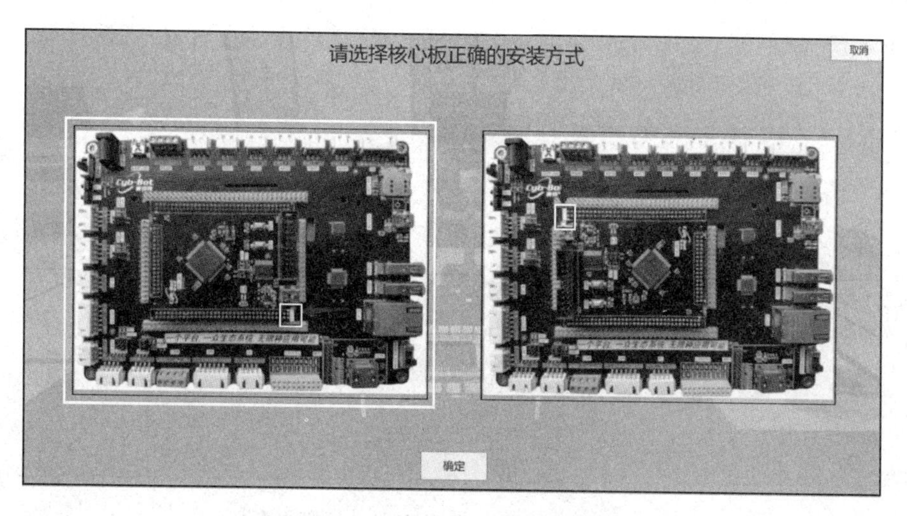

图 4-21　Cortex-M3 核心板安装方式

② 单击核心板配置菜单中的“跳线配置”按钮进行跳线配置，将光标移动到跳线端子上单击选中，然后单击“下一步”按钮，如图 4-22 所示。

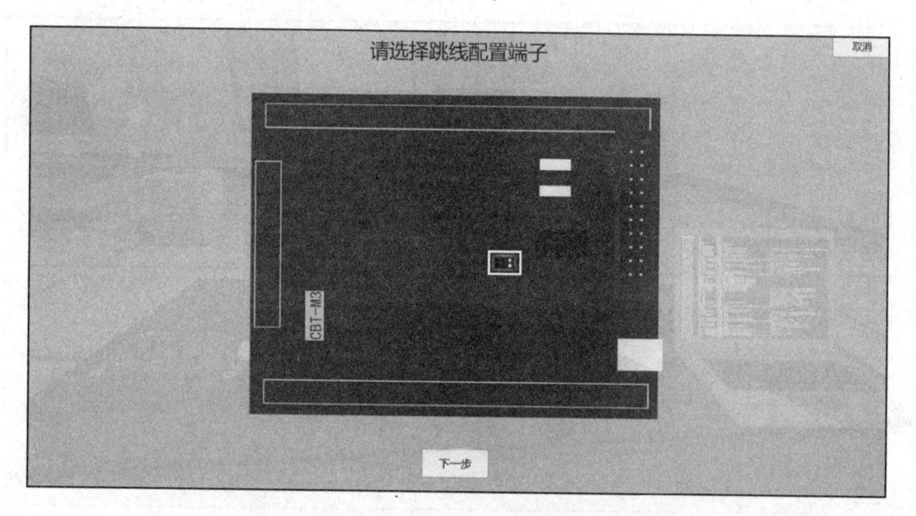

图 4-22　Cortex-M3 核心板跳线端子选择

③ 跳线配置选择第二项，然后单击“确定”按钮，如图 4-23 所示。

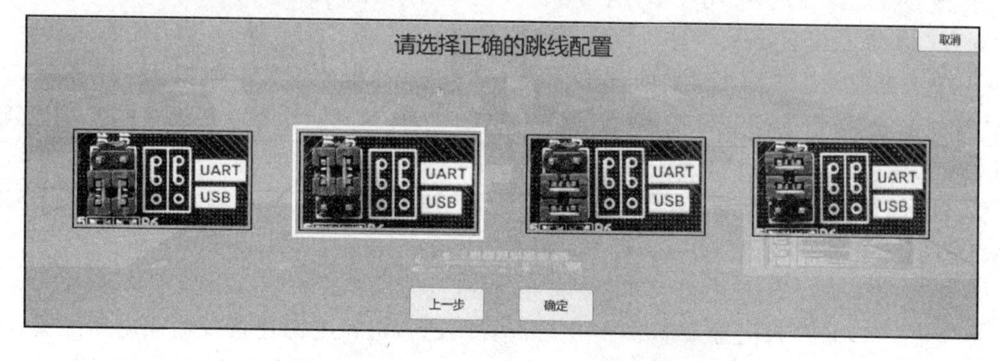

图 4-23　Cortex-M3 核心板跳线帽配置

④ 单击核心板菜单中的“仿真器连接”按钮进行仿真器连接配置，仿真器选择第三项，然后单击“下一步”按钮，如图 4－24 所示。

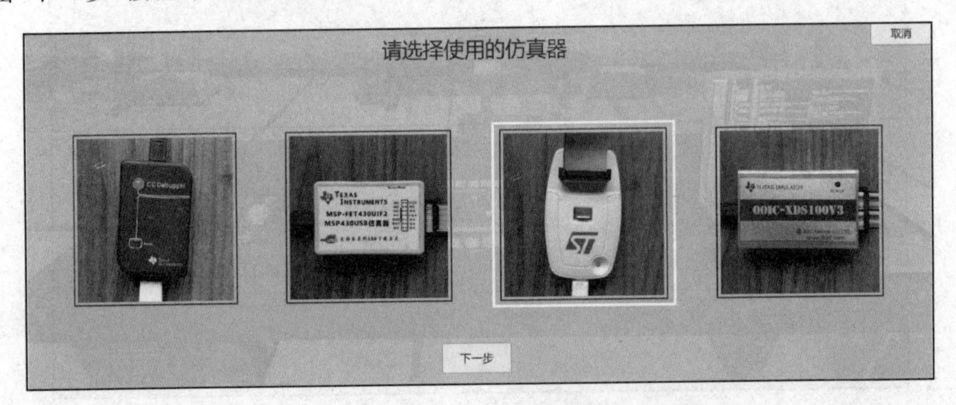

图 4－24　Cortex－M3 处理器使用的仿真器

⑤ 将鼠标光标移动到 Cortex－M3 核心板的 JTAG 仿真器连接接口上单击选中，然后单击“确定”按钮，如图 4－25 所示。

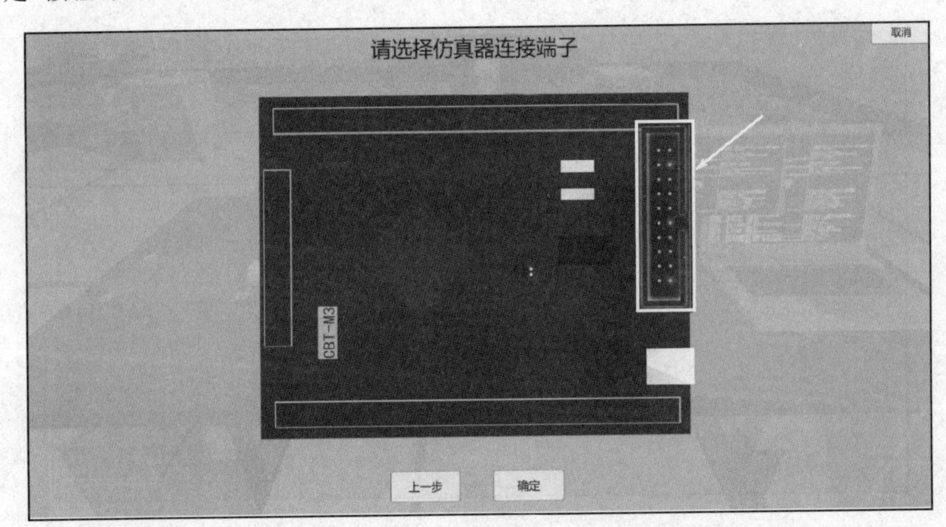

图 4－25　核心板仿真器连接端子

⑥ 核心板配置完成，关闭菜单，返回如图 4－26 所示的界面。

➤ I/O 扩展板配置

① 单击虚拟场景界面中桌面的“I/O 扩展板”模块，弹出配置菜单如图 4－27 所示，然后单击“接线配置”按钮进行 I/O 扩展板连接 PC 的配置，移动光标到 I/O 扩展板的 UART USB 接口上单击选中，然后单击“确定”按钮，如图 4－28 所示。

② 单击 I/O 扩展板配置菜单中的“跳线配置”按钮，将光标移动到 I/O 扩展板 USB 与 UART0 的跳线配置端子上单击选中，然后单击“下一步”按钮，如图 4－29 所示。

③ 跳线配置选择第二项，然后单击“确定”按钮完成跳线的配置，如图 4－30 所示。

④ 单击 I/O 扩展板配置菜单中的“电源配置”按钮，进行电源连接及输入电压配置，将光标移动到 I/O 扩展板电源接入接口单击选中，然后单击“下一步”按钮，如图 4－31 所示。

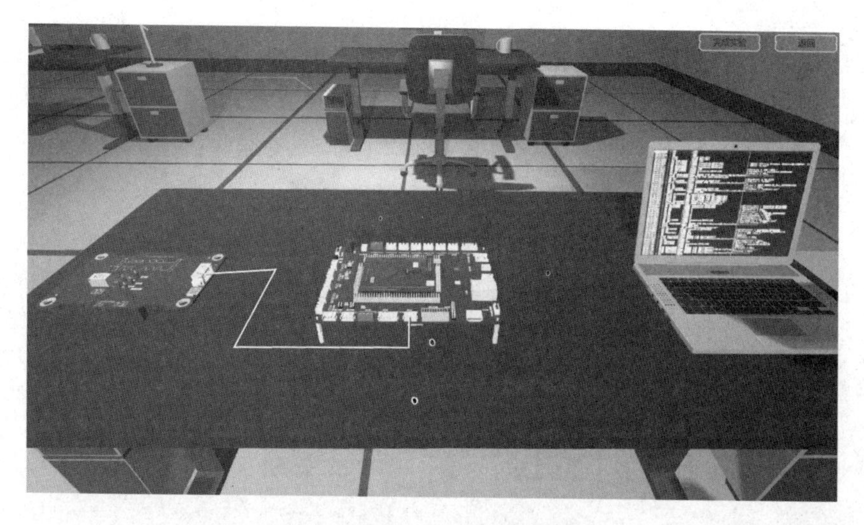

图 4-26　核心板安装配置完成

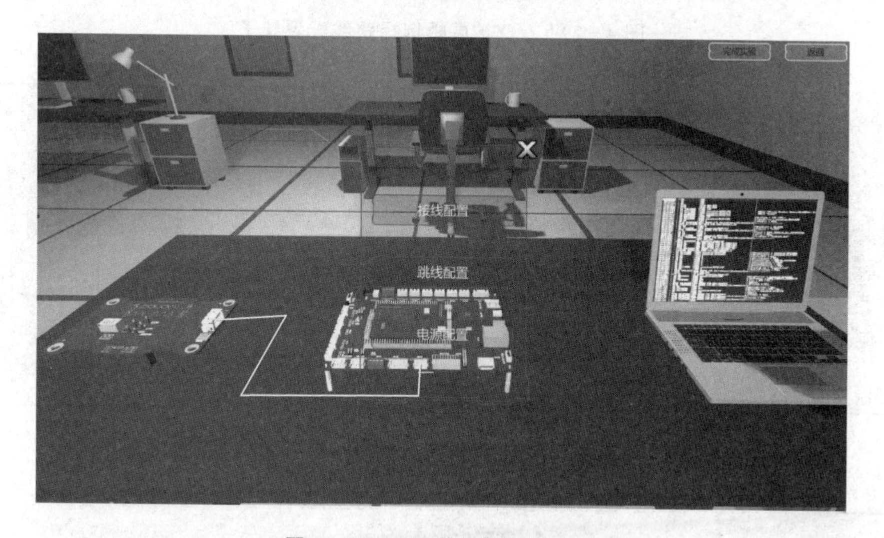

图 4-27　I/O 扩展板配置菜单

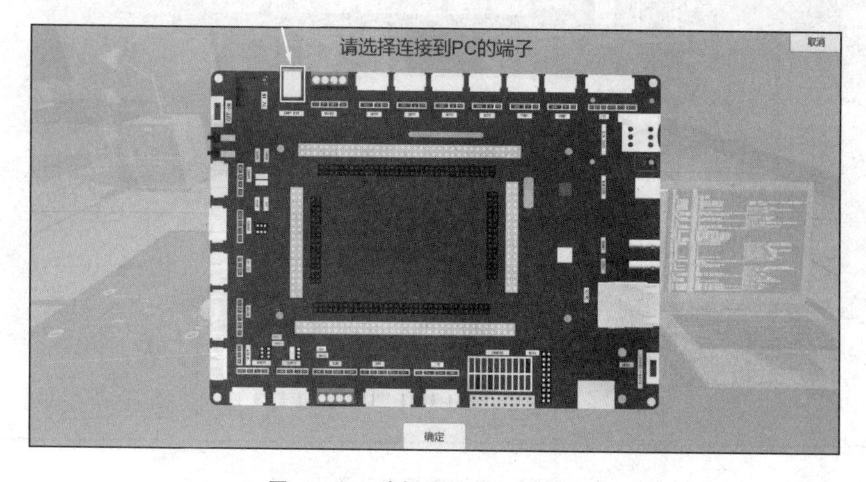

图 4-28　选择连接到 PC 的端子

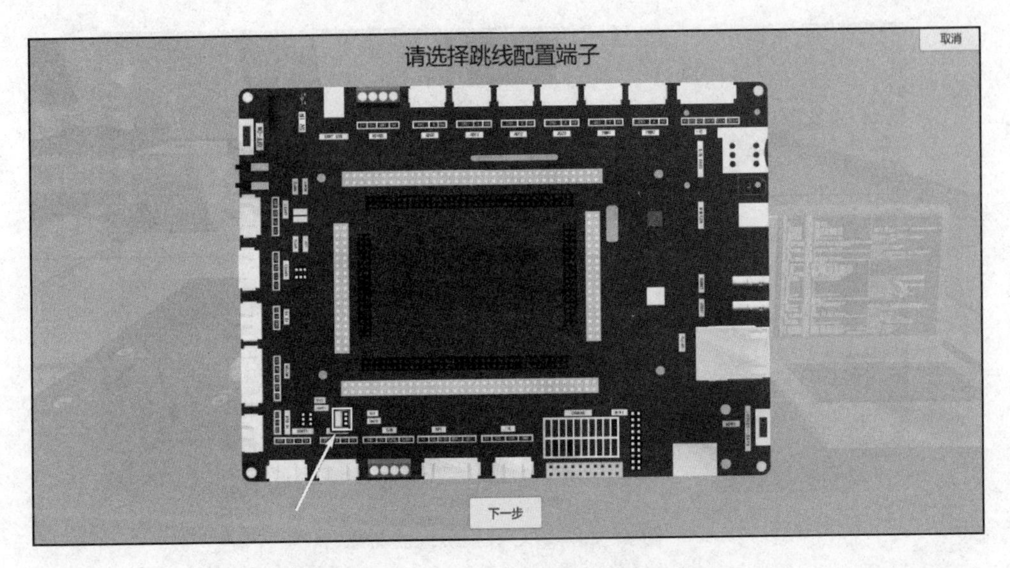

图 4－29　I/O 扩展板选择跳线配置端子

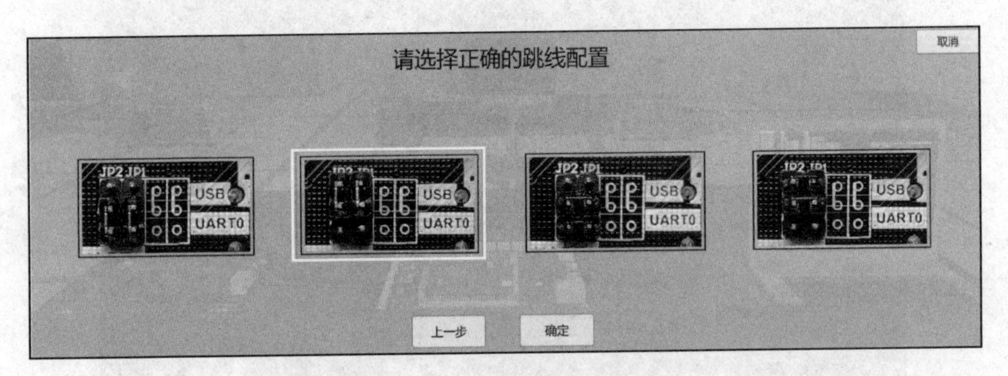

图 4－30　I/O 扩展板跳线配置方式

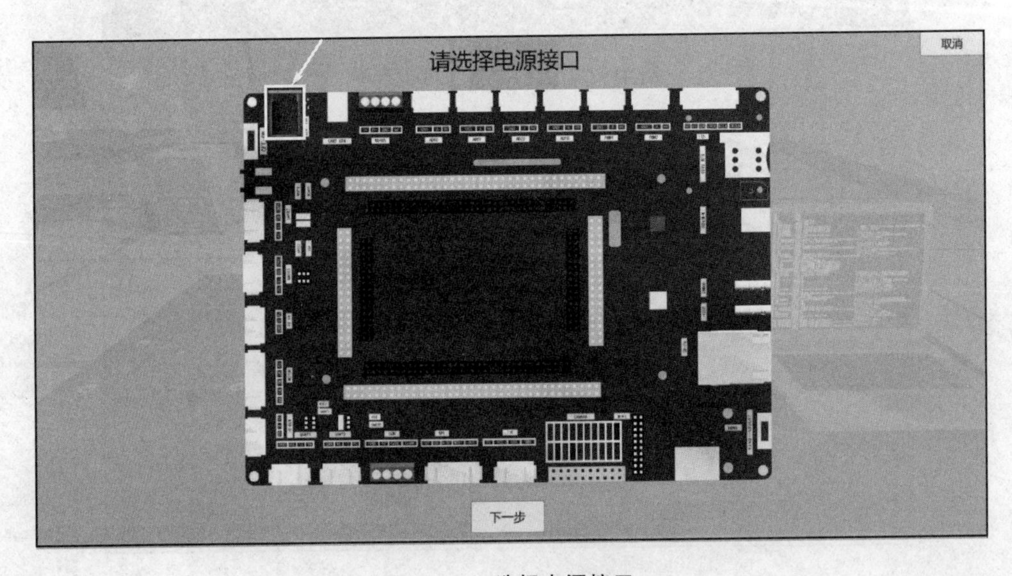

图 4－31　选择电源接口

⑤ 供电电源电压选择第二项(5V),然后单击“确定”按钮,如图 4-32 所示。

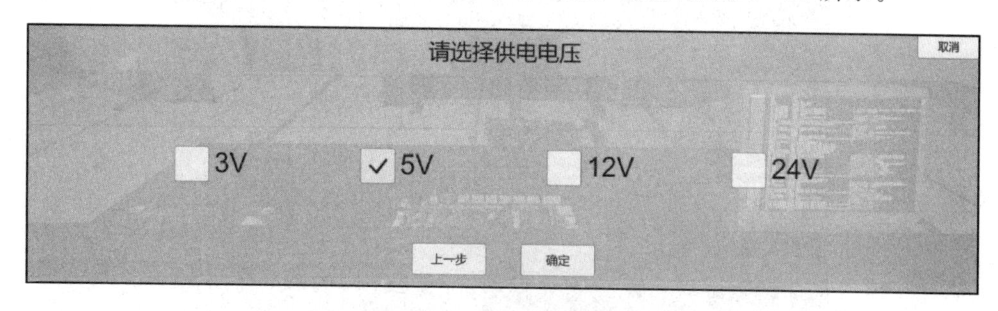

图 4-32　选择供电电压

⑥ 硬件接线所有配置完成后,单击界面右上角的“完成实验”按钮,可以查看实验结果,如图 4-33 所示。

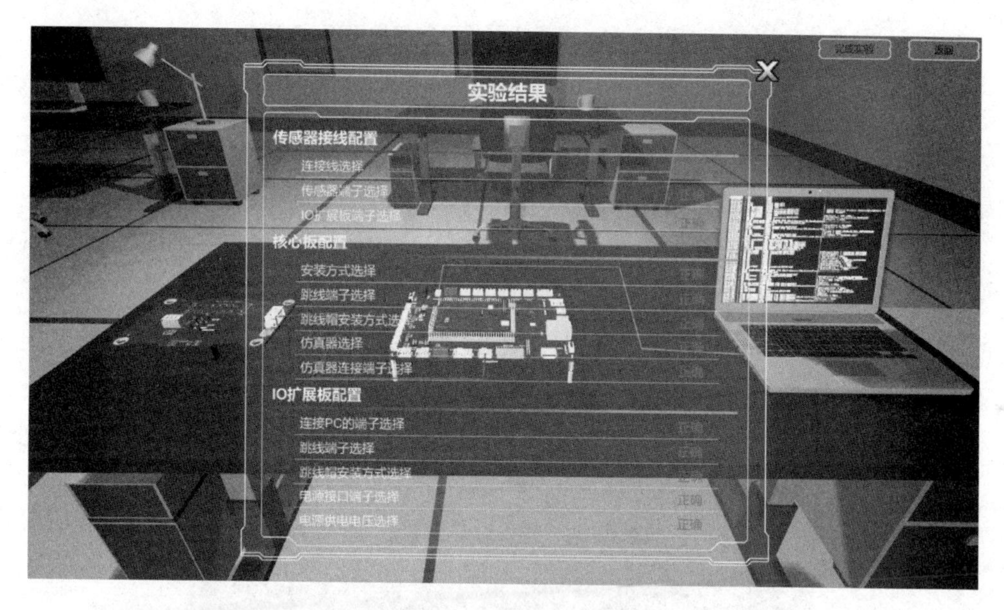

图 4-33　硬件接线实验结果

(6) 程序烧写

程序烧写仿真的主要目的是让用户了解和掌握使用 Keil 软件编译程序并对 Cortex-M3 烧写程序。

在模型展示界面中,单击左侧的“实验操作”按钮弹出侧边栏,然后单击“程序烧写”按钮即可进入如图 4-34 所示的程序烧写虚拟场景界面。

① 图 4-34 中,“请选择烧写程序使用的软件 IDE”选项的第一项是 Keil5 的软件图标,所以选择第一项,然后单击“下一步”按钮。

② 选择第 4 个菜单选项 Project,然后单击“下一步”按钮,即可打开源码工程如图 4-35 所示。

③ 在弹出的“打开工程文件”窗口中,按路径:实验 30 温湿度检测>USER>HUMITURE. uvprojx 选择正确格式的工程文件,如图 4-36 所示。

图 4-34　选择烧写程序的软件 IDE

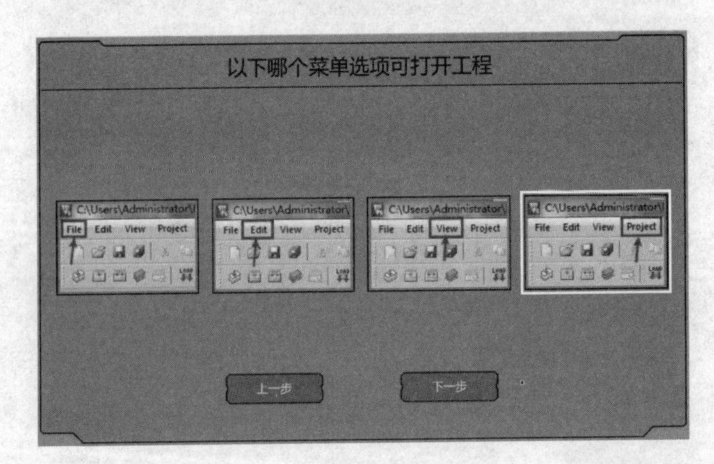

图 4-35　选择打开工程选项

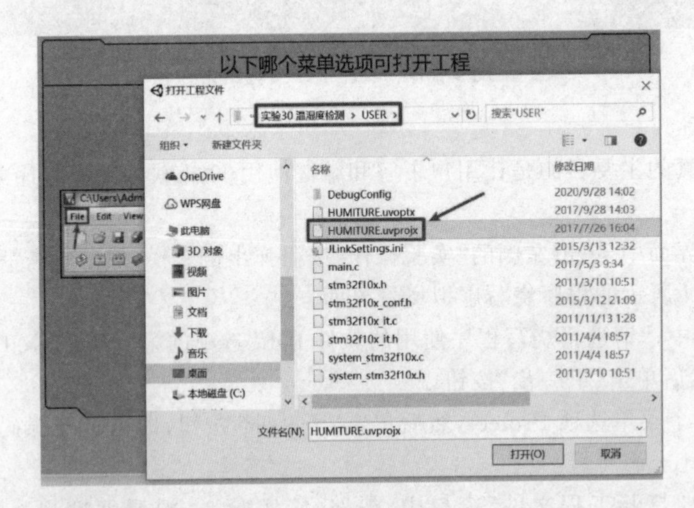

图 4-36　选择工程文件

④ 选择第 3 个选项，然后单击“下一步”按钮，即可对程序进行编译，如图 4－37 所示。

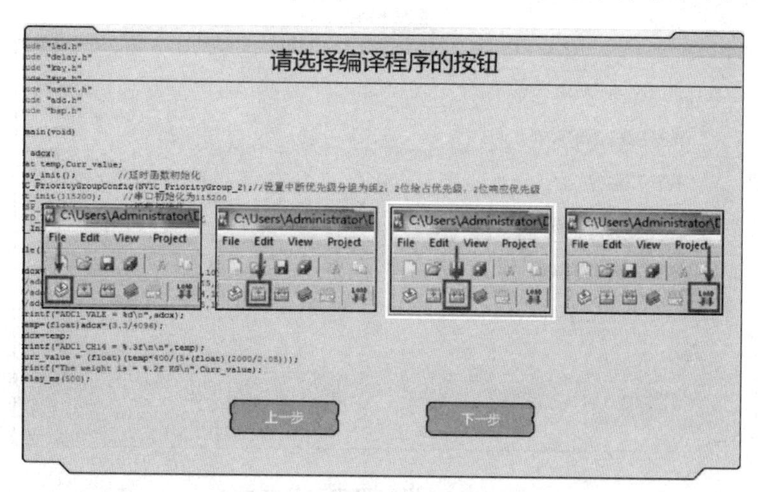

图 4－37　选择编译程序按钮

⑤ 选择第 4 个选项，然后单击“完成”按钮，即可烧写程序，如图 4－38 所示。

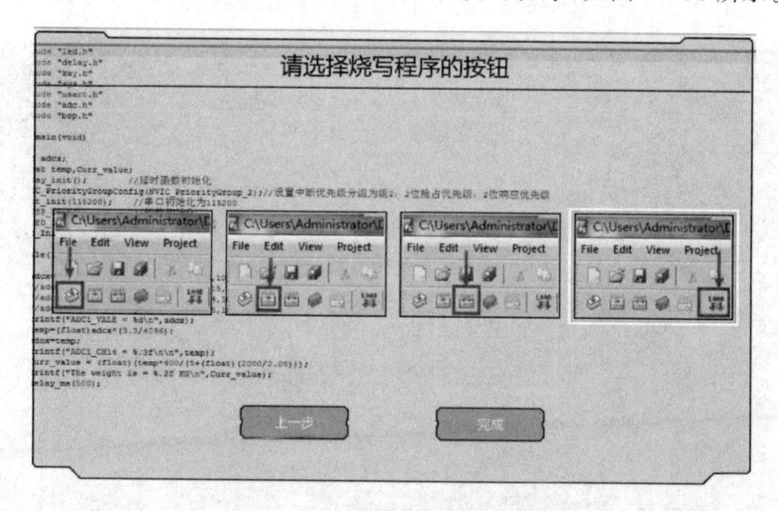

图 4－38　选择烧写程序按钮

⑥ 程序烧写完成后，弹出实验结果如图 4－39 所示。如果有错误，可单击“返回重做”按钮，然后仔细查看实验文档重新进行程序烧写仿真实验；单击“退出”按钮，则返回传感器模型展示场景界面。

(7) 实验结果

根据实验文档，当硬件接线完成并对 Cortex－M3 烧写程序后，程序运行通过接口获取磁检测传感器数据并通过串口输出，所以可以使用串口终端软件获取最终实验的输出结果。

在模型展示界面中，单击左侧的“实验操作”按钮弹出侧边栏，然后单击“实验结果”按钮进入如图 4－40 所示的实验结果虚拟场景界面。

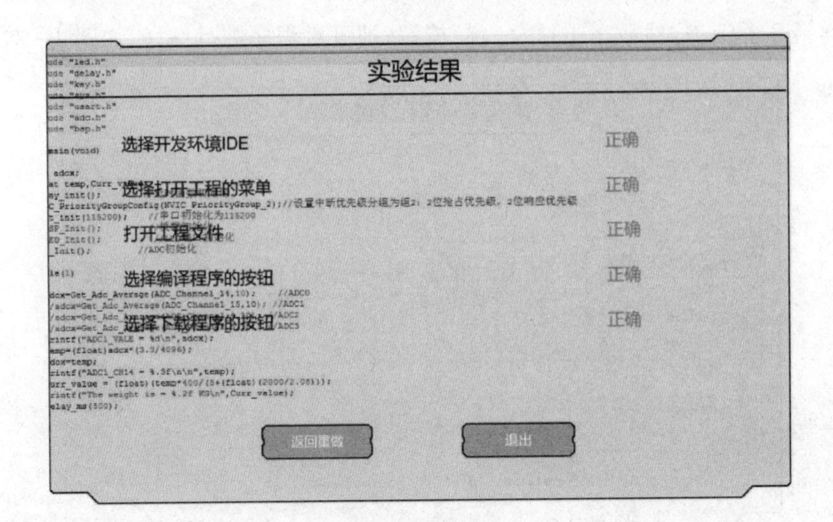

图 4-39　烧写程序实验结果

① 图 4-40 中,“请选择串口终端软件”选项中第二项是 AccessPort 串口软件的图标,所以选择第二项,然后单击“下一步”按钮,进入如图 4-41 所示界面。

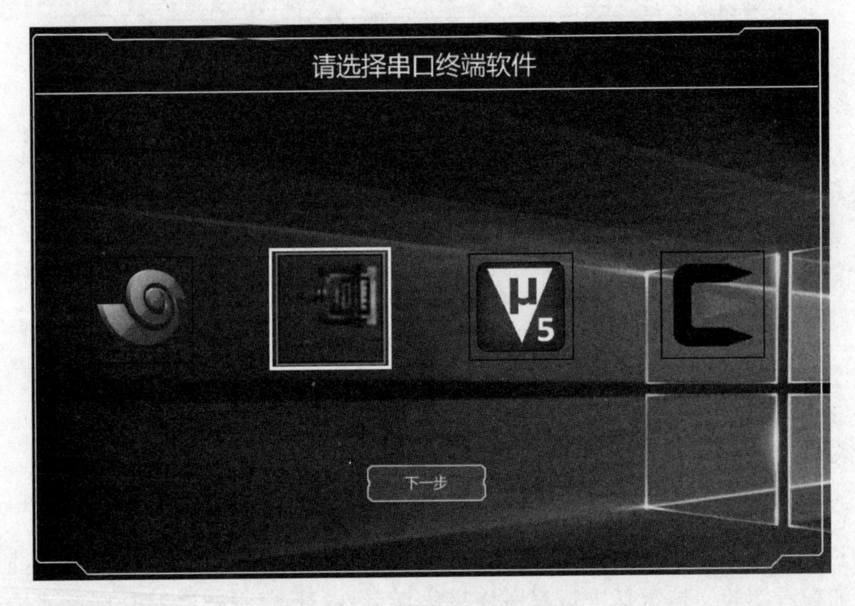

图 4-40　选择串口终端软件

② 如图 4-41 所示,在串口终端软件中进行串口选项设置,串口选择先单击“查看串口”按钮,查看连接到电脑的串口为 COM7,所以“串口”从下拉列表中选择 COM7,“波特率”选择 115 200,“校验位”选择 NONE,“数据位”选择 8,“停止位”选择 1,“接收区显示方式”选择“字符形式”,最后单击“确定”按钮。

③ 串口软件配置完成后,串口终端输出当前环境的温度湿度值,如图 4-42 所示。

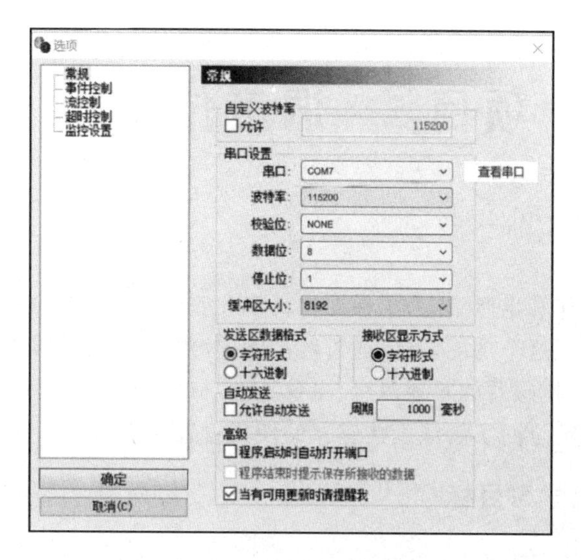

图 4－41　配置串口连接选项

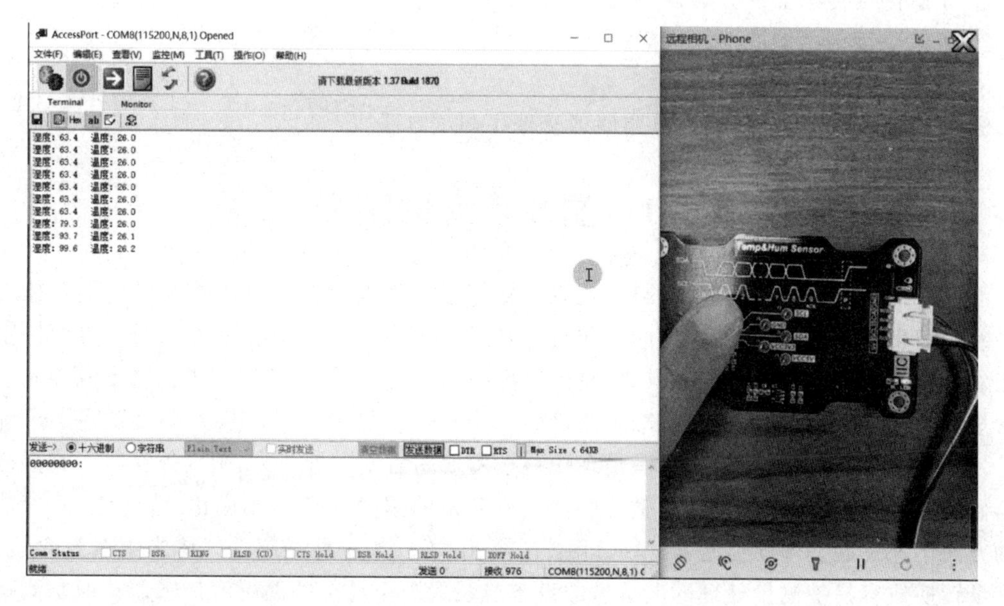

图 4－42　实验结果

思考与练习

1. 简述温度传感器的定义。
2. 温度传感器的分类是什么?
3. 温度传感器选择的注意事项是什么?
4. 列举生活中常见的温度传感器。
5. 简述三种温度传感器的工作原理。

项目5　湿度传感器

项目描述

在我们的生活、工作和生产中，为了保证生活和生产的安全，需要对环境中的湿度有所了解，湿度传感器能够实现这个功能，可以通过对湿度的测量与控制来实现。

项目首先介绍湿度传感器的基本概念、主要特性、分类和工作原理；然后将理论用于实践，通过结露检测系统设计，全面了解湿度传感器的使用过程。

项目要求/知识学习目标

① 掌握湿度传感器的概念、作用；

② 了解湿度传感器的分类；

③ 了解湿度传感器的性能指标；

④ 理解湿度传感器的原理；

⑤ 掌握结露检测方法、检测电路原理及程序调试方法。

5.1　湿度传感器定义

湿度是指物质中所含水蒸气的量，是表征物体干湿程度的物理量。随着现代生产技术的发展及人们生活条件的提高，湿度的检测与控制成为生产和生活中必不可少的手段。特别是在工农业生产、气象、环保、国防、科研、航天等部门，经常需要对环境湿度进行测量及控制。但在常规的环境参数中，湿度是最难准确测量的一个参数。早在18世纪，人类就发明了干湿球和毛发湿度计，这种方法早已无法满足现代科技发展的需要。近年来，国内外在电子式湿敏传感器研发领域取得了长足进步，湿敏传感器正从简单的湿敏元件向集成化、智能化、多参数检测的方向迅速发展。湿度传感器(humidity transducer)，是一种能感受气体中水蒸气含量，将湿度量转换成容易被测量处理的电信号的设备或装置。市场上的温湿度传感器一般是测量温度量和相对湿度量的。日常生活中最常用的表示湿度的物理量是空气的相对湿度，用%RH表示。在物理量的导出上相对湿度与温度有着密切的关系。一定体积的密闭气体，其温度越高相对湿度越低；温度越低，其相对湿度越高。多数情况下，如果没有精确的控温手段，或者被测空间是非密封的，选用精度为±5% RH的湿度传感器就足够了。对于要求精确控制恒温、恒湿的局部空间，或者需要随时跟踪记录湿度变化的场合，则需选用精度高于±3% RH的湿度传感器。

5.2　湿度传感器分类

湿度传感器是由湿敏元件及转换电路组成的，具有把环境湿度转变为电信号的能力。湿敏元器件是指对环境湿度具有响应或转换成相应可测信号的元器件。

湿度传感器按照其输出量的形态，可以分为电阻式和电容式两大类。

湿敏电阻的感湿元件是在基片上覆盖一层感湿材料膜，当空气中的水蒸气吸附在感湿膜上时，元件的电阻率和电阻值会发生变化，利用这一特性即可测量湿度。

湿敏电容的感湿元件一般是用高分了薄膜电容制成的，常用的高分子材料有聚苯乙烯、聚酰亚胺、酪酸醋酸纤维等，当环境湿度发生改变时，湿敏电容的介电常数也会发生变化，从而使其电容量也发生变化，电容的变化量与相对湿度成正比。

按照湿敏材料对水分子的吸附能力或对水分子产生物理效应的不同，湿度传感器可分为水分子亲和力型和非水分子亲和力型两大类，如图 5-1 所示。利用水分子有较大的偶极矩，易于附着并渗透入固体表面的特性制成的湿敏元件称为水分子亲和力型湿敏元件。例如，利用水分子附着或浸入某些物质后，其电气性能（电阻值、介电常数等）发生变化的特性可制成电阻式湿敏元件、电容式湿敏元件；利用水分子附着后引起材料长度变化，可制成尺寸变化式湿敏元件，如毛发湿度计。金属氧化物是离子型结合物质，有较强的吸水性能，不仅有物理吸附，而且有化学吸附，可制成金属氧化物湿敏元件。这类元件在应用时，附着或浸入的被测水蒸气分子与材料发生化学反应生成氢氧化物，或一经浸入就有一部分残留在元件上而难以全部脱出，使重复使用时元件的特性不稳定，测量时有较大的滞后误差和较慢的反应速度。目前，应用较多的均属于这类湿敏元件。非亲和力型湿敏元件利用其与水分子接触时产生的物理效应来测量湿度。例如，利用热力学方法测量的热敏电阻式湿度传感器，利用水蒸气能吸收某波长段的红外线的特性制成的红外线吸收式湿度传感器等。

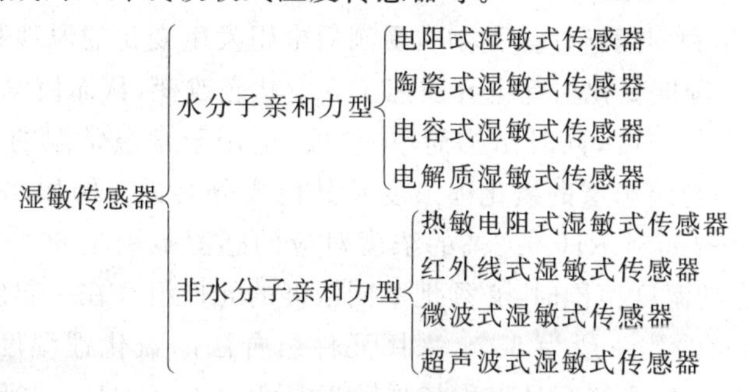

图 5-1 湿敏传感器

5.3 湿度传感器原理

目前的湿度传感器多数是测量气氛中的水蒸气含量，通常用绝对湿度、相对湿度和露点（或露点温度）来表示。

湿度是表示物体干湿程度的物理量。通常把不含水汽的空气称为干空气，把包含干空气与水蒸气的混合气体称为湿空气。大气湿度有两种表示方法：绝对湿度与相对湿度。

绝对湿度（Absolute Humidity）：在一定温度和压力条件下，单位体积空气内所含水蒸气的质量，也就是指空气中水蒸气的密度，一般用符号 AH 表示，其单位为 g/m^3。

相对湿度（Relative Humidity）：气体的绝对湿度与相同温度下水蒸气达到饱和时的绝对湿度之比，常表示为% RH，为无量纲。其给出了大气的潮湿程度，日常生活中所说的空气湿度，就是指相对湿度。

由于水的饱和蒸气压是随着环境温度的降低而逐渐下降的，所以空气的温度越低，其水蒸气压与同温度下的饱和蒸气压差值就越小。当温度下降到某一特定温度时，其水蒸气压与同温度下的饱和蒸气压相等，此时空气中的水蒸气将向液相转化而凝结为露珠，其相对湿度 RH 为 100%，这一特定的温度被称为空气的露点温度（简称露点）；如果这一特定温度低于 0 ℃，水蒸气将会结霜，因此又称为霜点温度。空气的相对湿度越高，就越容易结霜。混合气体中的水蒸气压，就是在该混合气体中露点温度下的饱和水蒸气压，因此，通过测定空气露点的温度，就可以测定空气的水蒸气压。空气中水蒸气压越小，露点越低，因此也可以用露点表示空气湿度的大小。

5.3.1 湿敏电阻

电阻式湿度传感器是利用湿敏元件的电阻值随湿度的变化而变化的原理进行湿度测量的传感器。湿敏元件一般是通过在绝缘物上浸渍吸湿性物质，或者通过蒸发、涂覆等工艺在表面上制备一层金属、半导体、高分子薄膜、粉末状颗粒而制成的。在湿敏元件的吸湿和脱湿过程中，水分子分解的 H^+ 离子的传导状态发生变化，从而使元件的电阻值随湿度而变化。湿敏元件以多孔陶瓷材料的种类最多，如 TiO_2-SnO_2，TiO_2-ViO_2 等。

工业上流行的湿敏电阻主要有氯化锂电解质湿敏电阻、高分子电解质湿敏电阻和陶瓷湿敏电阻。

1. 氯化锂电解质湿敏电阻

电解质湿敏电阻是利用潮解性盐类物质受潮后电阻发生变化的原理制成的。最常用的电解质是氯化锂(LiCl)。湿度变化引起电介质离子导电状态改变，从而使电阻值发生变化。

这种元件具有较高的精度，同时结构简单、价廉，适用于常温常湿的测控等一系列优点。氯化锂元件的测量范围与湿敏层的氯化锂浓度及其他成分有关。例如，0.05%的浓度对应的感湿范围为 80% RH～100% RH，0.2%的浓度对应的感湿范围是 60% RH～80% RH 等。由此可见，要测量较宽的湿度范围时，必须把不同浓度的元件组合在一起使用。可用于全量程测量的湿度计组合的元件数一般为 5 个，采用元件组合法的氯化锂湿度计可测范围通常为 15% RH～100% RH，国外有些产品声称其测量范围可达 2% RH～100% RH。

2. 高分子电解质湿敏电阻

高分子电解质湿敏电阻使用高分子固体电解质材料制作感湿膜，主要是利用高分子电解质吸湿而导致电阻率发生发化的基本原理来进行测量的。虽然这类元件的感湿膜是高分子聚合物，但是真正起到吸湿导电作用的敏感物质是电解质。当水吸附在强极性基高分子上时，随着湿度的增加吸附量增大，吸附水之间凝聚呈液态水状态。由于膜中的可动离子而产生导电性，在低湿度时吸附量少的情况下，由于没有电离子产生，电阻值很高；随着湿度的增加，其电离作用增强，使可动离子的浓度增大，电极间的电阻值减小。当相对湿度增加时，凝聚化的吸附水就成为导电通道，高分子电解质的成对离子主要起载流子作用。此外，由吸附水自身离解出来的质子（H^+）及水和氢离子（H_3O^+）也起电荷载流子作用，这就使得载流子数目急剧增加，传感器的电阻急剧下降。利用高分子电解质在不同湿度条件下电离产生的导电离子数量不等使阻值发生变化，就可以测定环境中的湿度。根据高分子聚合物的不同，这类传感器有以下几种：

(1) 聚苯乙烯磺酸锂湿敏元件

该类传感器用聚苯乙烯作为基片,其表面用硫酸进行磺化处理,引入磺酸基团,形成具有共价键结合的磺化聚苯乙烯亲水层。在整个相对湿度范围内元件均有感湿特性,并且其阻值与相对湿度的关系在对数坐标上基本为一直线。该类传感器的感湿特性与基片表面的磺化时间密切相关,亦即与亲水性的离子交换树脂的性能有关。另外元件的湿滞回差亦较理想,在阻值相同的情况下,吸湿和脱湿时湿度指示的最大差值为 3% RH～4% RH。

(2) 有机季铵盐高分子电解质湿敏元件

有机季铵盐高分子电解质湿敏元件的感湿原理为:当大气中的湿度越大,则感湿膜被电离的程度就越大,电极间的电阻值也就越小,电阻值的变化与相对湿度的变化成指数关系。该类元件在高温高湿条件下,有极好的稳定性,湿度检测范围宽,湿滞后小,响应速度快,并且具有较强的耐油性、耐有机溶剂及耐烟草等特性。

(3) 聚苯乙烯磺酸铵湿敏元件

聚苯乙烯磺酸铵元件是在氧化铝基片上印刷梳状金电极,然后涂覆加有交联剂的苯乙烯磺酸铵溶液,再用紫外线照射,苯乙烯磺酸铵交联、聚合,形成体形高分子,再加保护膜,形成具有复膜结构的感湿元件。该元件测湿范围为 30% RH～100% RH;温度系数为－0.6% RH/℃;具有优良的耐水性,耐烟草性,一致性好。

3. 陶瓷湿敏电阻

(1) 元件结构

陶瓷湿敏电阻的元件结构如图 5－2 所示。陶瓷敏感元件是由镁铬尖晶石($MgCr_2O_4$)和金红石(TiO_2)构成的烧结体,具有 1 μm 以下的微孔,气体率为 25%～40%。金属氧化物陶瓷两面的氧化钌(RuO_2)电极几乎不受孔内吸附的水分的影响,引出线为铂-铱丝。加热器采用坎塔尔铁铬铝系电热丝,为防氧化和保持线间绝缘而采用烧结涂覆矾土水泥工艺,这种加热器设置在陶瓷敏感元件周围。将加热器的引线端焊接在氧化铝板上的接线柱上。为了减少氧化铝板污垢的影响而将护圈设置在敏感元件接线柱的周围。

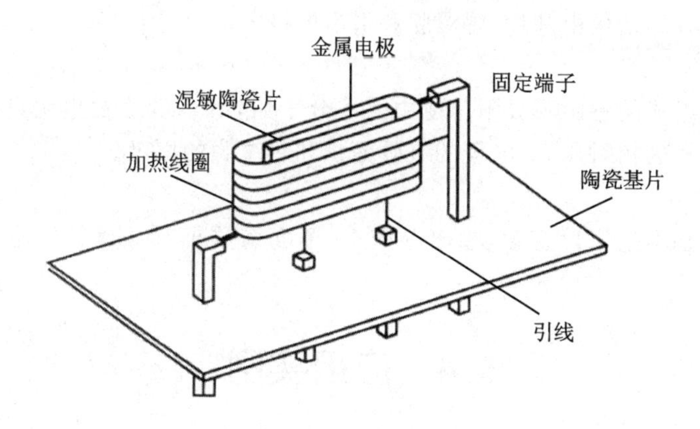

图 5－2　陶瓷湿敏电阻元件结构图

(2) 工作原理

将金属氧化物烧结成多孔陶瓷,吸附在微孔内的水分子引起导电性能变化。除吸附水分外,其他物质也会发生吸附现象,所以在陶瓷介质上加装有加热清洗装置,根据检测情况加热装置对湿敏元件进行加热清洗。

(3) 工作特性

金属氧化物半导体陶瓷湿敏传感器性能稳定，检测范围为1%～100%，工作温度为1～150 ℃，响应时间在10 s以下，具有自加热清除、使用范围宽、表面状态稳定、固有阻值适中、制作工艺简单、生产成本低等优点。

5.3.2 湿敏电容

湿敏电容一般是用高分子薄膜电容制成的。当环境湿度发生改变时，湿敏电容的介电常数会发生变化，使其电容量也发生变化，其电容变化量与相对湿度成比例。湿敏电容的主要优点是产品互换性好、响应速度快、湿度的滞后量小、便于制造、容易实现小型化和集成化，但其精度一般比湿敏电阻要低一些。

1. 陶瓷湿敏电容

(1) 元件结构

陶瓷湿敏电容的结构由多孔氧化铝感湿膜、铝基片和金电极等构成。

(2) 工作原理

陶瓷湿敏电容的结构相当于一个平行板电容器，即电容随环境湿度的变化而变化。在低湿度时，首先进行化学吸附，随着湿度的增加，开始形成物理吸附层，在高湿度的情况下会形成多层物理吸附层，随着物理吸附层的增加，电容量也会相应增大。

(3) 工作特性

由 Al_2O_3 薄膜组成的陶瓷电容式湿度传感器在气孔中有一定水汽吸附时，随着环境湿度的变化，膜电阻和膜电容都将改变。在实际应用中，线性不良和在高湿环境中长期工作容易老化是多孔 Al_2O_3 湿度传感器的一大缺点。

2. 高分子湿敏电容

(1) 元件结构

高分子湿敏电容的结构由基片、感湿膜和引出电极组成。

(2) 工作原理

由高分子材料组成的感湿膜吸附环境中的水分子后，电容量会发生明显的变化。电容量取决于环境中水蒸气的相对压力、电极的有效面积和感湿膜的厚度。

(3) 工作特性

湿度与电容量基本呈线性变化，输出湿滞小，温度系数小，性能稳定，输出不受其他气体影响。

5.4 应用实例

湿敏传感器广泛应用于军事、气象、工业、农业、医疗、建筑以及家用电器等场合的湿度检测、控制与报警。

任务 1 结露检测设计

1. 任务基本内容

(1) 设计任务

设计一个能够检测环境中结露点的系统,可设置检测阈值,系统具有显示功能。

(2) 任务目的

① 学习露点检测传感器的基本原理、电路设计和驱动编程。

② 学习 Cortex - M3 的 ADC 工作原理。

③ 通过实验仿真操作掌握传感器的硬件接线及程序下载,并最终得出实验仿真结果。

(3) 基本要求

① 在串口调试助手中显示当前环境中露点。

② (选做)设计上位机程序,显示检测数据并存储在数据库中。

(4) 应用场景

可为工业应用提供可靠和长期稳定的露点监测,是在除湿式干燥机中进行露点测量的理想选择。

2. 系统软硬件环境

(1) 系统环境

① 硬件:Cortex - M3 开发板,ICS - IOT - OIEP 实验平台,ST - LINK 仿真器。

② 软件:Keil5。

③ 仿真实验环境:传感器 3D 虚拟仿真软件。

④ 实验目录:传感器驱动实验/实验 17 结露检测。

(2) 原理详解

结露传感器用来检测露点。露点本身是一个温度值,当空气中的水汽达到饱和状态时,气温与露点相同;当水汽未达到饱和状态时,露点温度一定低于气温,通常用气温与露点的差值表示空气中的水汽距离饱和程度。当相对湿度在 100%时,周围环境的温度就是露点。露点越低于周围环境的温度,结露的可能性也就越小,也就意味着空气越干燥。露点不受温度影响,但受压力影响。因此,结露传感器对于低湿不敏感,而对高湿极为敏感。

(3) 硬件电路

本实验使用平台配套的结露检测传感器,此传感器输出模拟信号 AD,传感器硬件原理如图 5 - 3 所示。

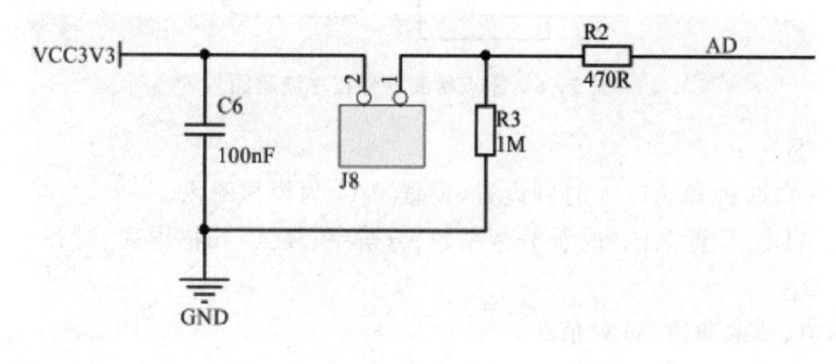

图 5 - 3 结露检测传感器硬件原理图

传感器通过 3Pin 的对插线与 I/O 扩展板的 ADC0 相连接(也可使用 ADC1、ADC2、ADC3),I/O 扩展板的引脚电路图如图 5-4 所示,Cortex-M3 接口原理图 5-5 所示。

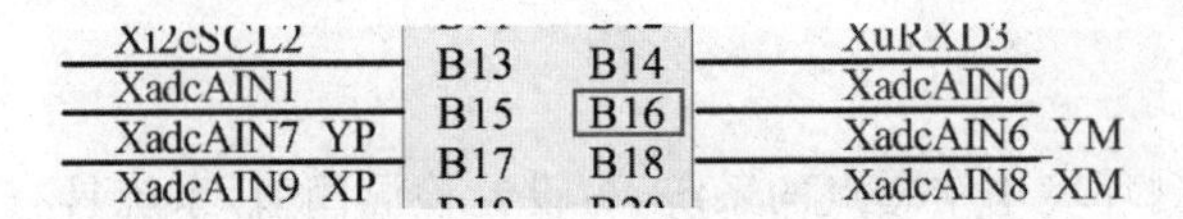

图 5-4　I/O 扩展板接口原理图

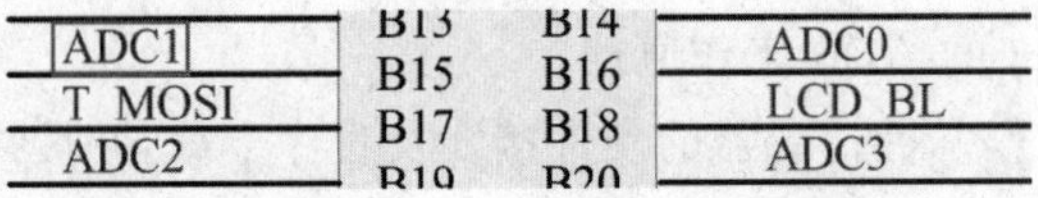

ADC1
T MOSI
ADC2
B13 B14
B15 B16
B17 B18
B19 B20
ADC0
LCD BL
ADC3

图 5-5　Cortex-M3 接口原理图

STM32 拥有 1～3 个 ADC(STM32F101/102 系列只有 1 个 ADC),这些 ADC 可以独立使用,也可以使用双重模式(提高采样率)。STM32 的 ADC 是 12 位逐次逼近型的模拟/数字转换器。它有 18 个通道,可测量 16 个外部和 2 个内部信号源。各通道的 A/D 转换可以单次、连续、扫描或间断模式执行。ADC 的结果可以左对齐或右对齐方式存储在 16 位数据寄存器中。

如图 5-3 和图 5-5 所示,传感器采样对应的是 ADC1,转换通道为 ADC123_IN145(完整原理参考附录 A 核心板原理图)。ADC1 对应引脚 PA4,设置引脚功能为模拟输入模式、ADC 采样功能,即可实现传感器的 AD 采样。

(4) 软件设计流程图

露点检测软件程序流程图如图 5-6 所示。首先将代码进行初始化,然后将系统环境中的湿度值进行 A/D 转换后采集到传感器中,并在串口调试助手中显示相应的湿度值。

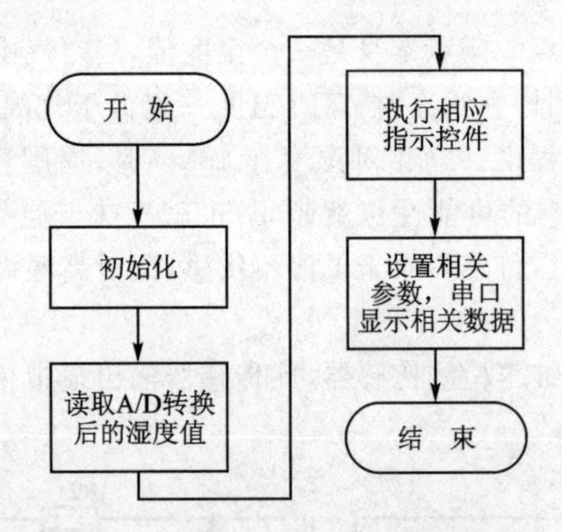

图 5-6　露点检测软件程序流程图

(5) 源码分析

① 开启 PA 口时钟和 ADC1 时钟设置,设置 PA4 为模拟输入。

② 初始化 ADC,设置 ADC 时钟分频系数、分辨率、模式、扫描方式、对齐方式等信息。

③ 开启 AD。

④ 配置通道,读取通道 ADC 值。

打开工程源码,可以看到工程中多了 1 个 adc.c 文件和 1 个 adc.h 文件。同时 ADC 相关的库函数是在 stm32f10x_adc.c 文件和 stm32f10x_adc.h 文件中。此部分代码有 3 个函数，第 1 个函数 Adc_Init，用于初始化 ADC1，这里仅开通了 1 个通道，即通道 1；第 2 个函数 Get_Adc，用于读取某个通道的 ADC 值，例如读取通道 1 上的 ADC 值，就可以通过 Get_Adc(1)得到；第 3 个函数 Get_Adc_Average，用于多次获取 ADC 值取平均，以提高准确度。

```
void  Adc_Init(void)
{
    ADC_InitTypeDef ADC_InitStructure;
    GPIO_InitTypeDef GPIO_InitStructure;
    RCC_APB2PeriphClockCmd(RCC_APB2Periph_GPIOC|RCC_APB2Periph_GPIOA|RCC_APB2Periph_ADC1,
ENABLE );            //使能 ADC1 通道时钟
    RCC_ADCCLKConfig(RCC_PCLK2_Div6);
    //设置 ADC 分频因子为 6, 72 M/6 = 12 M,ADC 最大时间不能超过 14 M
    //PA1 作为模拟通道输入引脚
    GPIO_InitStructure.GPIO_Pin = GPIO_Pin_4|GPIO_Pin_5;
    GPIO_InitStructure.GPIO_Mode = GPIO_Mode_AIN;          //模拟输入引脚 PC4/5
    GPIO_Init(GPIOC, &GPIO_InitStructure);
    GPIO_InitStructure.GPIO_Pin = GPIO_Pin_4|GPIO_Pin_5;
    GPIO_InitStructure.GPIO_Mode = GPIO_Mode_AIN;          //模拟输入引脚 PA4/5
    GPIO_Init(GPIOA, &GPIO_InitStructure);
    ADC_DeInit(ADC1);  //复位 ADC1,将外设 ADC1 的全部寄存器重设为缺省值
    ADC_InitStructure.ADC_Mode = ADC_Mode_Independent;
    //ADC 工作模式:ADC1 和 ADC2 工作在独立模式
    ADC_InitStructure.ADC_ScanConvMode = DISABLE;          //模/数转换工作在单通道模式
    ADC_InitStructure.ADC_ContinuousConvMode = DISABLE;    //模/数转换工作在单次转换模式
    ADC_InitStructure.ADC_ExternalTrigConv = ADC_ExternalTrigConv_None;
    //转换由软件而不是外部触发启动
    ADC_InitStructure.ADC_DataAlign = ADC_DataAlign_Right; //ADC 数据右对齐
    ADC_InitStructure.ADC_NbrOfChannel = 1;     //顺序进行规则转换的 ADC 通道的数目
    ADC_Init(ADC1, &ADC_InitStructure);
    //根据 ADC_InitStruct 中指定的参数初始化外设 ADCx 的寄存器
    ADC_Cmd(ADC1, ENABLE);                                 //使能指定的 ADC1
    ADC_ResetCalibration(ADC1);                            //使能复位校准
    while(ADC_GetResetCalibrationStatus(ADC1));            //等待复位校准结束
    ADC_StartCalibration(ADC1);                            //开启 AD 校准
    while(ADC_GetCalibrationStatus(ADC1));                 //等待校准结束
    //ADC_SoftwareStartConvCmd(ADC1, ENABLE);
    //使能指定的 ADC1 的软件转换启动功能
}
    //获得 ADC 值
u16 Get_Adc(u8 ch)
{
    //设置指定 ADC 的规则组通道,一个序列,采样时间
    ADC_RegularChannelConfig(ADC1, ch, 1, ADC_SampleTime_239Cycles5 );
    //ADC1,ADC 通道,采样时间为 239.5 周期
```

```
    ADC_SoftwareStartConvCmd(ADC1, ENABLE);          //使能指定的 ADC1 的软件转换启动功能
    while(! ADC_GetFlagStatus(ADC1, ADC_FLAG_EOC ));  //等待转换结束
    return ADC_GetConversionValue(ADC1);              //返回最近一次 ADC1 规则组的转换结果
}
u16 Get_Adc_Average(u8 ch,u8 times)
{
    u32 temp_val = 0;
    u8 t;
    for(t = 0;t<times;t ++ )
    {
        temp_val += Get_Adc(ch);
        delay_ms(5);
    }
    return temp_val/times;
}
```

主函数中实现时钟、串口、ADC 等初始化,最终每隔 500 ms 读取一次 ADC 的值,并显示读到的 ADC 值(数字量),以及其转换成模拟量后的电压值。

```
int main(void)
{
    u16 adcx;
    float  temp,ppm;
    HAL_Init();                                  //初始化 HAL 库
    Stm32_Clock_Init(360,25,2,8);                //设置时钟,180 MHz
    delay_init(180);                             //初始化延时函数
    uart_init(115200);                           //初始化 USART,波特率为 115 200
    LED_Init();                                  //初始化 LED
    KEY_Init();                                  //初始化按键
    MY_ADC_Init();                               //初始化 ADC1

    while(1)
    {
        adcx = Get_Adc_Average(ADC_CHANNEL_4,20);  //获取通道 4 的转换值,20 次取平均
        //printf("ADC1_CH4_VAL: % d\n",adcx);        //显示 ADC 采样后的原始值
        if(adcx <= 300)
        {
            printf("无结露\n");
        }else{
            printf("有结露\n");
        }
        temp = (float)adcx * (3.3/4096);           //获取计算后的带小数的实际电压值,比如 3.1111
        printf("ADC1_CH4_VOL: % .3f\n\n",temp);    //显示电压值
        LED0 = ! LED0;
        delay_ms(500);
    }
}
```

3. 实验运行步骤和结果

(1) 实验步骤

① 结露检测传感器通过 3Pin 的对插线与 I/O 扩展板的 ADC0 接口连接，如图 5－7 所示。

图 5－7 扩展板与传感器接线图

② 连接电源线、mini 串口线并打开电源开关，将核心板上的跳线接到 UART 端，I/O 扩展板的跳线接到 USB 端，跳线位置如图 5－8 所示。

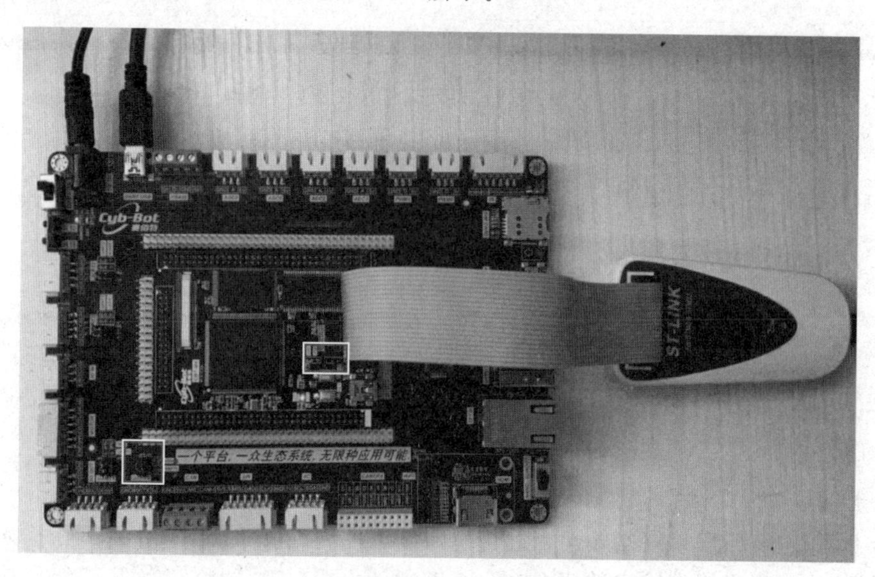

图 5－8 扩展板跳线位置

③ 将 ST－LINK 仿真器一端连接到 PC 机上，另一端连接到 Cortex－M3 仿真器下载接口上。

④ 用 Keil5 软件打开实验工程，目录在：Cortex－M3/Cortex－M3 传感器驱动实验/实验 17 结露检测/USER，之后打开后缀名为.uvprojx 的工程文件，如图 5－9 所示。

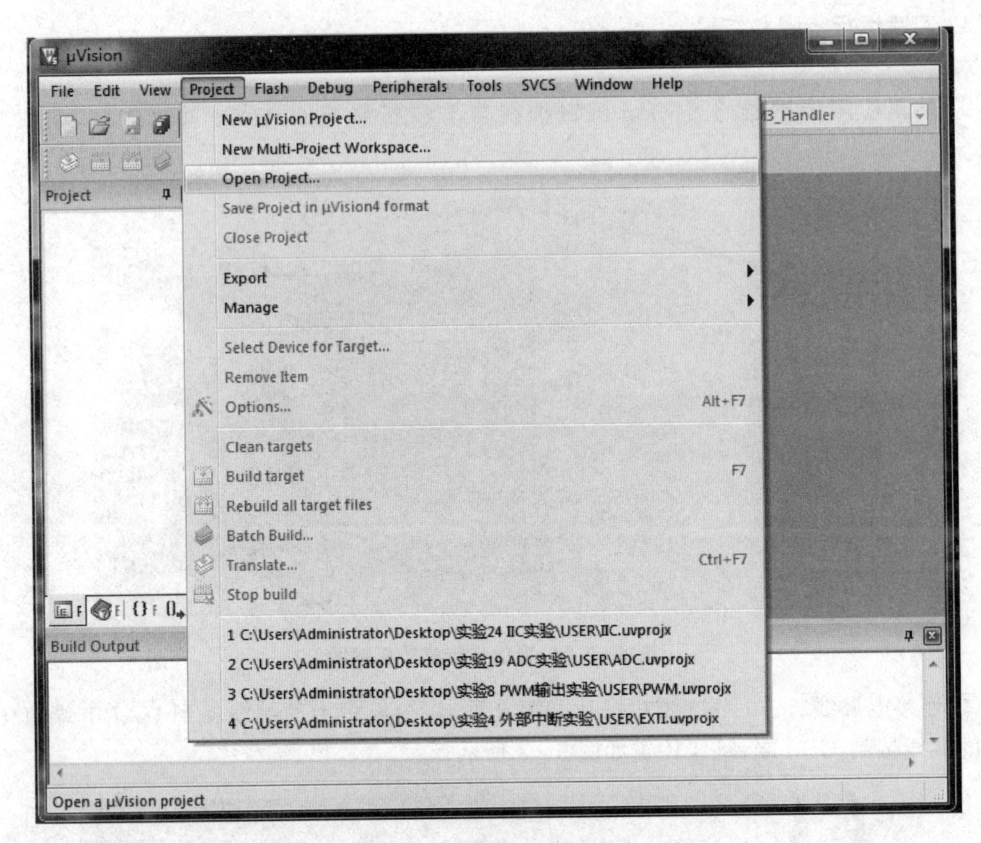

图 5-9 打开工程文件图

⑤ 编译程序，单击按钮如图 5-10 所示。

⑥ 编译通过，然后下载程序到 Cortex-M3 开发板，单击按钮如图 5-11 所示。

图 5-10 编译程序按钮图

图 5-11 下载程序按钮图

⑦ 打开串口工具 AccessPort，设置端口号（在设备管理器中查找），设置“波特率”为 115 200，其他默认。

（2）运行结果

下载并运行程序，串口终端输出当前传感器电压值和湿度状态，我们可以用带湿度的物体触摸传感器，观察串口终端输出的值，如图 5-12 所示。

4. 仿真软件使用及实验操作

打开传感器 3D 虚拟仿真软件目录后，双击 OIEP_SensorSimulation.exe 即可启动运行软件，软件启动后进入传感器列表主界面如图 5-13 所示，选择“结露传感器”进行实验。

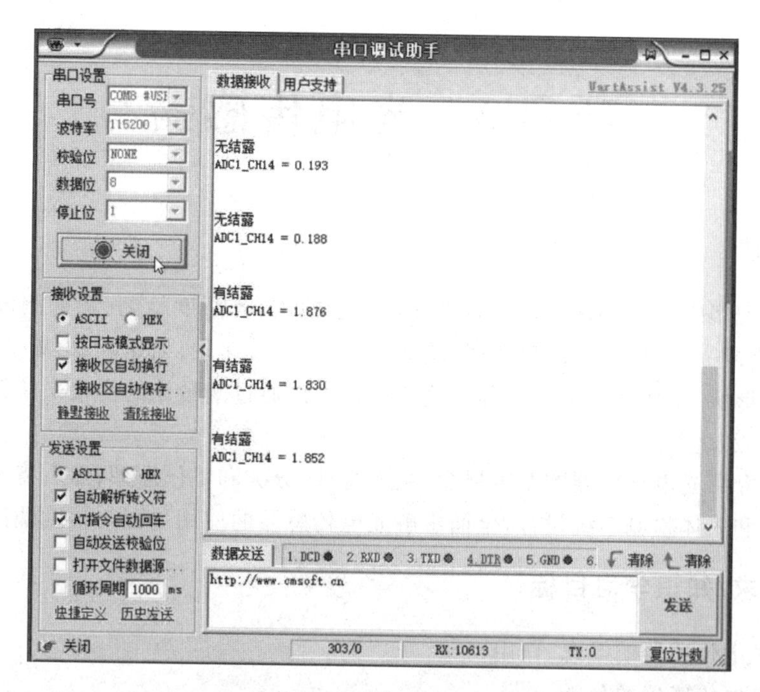

图 5－12　串口调试助手结果图

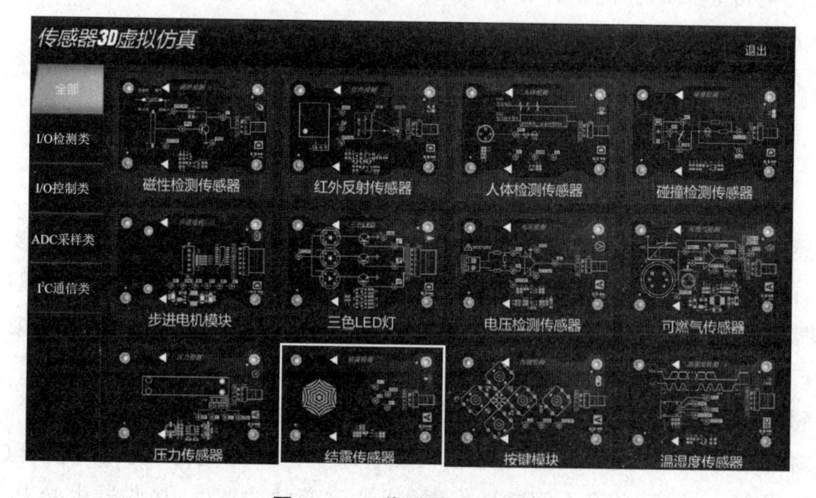

图 5－13　传感器列表界面

思考与练习

1. 什么是绝对湿度？什么是相对湿度？两者有何不同？
2. 什么叫水分子亲和力？这类传感器的半导体陶瓷湿敏元件的工作原理是什么？
3. 按照水分子亲和性的不同，列出所学过的各类湿敏元器件。

项目6　光电传感器

项目描述

在我们的现实生产、生活中，有时需要进行光强检测、光照度检测、辐射测温、气体成分分析等；还需要检测零件直径、表面粗糙度、应变、位移、振动、速度、加速度、距离、物体的有无，以及进行物体的形状、工作状态的识别等。这些参数可以通过测量光的变化来获得，光电传感器实现了这个功能。

项目首先介绍光电传感器的基本概念、主要特性、分类和工作原理；然后将理论用于实践，通过光照检测和人体检测系统设计，全面了解光电传感器的使用过程与程度调试。

项目要求/知识学习目标

① 掌握光电传感器的概念、作用；
② 了解光电传感器的分类；
③ 了解光电传感器的性能指标；
④ 理解光电传感器的原理；
⑤ 掌握光照检测和人体检测方法、检测电路原理及程序调试。

6.1　光电传感器定义

光电传感器是以光电器件作为转换元件的传感器，是各种光电检测系统中实现光电转换的关键元件，能够将光信号(可见及紫外镭射光)转换为电信号。光电式传感器具有精度高、非接触、响应快、性能可靠等特点，而且可测参数多，结构简单，形式灵活多样，因此在检测和控制中应用非常广泛。

光电传感器通常由发送器、接收器和检测电路三部分构成。

发送器对准目标发射光束，发射的光束一般来源于半导体光源、发光二极管(LED)、激光二极管及红外发射二极管，光束不间断地发射，或者改变脉冲宽度；接收器由光电二极管、光电三极管、光电池组成，其前面装有光学元件，如透镜和光圈等；检测电路位于接收器之后，能滤出有效信号和应用该信号。

6.2　光电传感器分类

光电传感器的理论基础是光电效应。它是指用光照射某物体时，物体受到一连串高能量光子的轰击，此时光子能量就传递给电子，并且是一个光子的全部能量一次性地被一个电子所吸收，电子得到光子传递的能量后其状态就会发生变化，从而使受光照射的物体产生相应的电效应。由于光对光电元件的作用原理不同，所制成的光学测控系统是多种多样的，按照光电元件(光学测控系统)输出量性质可分为两类,即模拟式光电传感器和脉冲(开关)式光电传感器。

1. 模拟式光电传感器

模拟式光电传感器是将被测量转换成连续变化的光电流,它与被测量间呈单值关系。可用来测量光的强度以及物体的温度、透光能力、位移及表面状态等物理量。例如,测量光强的照度计,光电高温计,光电比色计和浊度计,预防火灾的光电报警器,能够检查加工零件的直径、长度、椭圆度及表面粗糙度等的自动检测装置和仪器,其敏感元件均采用光电元件。依据不同的分类标准,模拟式光电传感器有不同的类型。

(1) 按被测量(检测目标物体)分类

① 透射(吸收)式。所谓透射式是指被测物体放在光路中,恒光源发出的光能量穿过被测物,部分被吸收后,透射光投射到光电元件上。

② 漫反射式。所谓漫反射式是指恒光源发出的光投射到被测物上,再从被测物体表面反射后投射到光电元件上。

③ 遮光式(光束阻挡)。所谓遮光式是指当光源发出的光通量经被测物光遮挡其中一部分时,使投射到光电元件上的光通量改变,改变的程度与被测物体在光路位置有关。

(2) 按光电效应分类

① 外光电效应式。在光线的作用下能使物体内的电子逸出物体表面的现象称为外光电效应。基于外光电效应的光电元件有光电管、光电倍增管、光电摄像管等。

② 内光电效应式。在光线的作用下能使物体内的电阻率发生变化的现象称为内光电效应,也称为光电导效应。基于内光电效应的光电元件有光敏电阻、光敏晶体管(光敏二极管、光敏三极管、光敏晶闸管)等。

③ 光伏效应式。在光线的作用下物体能产生定方向电势的现象称为光伏效应。基于光伏效应的光电元件有光电池等。

2. 脉冲(开关)式光电传感器

脉冲(开关)式光电传感器是把被测量转换成连续变化的光电流,利用光电元件在有光照射或无光照射时“有”或“无”电信号输出的特性制成的各种光电开关。光电元件用作开关式光电转换元件。例如,电子计算机的光电输入器,开关式温度调节装置及转速测量数字式光电测速仪等。

光电开关分为槽型光电开关、对射型光电开关、反光板型光电开关与扩散反射型光电开关。

6.3　光电传感器原理

光电传感器的工作原理是利用光电效应,把被测量的变化转换成光信号的变化,然后借助光电元件进一步将非电信号转换成电信号。本节主要分析模拟式光电传感器和脉冲(开关)式光电传感器的工作原理。

6.3.1　光发射传感器

光发射传感器,也称光电管,是外光电效应型传感器。光电管的基本结构是把金属阳极和阴极封装在一个玻璃壳内,把玻璃壳抽成真空,并且在阴极表面涂上一层光电材料。当入射光照射在阴极板上时，光子的能量传递给了阴极表面的电子，当电子获得的能量足够大时，它就可以克服金属表面的束缚而逸出，形成发射电子，这种电子也称为光电子。电子逸出金属表面的速度可由能量守恒定律给出，即

$$v=\sqrt{\frac{2}{m}(hf-W)} \tag{6-1}$$

式中，v 为电子逸出金属表面的速度；m 为电子质量；W 为金属光电阴极材料的逸出功；h 为普朗克常数，$h=6.63\times10^{-34}$ J·s；f 为入射光的频率。

当一定数量的电子聚集在阳极上时就会形成阳极电流，阳极电流在负载电阻上就会产生输出电压。

光电管根据内部有无气体分为真空光电管和充气光电管两种。充气光电管的结构与真空光电管的结构基本相同，不同之处在于充气光电管内充了低压惰性气体。当光电极被光线照射时，光电子在飞向阳极的过程中与气体分子碰撞而使气体电离，从而使阳极电流急速增大，因此提高了光电管的灵敏度。

为了获得更大的阳极电流，一种解决方法就是使用多个阴极，这就是所谓的光电倍增管。光电倍增管主要由玻璃壳、光阴极、光阳极、倍增极、引出插脚等组成。

光阴极通常由脱出功较小的锑铯或钠钾锑铯的薄膜组成，光阴极接负高压，各倍增极的加速电压由直流高压电源经分压电阻分压供给，灵敏检流计或负载电阻接在阳极处，当有光子入射到光阴极上时，只要光子的能量大于光阴极材料的脱出功，就会有电子从阴极的表面逸出而成为光电子。在阳极和第一倍增极之间的电场作用下，光电子被加速后轰击第一倍增极，从而使第一倍增极产生二次电子发射。每个电子的轰击可产生3～5个二次电子，这样就实现了电子数目的放大。第一倍增极产生的二次电子被第二倍增极和第一倍增极之间的电场加速后轰击第二倍增极……这样的过程一直持续到最后一级倍增极，每经过一级倍增极，电子数目便被放大一次，倍增极的数目有8～13个，最后一级倍增极发射的二次电子被阳极收集，其电子数目可达光阴极发射光电子数的14倍以上。这使光电倍增管的灵敏度比普通光电管要高得多，可用来检测微弱光信号。光电倍增管高灵敏度和低噪声的特点，使其成为在红外、可见和紫外波段检测微弱光信号的最灵敏器件之一，被广泛应用于微弱光信号的测量、核物理领域及频谱分析等方面。特别是把光电倍增管与闪烁计数器配套，可应用于精密核辐射的探测。

若将灵敏检流计串接在阳极回路中，则可直接测量阳极输出电流，若在阳极串接电阻作为负载，则可测量负载电阻两端的电压，此电压正比于阳极电流。

6.3.2 光敏电阻

光敏电阻是一种基于内光电效应制成的光电器件，光敏电阻没有极性，相当于一个电阻器件。在光敏电阻的两端加直流或交流工作电压的条件下，当无光照射时，光敏电阻电阻率很大，从而使光敏电阻值很大，在电路中电流很小；当有光照射时，由于光敏材料吸收了光能，光敏电阻率变小，从而使其呈低阻状态，在电路中电流很大。光照越强，阻值越小，电流越大。当光停止照射时，电阻又逐渐恢复高电阻值状态，电路中只有微弱的电流。这意味着入射光光子必须具有足够大的能量，才能使光电导层中的电子冲破束缚成为自由电子而使光电导层开始导电。而光子具有的能量是与波长有关的。

光敏电阻的基本结构由一块两边带有金属电极的光电半导体形成，电极和半导体之间形

成欧姆接触，由于半导体吸收光子而产生的光电效应，仅仅照射在光敏电阻表面层，因此光电导体一般都做成薄层，为了减小占用的空间，通常也会将光电导体做成Z形布置的结构。

光敏电阻具有灵敏度高，可靠性好以及光谱特性好，精度高，体积小，性能稳定，价格低廉等特点，因此，广泛应用于光探测和光自控领域，如照相机、验钞机、石英钟、音乐杯、礼品盒、迷你小夜灯、光声控开关、路灯自动开关以及各种光控动物玩具、光控灯饰灯具等。

6.3.3 光敏二极管

光敏二极管的结构与一般的二极管相似，其PN结对光敏感，光敏二极管工作时外加反向工作电压，在没有光照射时，反向电阻很大，反向电流很小，此时光敏二极管处于截止状态。当有光照射时，在PN结附近产生光生电子和空穴对，从而形成由N区指向P区的光电流，此时光敏二极管处于导通状态，当入射光的强度发生变化时，光生电子和空穴对的浓度也相应发生变化，因而通过光敏二极管的电流也随之发生变化，光敏二极管就实现了将光信号转变为电信号的输出。

光敏二极管传感器的结构是将其PN结装在保护外壳内，其顶部上面有一个透镜制成的窗口，以便使光线集中在PN结上。

6.3.4 光敏三极管

光敏三极管有NPN型和PNP型两种，是一种相当于在基极和集电极之间接有光电二极管的普通晶体三极管，外形与光电极管相似。光敏三极管的工作原理与光敏二极管也很相似。光敏三极管有两个PN结，当光照射在基极-集电结上时，就会在集电结附近产生光生电子空穴对，从而形成基极光电流。集电极电流是基极光电流的β倍。这一过程与普通三极管放大基极电流的作用很相似。所以光敏三极管放大了基极光电流，它的灵敏度比光敏二极管高出许多。

光敏二极管和光敏三极管对光的响应与波长有关，称为光谱特性，光子能量的大小与光的波长有关系。波长很长时，光子的能量很小；波长很短时，光子的能量也很小。因此，光敏二极管和光敏三极管对入射光的波长有一个响应范围。如锗管的响应波长范围为0.6～1.8 μm，而硅管的响应波长范围为0.4～1.2 μm。

6.3.5 光电池

光电池也称光伏传感器，是一种直接将光能转换为电能的光电器件。光电池的材料一般为硅，所以称为硅光电池，它是在一块N型或P型硅片上用扩散的方法掺入一些P型或N型杂质，而形成一个大面积的PN结。当入射光照射在PN结上时，PN结附近激发出电子-空穴对，在PN结势垒电场作用下，将光生电子拉向N区，光生空穴推向P区，形成P区为正、N区为负的光生电动势。若将PN结与负载相连接，则在电路上有电流通过。

由于光电池实际上就是一个大型的PN结，因此它有与光敏二极管相同的特性，同时它还是一个电池，因此也常用其戴维南等效电路，即一个理想的电压源V_c和一个内阻R的串联。理想的电压源的大小为

$$V_c \approx C\ln(1 + I_R) \tag{6-2}$$

式中，V_c为电池的开路电压；C为取决于电池材料的常数；I_R为光照强度。

由于光电池的输出信号一般是非常小的,因此需要对其信号进行调理后才能作为后续的信号使用。最常用的调理方法就是运用运算放大器。

6.3.6 槽型光电开关

把一个光发射器和一个接收器面对面地装在一个槽的两侧组成槽型光电开关。发光器能发出红外光或可见光,在无阻情况下光接收器能收到光。但当被检测物体从槽中通过时,光被遮挡,光电开关便动作,输出一个开关控制信号,切断或接通负载电流,从而完成一次控制动作。槽型开关的检测距离因为受整体结构的限制一般只有几厘米。

6.3.7 对射型光电开关

若把发光器和收光器分离开,就可使检测距离加大,一个发光器和一个收光器组成对射分离型光电开关,简称对射型光电开关。对射型光电开关的检测距离可达几米乃至几十米。使用对射型光电开关时,把发光器和收光器分别装在检测物通过路径的两侧,检测物通过时阻挡光路,收光器就动作,输出一个开关控制信号。

6.3.8 反光板型光电开关

把发光器和收光器装入同一个装置内,在前方装一块反光板,利用反射原理起到光电控制作用,称为反光板反射型(或反射镜反射型)光电开关,简称反光板型光电开关。正常情况下,发光器发出的光源被反光板反射回来再被收光器收到;一旦被检测物挡住光路,收光器收不到光时,光电开关就动作,输出一个开关控制信号。

6.3.9 扩散反射型光电开关

扩散反射型光电开关的检测头里也装有一个发光器和一个收光器,但扩散反射型光电开关前方没有反光板。正常情况下,发光器发出的光收光器是找不到的。在检测时,当检测物通过时挡住了光,并把光部分反射回来,收光器就收到光信号,输出一个开关信号。

6.4 光电传感器应用

光电传感器是以光电器件作为转换元件的传感器。它可用于检测直接引起光量变化的非电量,如光强、光照度、辐射、气体成分等;也可用来检测能转换成光量变化的其他非电量,如零件直径、表面粗糙度、应变、位移、振动、速度以及物体的形状、工作状态等。光电传感器在工业自动化装置和机器人中获得广泛应用,如在烟尘浊度监测仪、条形码扫描笔、产品计数器、光电式烟雾报警器、测量转速、激光武器、自动抄表系统、目标跟踪和坐标定位、微弱信号检测和运动物体检测等中均有应用。

6.5　应用实例

任务1　光照检测设计

1. 任务基本内容

(1) 设计任务

设计一个能够检测传感器周围的光照强度的系统，可设置检测阈值，系统具有显示功能。

(2) 任务目的

① 学习光照检测传感器的基本原理、电路设计和驱动编程。

② 学习 Cortex-M3 的 ADC 工作原理。

(3) 基本要求

① 在串口调试助手中显示当前环境中的光照强度。

② (选做)设计上位机程序，显示检测数据并存储在数据库中。

(4) 应用场景

可广泛应用于照相机、太阳能庭院灯、草坪灯、验钞机、石英钟、音乐杯、礼品盒、迷你小夜灯、光声控开关、路灯自动开关以及各种光控玩具、光控灯饰、灯具等光自动开关控制领域。

2. 系统软硬件环境

(1) 系统环境

① 硬件：Cortex-M3 开发板，ICS-IOT-OIEP 实验平台，ST-LINK 仿真器。

② 软件：Keil5。

③ 实验目录：传感器驱动实验/实验 11 光照检测。

(2) 原理详解

在光照检测实验中，感光元件采用的是光敏电阻，其常用的制作材料为硫化镉，另外还有硒、硫化铝、硫化铅和硫化铋等材料。这些制作材料具有在特定波长的光照射下，其阻值迅速减小的特性。这是由于光照产生的载流子都参与导电，在外加电场的作用下作漂移运动，电子奔向电源的正极，空穴奔向电源的负极，从而使光敏电阻器的阻值迅速下降。CDS 光敏电阻结构及尺寸如图 6-1 所示，其中，尺寸单位为 mm。

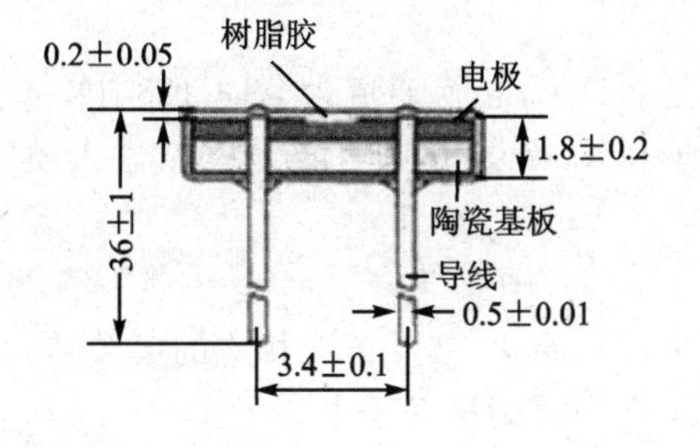

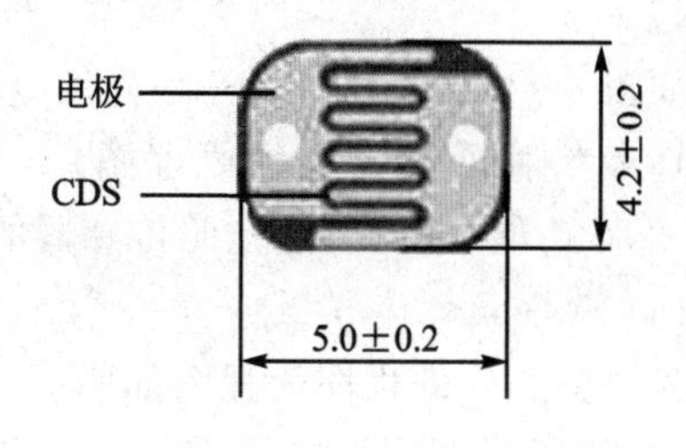

图 6-1　CDS 光敏电阻尺寸图

(3) 硬件电路

光照检测传感器可输出模拟信号 Light_A 和数字信号 Light_D,输出信号可由传感器模块的 JP1 进行切换,此实验采用模拟信号模式,传感器硬件原理如图 6-2 所示。

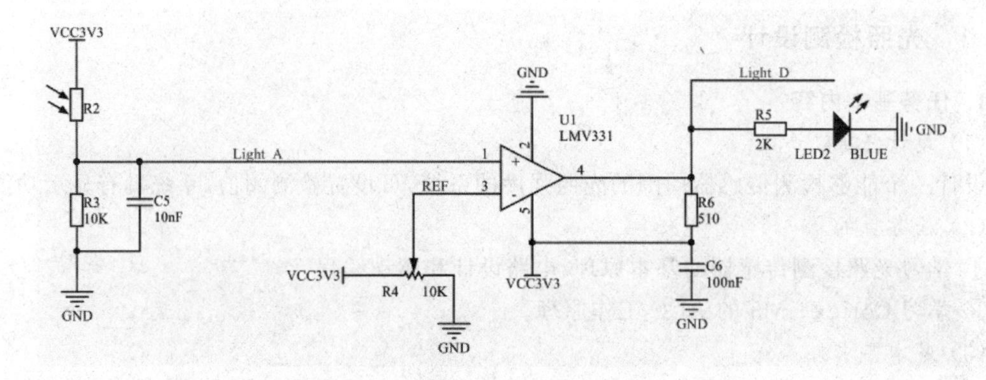

图 6-2　光照检测传感器硬件原理图

传感器通过 3Pin 的对插线与 I/O 扩展板的 ADC0 相连接,I/O 扩展板的引脚电路图如图 6-3 所示,Cortex-M3 接口原理图 6-4 所示。

Xi2cSCL2	B13	B14	XuRXD3
XadcAIN1	B15	B16	XadcAIN0
XadcAIN7 YP	B17	B18	XadcAIN6 YM
XadcAIN9 XP			XadcAIN8 XM

图 6-3　I/O 扩展板接口原理图

PB0	B11	B12	USART2_RX
ADC1	B13	B14	ADC0
PA7	B15	B16	PA6
PA5	B17	B18	PA4
GND	B19	B20	

图 6-4　Cortex-M3 接口原理图

STM32 拥有 1~3 个 ADC(STM32F101/102 系列只有 1 个 ADC),这些 ADC 可以独立使用,也可以使用双重模式(提高采样率)。STM32 的 ADC 是 12 位逐次逼近型的模拟/数字转换器。它有 18 个通道,可测量 16 个外部和 2 个内部信号源。各通道的 A/D 转换可以单次、连续、扫描或间断模式执行。ADC 的结果可以左对齐或右对齐方式存储在 16 位数据寄存器中。

如图 6-2 和图 6-4 所示,光敏电阻采样对应的是 ADC0,转换通道为 ADC123_IN14(完整原理参考附录 A 核心板原理图)。ADC0 对应引脚 PC4,设置引脚功能为模拟输入模式、ADC 采样功能,即可实现光照传感器的 ADC 采样。

(4) 软件设计流程图

光照检测软件程序流程图如图 6-5 所示。首先进行初始化,然后读取相应的模数转化后的值,判断当前光照范围,设置相关的参数,并将其显示在串口调试助手中。

(5) 源码分析

打开工程源码,可以看到工程中多了 1 个 adc.c 文件和 1 个 adc.h 文件。同时 ADC 相关的库函数是在 stm32f10x_adc.c 文件和 stm32f10x_adc.h 文件中。此部分代码有 3 个函数,

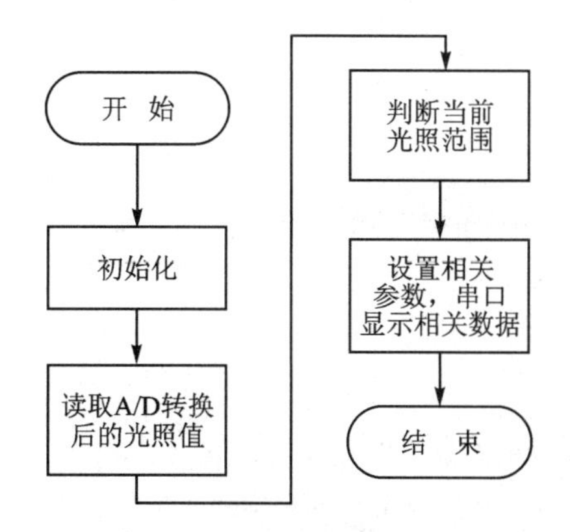

图 6-5 光照检测软件程序流程图

第 1 个函数 Adc_Init，用于初始化 ADC1，这里仅开通了 1 个通道，即通道 1；第 2 个函数 Get_Adc，用于读取某个通道的 ADC 值，例如读取通道 1 上的 ADC 值，就可以通过 Get_Adc(1)得到；第 3 个函数 Get_Adc_Average，用于多次获取 ADC 值，取平均，以提高准确度。

```
void Adc_Init(void)
{
    ADC_InitTypeDef ADC_InitStructure;
    GPIO_InitTypeDef GPIO_InitStructure;
    RCC_APB2PeriphClockCmd(RCC_APB2Periph_GPIOC|RCC_APB2Periph_GPIOA|RCC_APB2Periph_ADC1,EN-
ABLE);                                                     //使能 ADC1 通道时钟
    RCC_ADCCLKConfig(RCC_PCLK2_Div6);
    //设置 ADC 分频因子为 6,72 M/6 = 12 M,ADC 最大时间不能超过 14 M
    //PA1 作为模拟通道输入引脚
    GPIO_InitStructure.GPIO_Pin = GPIO_Pin_4|GPIO_Pin_5;
    GPIO_InitStructure.GPIO_Mode = GPIO_Mode_AIN;          //模拟输入引脚 PC4/5
    GPIO_Init(GPIOC, &GPIO_InitStructure);
    GPIO_InitStructure.GPIO_Pin = GPIO_Pin_4|GPIO Pin 5;
    GPIO_InitStructure.GPIO_Mode = GPIO_Mode_AIN;          //模拟输入引脚 PA4/5
    GPIO_Init(GPIOA, &GPIO_InitStructure);
    ADC_DeInit(ADC1);  //复位 ADC1,将外设 ADC1 的全部寄存器重设为缺省值
    ADC_InitStructure.ADC_Mode = ADC_Mode_Independent;
    //ADC 工作模式:ADC1 和 ADC2 工作在独立模式
    ADC_InitStructure.ADC_ScanConvMode = DISABLE;          //模/数转换工作在单通道模式
    ADC_InitStructure.ADC_ContinuousConvMode = DISABLE;
    //模/数转换工作在单次转换模式
    ADC_InitStructure.ADC_ExternalTrigConv = ADC_ExternalTrigConv_None;
    //转换由软件而不是外部触发启动
    ADC_InitStructure.ADC_DataAlign = ADC_DataAlign_Right;   //ADC 数据右对齐
    ADC_InitStructure.ADC_NbrOfChannel = 1;          //顺序进行规则转换的 ADC 通道的数目
    ADC_Init(ADC1, &ADC_InitStructure);
    //根据 ADC_InitStruct 中指定的参数初始化外设 ADCx 的寄存器
    ADC_Cmd(ADC1, ENABLE);                           //使能指定的 ADC1
```

```
    ADC_ResetCalibration(ADC1);                        //使能复位校准
    while(ADC_GetResetCalibrationStatus(ADC1));        //等待复位校准结束
    ADC_StartCalibration(ADC1);                        //开启 AD 校准
    while(ADC_GetCalibrationStatus(ADC1));             //等待校准结束
    //ADC_SoftwareStartConvCmd(ADC1, ENABLE);          //使能指定的 ADC1 的软件转换启动功能
}
//获得 ADC 值
u16 Get_Adc(u8 ch)
{
    //设置指定 ADC 的规则组通道,一个序列,采样时间
    ADC_RegularChannelConfig(ADC1, ch, 1, ADC_SampleTime_239Cycles5 );
    //ADC1,ADC 通道,采样时间为 239.5 周期
    ADC_SoftwareStartConvCmd(ADC1, ENABLE);            //使能指定的 ADC1 的软件转换启动功能
    while(! ADC_GetFlagStatus(ADC1, ADC_FLAG_EOC ));//等待转换结束
    return ADC_GetConversionValue(ADC1);               //返回最近一次 ADC1 规则组的转换结果
}
u16 Get_Adc_Average(u8 ch,u8 times)
{
    u32 temp_val = 0;
    u8 t;
    for(t = 0;t<times;t ++ )
    {
        temp_val + = Get_Adc(ch);
        delay_ms(5);}
    return temp_val/times;
}
```

主函数中实现时钟、串口、ADC 等初始化,最终每隔 500 ms 读取一次 ADC 的值,并显示读到的 ADC 值(数字量),以及其转换成模拟量后的电压值。

```
int main(void)
{
    u16 adcx;
    float temp;
    delay_init();                           //延时函数初始化
    NVIC_PriorityGroupConfig(NVIC_PriorityGroup_2);
    //设置中断优先级分组为组 2:2 位抢占优先级,2 位响应优先级
    uart_init(115200);                      //串口初始化(波特率为 115 200)
    Adc_Init();                             //ADC 初始化
    while(1)
    {
        adcx = Get_Adc_Average(ADC_Channel_14,10);     //ADC0
        //adcx = Get_Adc_Average(ADC_Channel_15,10);   //ADC1
        //adcx = Get_Adc_Average(ADC_Channel_4,10);    //ADC2
        //adcx = Get_Adc_Average(ADC_Channel_5,10);    //ADC3
        printf("ADC1_VALE =  % d\n",adcx);
```

```
        temp = (float)adcx * (3.3/4096);
        adcx = temp;
        printf("ADC1_CH14 =  %.2fV \n\n",temp);
        delay_ms(500);
    }
}
```

3. 实验运行步骤和结果

(1) 实验步骤

① 光照检测传感器通过 3Pin 的对插线与 I/O 扩展板的 ADC0 接口连接，如图 6 - 6 所示。

图 6 - 6　扩展板与传感器接线图

② 连接电源线、mini 串口线并打开电源开关，将核心板上的跳线接到 UART 端，I/O 扩展板的跳线接到 USB 端，跳线位置如图 6 - 7 所示。

图 6 - 7　扩展板跳线位置

③ 将 ST - LINK 仿真器一端连接在 PC 机上，另一端连接在 Cortex - M3 仿真器下载口上。

④ 用 Keil5 软件打开实验工程，目录在：Cortex－M3/Cortex－M3 传感器驱动实验/实验 11 光照检测/USER，之后打开后缀名为.uvprojx 的工程文件，如图 6－8 所示。

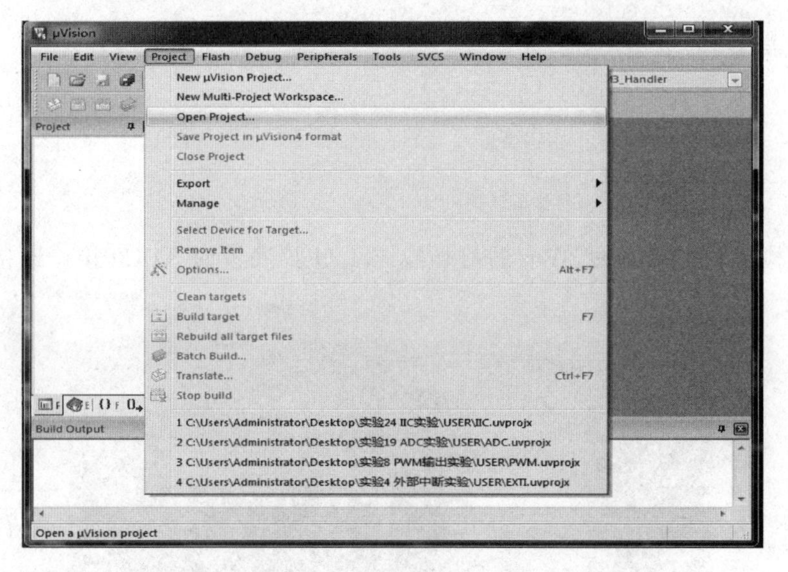

图 6－8 打开工程文件图

⑤ 编译程序，单击按钮如图 6－9 所示。

⑥ 编译通过，然后下载程序到 Cortex－M3 开发板，单击按钮如图 6－10 所示。

图 6－9 编译程序按钮图

图 6－10 下载程序按钮图

⑦ 打开串口工具 AccessPort，设置端口号（在设备管理器中查找），设置“波特率”为 115 200，其他默认。

(2) 设计运行结果

根据传感器原理图可知，模块支持模拟量和数字量两种输出方式，本次实验采用模拟量输出模式，需将图 6－11 中的 JP1 跳线接到 Light_A 端，此时输出为模拟量，同时可以调节图 6－11 中的滑动变阻器来调节数字量的阈值。

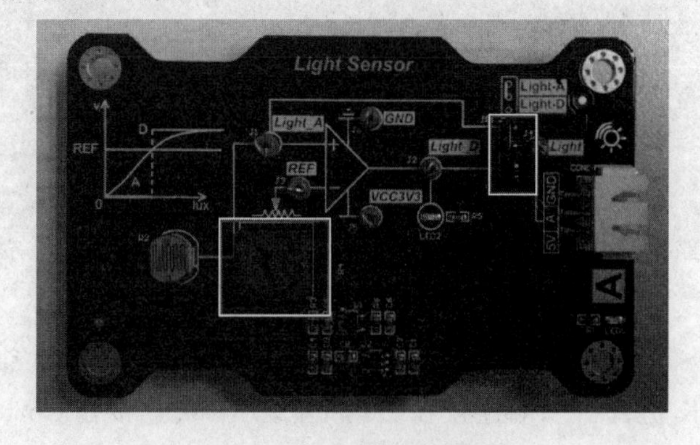

图 6－11 滑动变阻器位置

下载并运行程序,串口终端输出当前 ADC 采集的实际数值和转换后的电压值,我们可以用手遮挡光敏电阻,改变传感器附近的光照强度,观察串口终端输出的值;同时也可以通过滑动变阻器调节阈值,观察传感器上 LED2 状态,判断数字量输出,如图 6-12 所示。

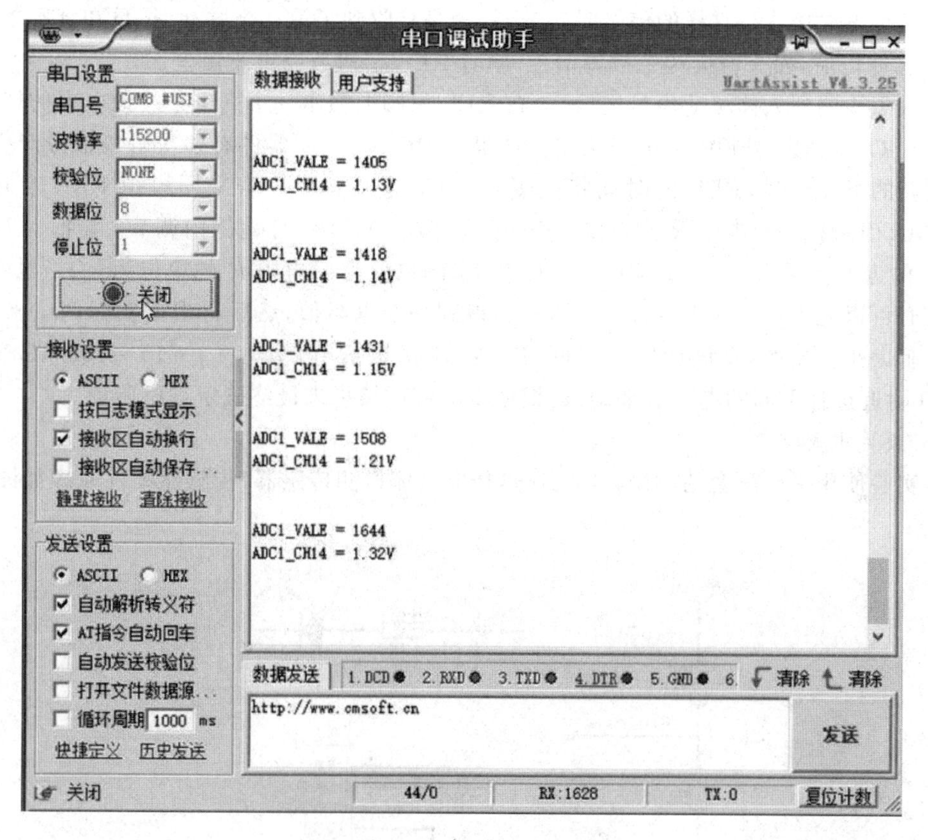

图 6-12　串口调试助手显示图

任务2　人体检测实验

1. 实验目的

① 学习人体检测传感器的基本原理、电路设计和驱动编程。

② 学习 Cortex-M3 的外部中断原理。

③ 通过实验仿真操作掌握传感器的硬件接线及程序下载,并最终得出实验仿真结果。

2. 系统软硬件环境

(1) 实验环境

① 硬件:Cortex-M3 开发板,ICS-IOT-OIEP 实验平台,ST-LINK 仿真器。

② 软件:Keil5。

③ 仿真实验环境:传感器 3D 虚拟仿真软件。

(2) 实验原理

AM412 是一个将数字智能控制电路与人体探测敏感元都集成在电磁屏蔽罩内的热释电红外传感器。人体探测敏感元将感应到的人体移动信号通过一个甚高阻抗差分输入电路耦合到数字智能集成电路芯片上,数字智能集成电路将信号转化成 15 位 ADC 数字信号,当 PIR

信号超过选定的数字阈值时就会有延时的 REL 电平输出。时间参数通过电阻设置,用以控制用电器持续工作的延时时间。所有的信号处理都在一个芯片上完成。

当探头接收到的热释电红外信号超过探头内部的触发阈值之后,内部会产生一个计数脉冲。当探头再次接收到这样的信号时,它会认为是接收到了第二个脉冲,一旦在 4 s 之内接收到 2 个脉冲以后,探头就会产生报警信号,同时 REL 引脚有高电平触发。

当探头检测到人体移动信号之后,会在 REL 引脚上输出一个高电平。该电平的持续时间由施加在 ONTIME 引脚的电平来决定。如果在 REL 高电平器件有多次触发信号产生,只要检测到新的触发信号,REL 的时间将被复位,然后重新计时。若采用模拟 REL 定时方式,ONTIME 引脚接一个电阻 R 到电源,该电阻容许在 10～15 kΩ 范围内调节。定时时间 T_d 与电阻 R 的近似关系为:$T_d=0.04R+1$,其中 T_d 的单位为 s,电阻 R 的单位为 kΩ。也就是说,在设计时可以先根据公式 $R=25\times(T_d-1)$ 得到一个电阻值,然后再根据实际调试来选定合适的电阻大小。比如:要设计定时时间 T_d 为 31 s,则 $R=25\times(T_d-1)=750$ kΩ,可以在 750 kΩ 附近选择不同的电阻值来调试,根据实际调试结果来最终确定该电阻值。

(3)硬件电路

本实验使用平台配套的 AM412 红外热释电人体检测传感器,传感器硬件原理如图 6-13 所示。

VCC3V
R2
1M
ONTIME
R3
0R
GND
REL
R4
4.7K
LED2
BLUE
GND
U2
REL 4
VCC3V 3
ONTIME 2
1
REL
VDD
ONTIME
VSS
AM412
GND

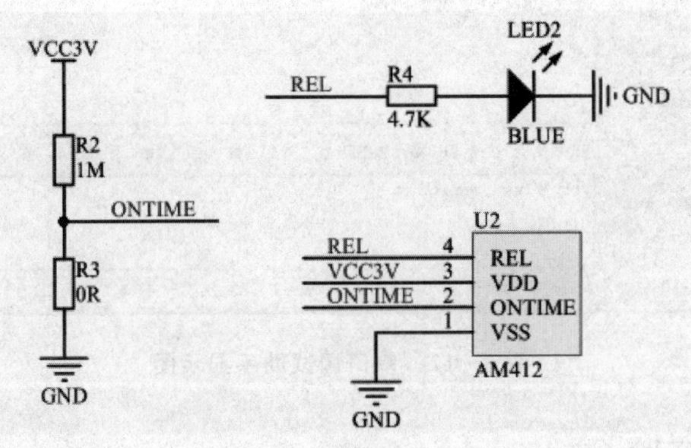

图 6-13　传感器硬件原理图

传感器通过 3Pin 的对插线与 I/O 扩展板相连接,I/O 扩展板的引脚电路图如图 6-14 所示,Cortex-M3 接口原理图如图 6-15 所示。

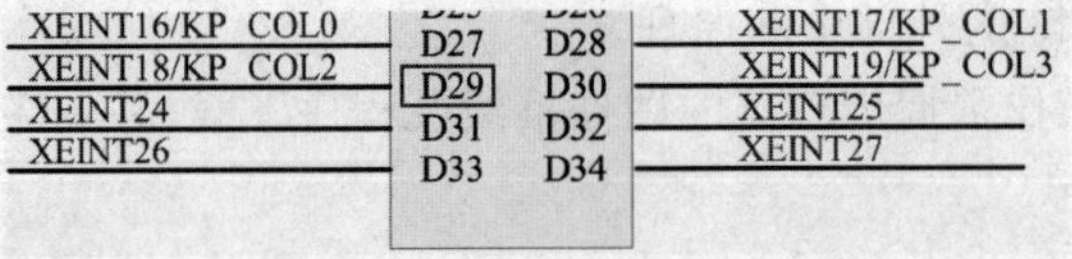

XEINT16/KP_COL0
XEINT18/KP_COL2
XEINT24
XEINT26
D27
D29
D31
D33
D28
D30
D32
D34
XEINT17/KP_COL1
XEINT19/KP_COL3
XEINT25
XEINT27

图 6-14　I/O 扩展板接口原理图

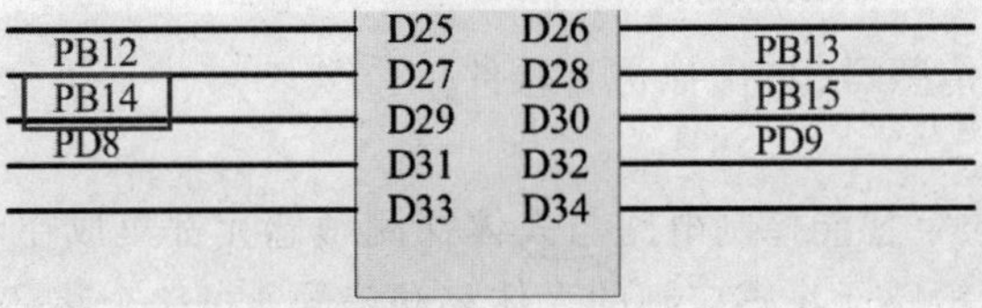

PB12
PB14
PD8
D25
D27
D29
D31
D33
D26
D28
D30
D32
D34
PB13
PB15
PD9

图 6-15　Cortex-M3 接口原理图

如图6-13和图6-15所示，红外热释电人体检测传感器的I/O引脚连接到了Cortex-M3的PB14引脚，I/O检测引脚默认为低电平，当传感器检测到有物体经过时输出高电平（高电平时间由电路决定），由此可将单片机的引脚设置为上升沿中断触发模式，当检测到有人时触发中断。

（4）软件设计流程图

人体检测软件程序流程图如图6-16所示。首先将中断线以及中断线初始化配置，然后开始检测是否有人被检测到。当检测到有人时，进入外部中断，执行中断服务程序输出“有人”，在串口调试助手中显示“有人”。

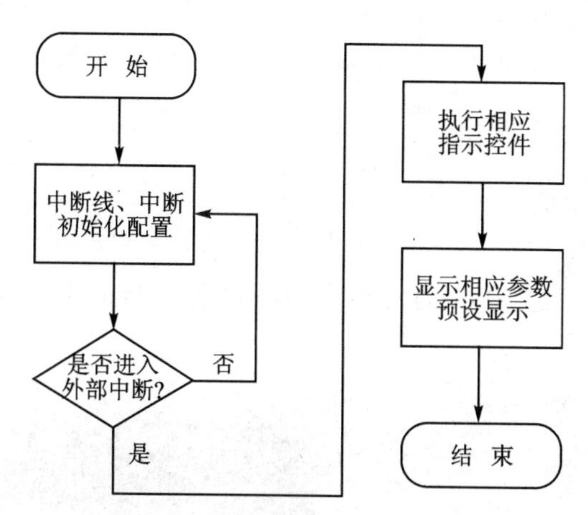

图6-16 人体检测软件程序流程图

（5）源码分析

打开工程源码，在HARDWARE目录下面增加了exti.c文件，同时固件库目录增加了stm32f10x_exti.c文件。exit.c文件总共包含2个函数，一个是外部中断初始化函数void EXTIX_Init(void)，另一个是中断服务函数。

```
//外部中断服务程序
void EXTIX_Init(void)
{
    EXTI_InitTypeDef EXTI_InitStructure;
    NVIC_InitTypeDef NVIC_InitStructure;
    IRM_Init();                    //初始化与IRM连接的引脚接口
    RCC_APB2PeriphClockCmd(RCC_APB2Periph_GPIOB, ENABLE);
    RCC_APB2PeriphClockCmd(RCC_APB2Periph_AFIO,ENABLE);     //使能复用功能时钟
    //GPIOD15      中断线以及中断初始化配置下降沿触发      //KEY5
    GPIO_EXTILineConfig(GPIO_PortSourceGPIOB,GPIO_PinSource14);
    EXTI_InitStructure.EXTI_Line = EXTI_Line14;
    EXTI_InitStructure.EXTI_Mode = EXTI_Mode_Interrupt;
    EXTI_InitStructure.EXTI_Trigger = EXTI_Trigger_Falling;
    EXTI_Init(&EXTI_InitStructure);  //根据EXTI_InitStruct中指定的参数初始化外设EXTI寄存器
    NVIC_InitStructure.NVIC_IRQChannel = EXTI15_10_IRQn ;     //使能按键所在的外部中断通道
    NVIC_InitStructure.NVIC_IRQChannelPreemptionPriority = 0x02;     //抢占优先级2
    NVIC_InitStructure.NVIC_IRQChannelSubPriority = 0x03;            //子优先级3
```

```
    NVIC_InitStructure.NVIC_IRQChannelCmd = ENABLE;                //使能外部中断通道
    NVIC_Init(&NVIC_InitStructure);
}
//外部中断 15 - 10 服务程序
void EXTI15_10_IRQHandler(void)
{
    delay_ms(3);                                    //消抖(消抖短一点,准确率更高)
    if(EXTI_GetITStatus(EXTI_Line14)! = RESET)
    {
        printf("有人 \n");
        EXTI_ClearITPendingBit(EXTI_Line14);   //清除 LINE2 上的中断标志位
    }
}
```

3. 实验运行步骤和结果

(1) 实验步骤

① 人体检测传感器通过 3Pin 的对插线与 I/O 扩展板的 IO IN 接口连接,如图 6-17 所示。

图 6-17 传感器与 I/O 扩展板连接图

② 连接电源线、mini 串口线并打开电源开关,将核心板上的跳线接到 UART 端,I/O 扩展板的跳线接到 USB 端,跳线位置如图 6-18 所示。

③ 将 ST-LINK 仿真器一端连接在 PC 机上,另一端连接在 Cortex-M3 仿真器下载接口上。

④ 用 Keil5 软件打开实验工程,目录在:Cortex-M3/Cortex-M3 传感器驱动实验/实验 08 红外人体/USER,之后打开后缀名为.uvprojx 的工程文件,如图 6-19 所示。

⑤ 编译程序,单击按钮如图 6-20 所示。

⑥ 编译通过,然后下载程序到 Cortex-M3 开发板,单击按钮如图 6-21 所示。

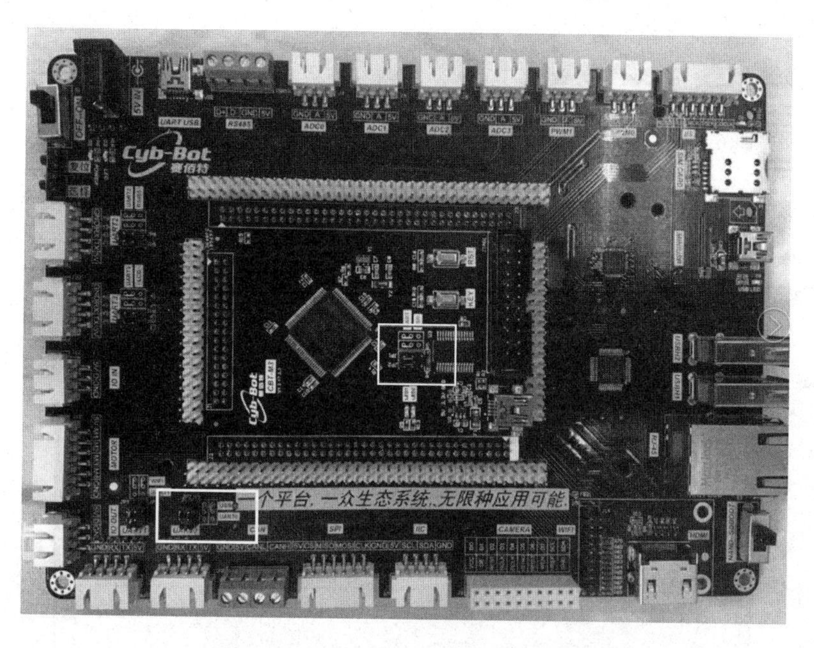

图 6－18　核心板及扩展板跳线位置图

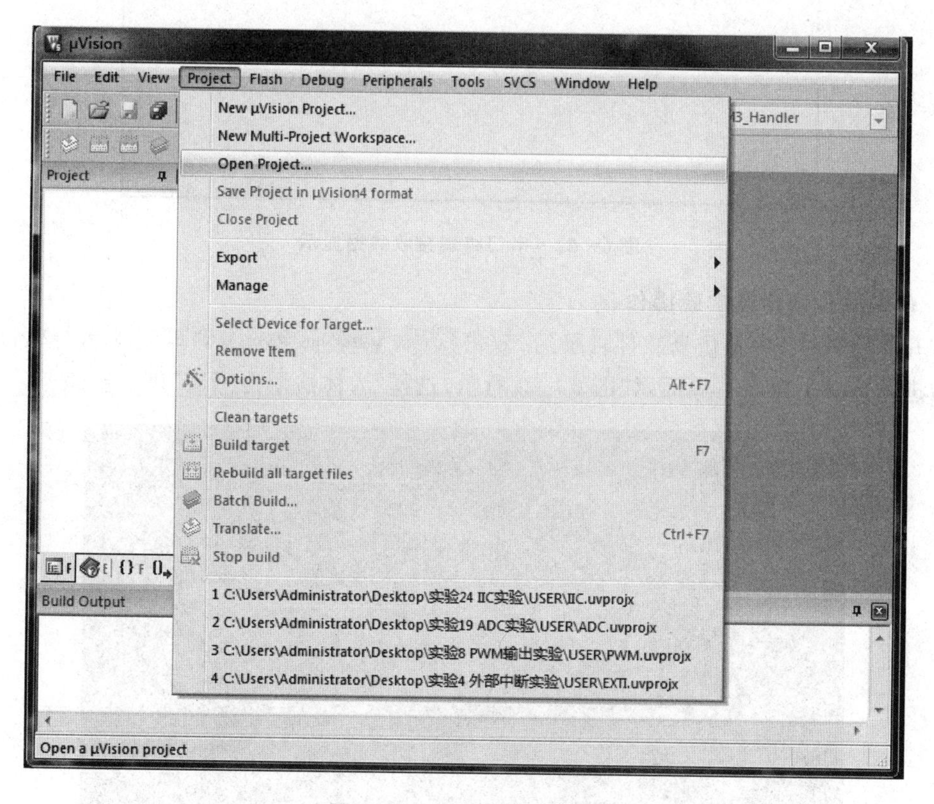

图 6－19　打开工程文件图

图 6-20　编译程序按钮图

图 6-21　下载程序按钮图

⑦ 打开串口工具 AccessPort，设置端口号（在设备管理器中查找），“波特率”选择 115 200，“校验位”选择 NONE，“数据位”选择 8，“停止位”选择 1，“接收区显示方式”选择“字符形式”，其他默认。

(2) 运行结果

下载并运行程序，当传感器检测到有人移动时，传感器模块上的 LED2 状态指示灯会亮，并且串口终端输出“有人”，如图 6-22 所示。

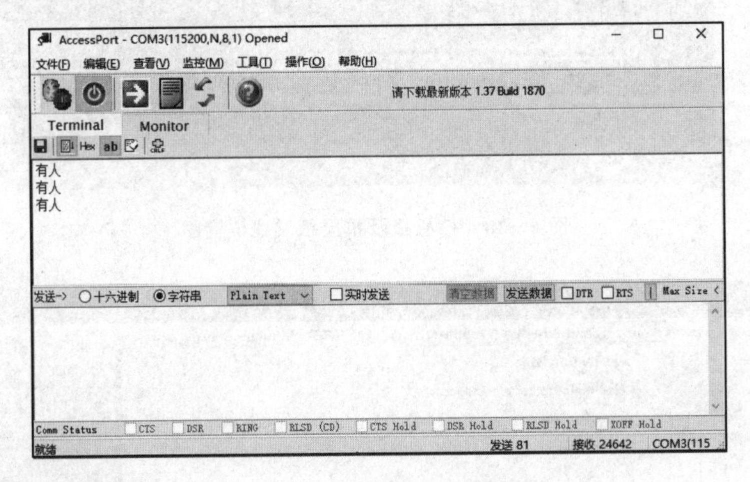

图 6-22　串口终端接收数据显示

4. 仿真软件使用及实验操作

打开传感器 3D 虚拟仿真软件目录后，双击 OIEP_SensorSimulation.exe 即可启动运行软件，软件启动后进入传感器列表主界面，如图 6-23 所示，选择“人体检测传感器”进行实验。

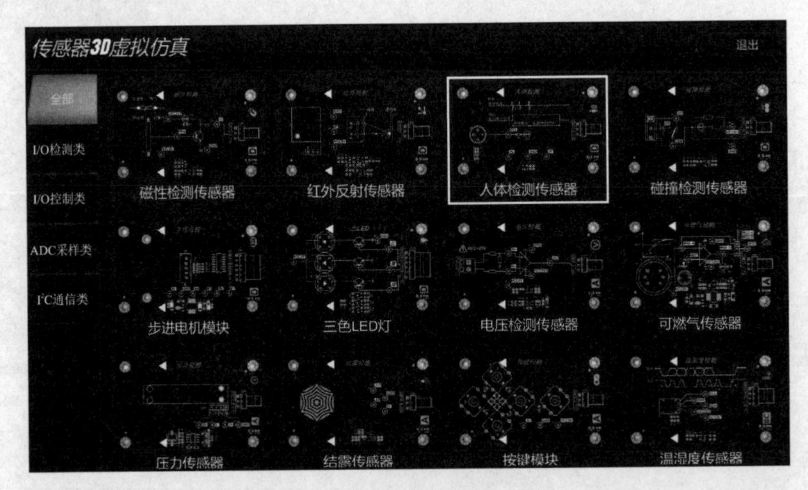

图 6-23　传感器列表界面

思考与练习

1. 简述光电传感器的原理。
2. 例举光电传感器在生活中的应用。
3. 简述智能光电传感器的前景及功能。

项目7　气体传感器

项目描述

我们生活在一个充满气体的环境中，人们会接触到各种各样的气体，为了保证生活和生产的安全，需要对它们进行检测和控制。人类对气体的感知器官是鼻子，气体传感器实现了这个功能，可"嗅"出空气中某种特定的气体或判断特定气体的浓度，从而实现对气体成分的监测。

气体传感器能够实时对各种气体进行检测和分析，具有灵敏度高、响应时间短等优点；加上微电子、微加工技术和自动化、智能化技术的迅速发展，使得气体传感器体积变小，价格低廉，使用方便，因此它在军事、医学、交通、环保、质检、防伪、家居等领域得到了广泛的应用。

项目首先介绍气体传感器的基本概念、主要特性、分类和工作原理；然后详细介绍常用气体传感器 MQ－2 可燃气传感器，MQ－3 酒精气体传感器，MQ138 甲醛气体传感器，MG811 型 CO_2 气体传感器的结构、技术指标等特性；最后将理论用于实践，通过可燃气和酒精检测系统设计，全面了解气体传感器的使用过程。

项目要求/知识学习目标

① 掌握气体传感器的工作原理；
② 熟悉气体传感器的主要特性、结构及分类；
③ 了解气体传感器的应用；
④ 能够正确地选择和使用气体传感器；
⑤ 能够根据要求设计气体检测电路。

7.1　气体传感器概念

7.1.1　气体传感器定义

气体传感器是一种将某种气体体积分数转化成对应电信号的转换器，将气体的成分、浓度等信息转换成可以被人员、仪器仪表、计算机等利用的信息的装置，主要由气敏元件、转换电路组成。

气体传感器使用环境复杂，混合气体种类较多，还会存在粉尘和烟雾的影响，需要保证检测数据的准确性，常用气体传感器需满足以下条件：对特定气体灵敏度高，能够检测并转换为电信号；对被检测气体以外的共存气体或空气中其他物质不敏感；性能稳定，可重复性高；响应速度快，动态特性好；使用方便，维护简单，价格低廉。

7.1.2　气体传感器性能要求

1. 稳定性

稳定性是指在外界环境发生变化时，在规定的时间内气体传感器输出特性维持不变的能力，一般取决于零点漂移和区间漂移。零点漂移是指在没有目标气体时，整个工作时间内传感器输出响应的变化。区间漂移是指传感器连续置于目标气体中的输出响应变化，表现为传感器输出信号在工作时间内的降低。理想情况下，一个传感器在连续工作条件下，每年零点漂移小于10％。

2. 灵敏度

灵敏度是指传感器输出变化量与被测输入变化量之比。一般用传感器的阻值变化量 ΔR 与气体浓度变化量 ΔP 之比来表示，即 $S=\Delta R/\Delta P$。

3. 选择性

选择性也被称为交叉灵敏度，指在多种气体环境下，传感器区分气体种类的能力。理想的传感器应具有高灵敏度和高选择性。

4. 响应速度

传感器接触被检测气体后或其他浓度发生变化后，传感器达到稳定状态需要的时间称为响应时间，反映气体传感器对被测气体响应速度的快慢。

7.2　气体传感器分类

气体传感器种类众多，性能各异，分类标准不一，通常根据传感器的气敏材料以及与空气相互作用的机理和效应的不同，分为半导体气体传感器、固体电解质气体传感器、接触燃烧式气体传感器、光学式气体传感器、石英振子式气体传感器、表面声波气体传感器等。

1. 半导体气体传感器

半导体气体传感器是利用一些金属氧化物半导体材料，在一定温度下，电导率随着环境气体成分的变化而变化的原理制造的。比如，酒精传感器，就是利用二氧化锡在高温下遇到酒精气体时，电阻会急剧减小的原理制备的。半导体气体传感器在气体传感器中占比较大。

半导体气体传感器可以用于甲烷、乙烷、丙烷、丁烷、酒精、甲醛、一氧化碳、二氧化碳、乙烯、乙炔、氯乙烯、苯乙烯、丙烯酸等很多气体的检测。半导体气体传感器成本低廉，适用于民用气体检测的需求。

半导体气体传感器的缺点是稳定性较差，受环境影响较大；尤其每一种传感器的选择性都不是唯一的，输出参数也不能确定。因此，不宜应用于要求计量精准的场所。

2. 固体电解质气体传感器

固体电解质气体传感器利用被测气体在敏感电极上发生化学反应，生成离子通过固体电解质传递到电极，使电极间产生电位变化，从而检测气体成分和浓度，是选择性较强的传感器。稳定的氧化锆固体电解质传感器已成功地应用于钢水中氧的测定和发动机空燃比成分测量等。

3. 接触燃烧式气体传感器

接触燃烧式气体传感器检查元件一般为铂金属丝，适用于 H_2、CO、CH_4 等可燃性气体的检测。可燃气体接触表面催化剂时燃烧，燃烧的热量使金属丝升温，造成器件阻值增大。这类传感器的应用面广、体积小、结构简单、稳定性好，缺点是选择性差。

4. 电化学式气体传感器

常用的电化学式气体传感器有以下几种：

(1) 离子电极型气体传感器

离子电极型气体传感器由电解液、固定参照电极和 pH 电极组成。通过透气膜使被测气体和外界达到平衡。

(2) 加伐尼电池型气体传感器

加伐尼电池型气体传感器由隔离膜、铅电极(阳)、电解液、白金电极(阴)组成一个加伐尼电池。以氧传感器为例,基本结构是在塑料容器的一面装着聚四氟乙烯透气膜,内侧粘贴着贵金属阴电极,空余的位置或者另一面的内侧部分为阳极。当氧气通过聚四氟乙烯隔膜扩散到达负极表面时,发生还原反应,产生电流。电流和透过聚四氟乙烯膜的氧的速度成正比,从而检测气体浓度。

(3) 定位电解法气体传感器

定位电解法气体传感器由工作电极、辅助电极、参比电极以及聚四氟乙烯制成的透气隔离膜组成,电极之间填充电解质。传感器工作电极的电位由恒电位器控制,使其与参比电极的电位保持恒定。当待测气体分子通过透气膜到达敏感电极表面时,会发生氧化反应,辅助电极上发生还原反应。反应产生的电解电流强度受扩散过程的控制,而扩散过程与待测气体浓度有关,只要测量敏感电极上的扩散电流,就可以测量出被测气体浓度。在敏感电极和辅助电极之间施加电压,改变电压值,氧化还原反应选择性地进行,可定量检测气体浓度和种类。

5. 光学式气体传感器

光学式气体传感器包括直接吸收式、光导纤维式和光反应气体传感器。

(1) 直接吸收式气体传感器

直接吸收式气体传感器以红外吸收式为主,红外线气体传感器根据气体自身固有的光谱吸收谱检测气体成分,不同气体的红外吸收峰值不同。非分散红外吸收光谱对 SO_2、CO、CO_2、NO 等气体具有较高的灵敏度。紫外吸收、非分散紫外线吸收、相关分光、二次导数、自调制光吸收法对 NO、NO_2、SO_2、烃类(CH_4)等气体具有较高的灵敏度。

(2) 光导纤维式气体传感器

光导纤维式气体传感器是通过在光纤顶端涂敷触媒与气体反应、发热导致光纤、温度变化来检测气体的。

光导纤维用于气体传感器,有着其他传感器不可比拟的优势:适合于长距离的在线测量;适合于可燃易爆气体的测量或易燃环境以及强电磁干扰环境中的测量;传感单元结构简单,稳定可靠;易于组成光纤传感网络。

(3) 光反应气体传感器

光反应气体传感器是利用气体反应产生色变引起光强度吸收等光学特性改变来检测气体的,由于气体光感变化范围有限,传感器的自由度较小。

此外,随着检测技术的发展,利用其他物理量变化测量气体成分的其他类型传感器也不断发展,如声表面波气体传感器、石英振子式气体传感器等。

7.3 常见气体传感器工作原理

7.3.1 半导体气体传感器

半导体气体传感器是利用气体在半导体表面的氧化和还原反应导致敏感元件阻值变化而

制成的,利用待测气体与半导体金属氧化物表面接触时,产生的电导率等物性变化来检测气体。其敏感部分是金属氧化物微结晶粒子烧结体,当它的表面吸附有被测气体时,半导体微结晶粒子接触界面的导电电子比例就会发生变化,从而使气敏元件的电阻值随着被测气体的浓度改变而改变。电阻值的变化是伴随着金属氧化物半导体表面对气体吸附和释放而产生的,为了加速这种反应,通常要用加热器对气敏元件加热。半导体气敏元件有N型和P型之分。N型气敏元件在检测时阻值随气体浓度的增高而减小;P型气敏元件阻值随气体浓度的增高而增大。

7.3.2 电化学式气体传感器

电化学式气体传感器主要利用两个电极间的化学电位差,一个在气体中测量气体浓度,另一个是固定的参比电极。液体电解质通过与被测气体发生反应并产生与气体浓度成正比的电信号来工作,其输出形式可以是气体直接氧化或还原产生的电流,也可以是离子作用于离子电极产生的电动势,具有结构简单、维护容易、响应迅速、测量准确、使用方便的特点。

常用氧化锆氧传感器是采用氧化锆固体电解质组成的氧浓度差电池来测氧含量的气体传感器,属于固体离子学中的一个重要应用。氧化锆固体电解质具有当温度升高时,使氧离子在它的内部容易移动的性质。将氧化锆烧结成试管状并在内侧和外侧镀有白金电极;其内侧注入大气并使氧浓度保持一定,而外侧则处于接触排气的状态。当两极间产生氧浓度差时,氧离子就从氧浓度高的一侧向低的一侧流动,从而产生电动势。图7-1所示为多孔铂电极氧化锆传感器导电机理示意图。

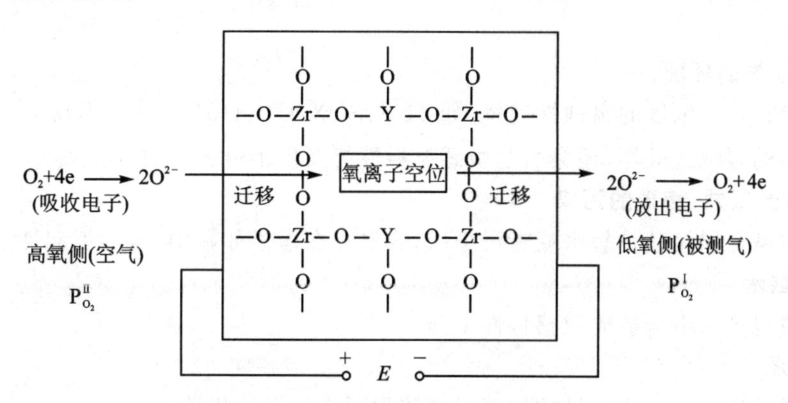

图7-1 氧化锆电解质的导电机理图

7.3.3 接触燃烧式气体传感器

接触燃烧式气体传感器的检测元件一般为铂金属丝,表面也会涂铂、钯等稀有金属催化层。工作时对铂通以电流,保持300～400 ℃的高温状态,当遇见可燃气体时,会发生氧化反应,可燃性气体在稀有金属催化层上燃烧,导致敏感材料铂丝的温度升高,通过测量铂丝电阻值的变化量,从而得出可燃性气体的浓度。

接触燃烧式气体传感器的桥式测量电路如图7-2所示。它将铂丝阻值的变化转换为电压的变化,以达到测量气体的密度的目的。F_1 与可燃性气体接触时,剧烈氧化作用释放的热量使检测元件温升,阻值增大,桥路失衡,在 A、B 间产生电位差 E。E 与可燃性气体的浓度成比例，测得 E 可求得空气中可燃性气体的浓度。

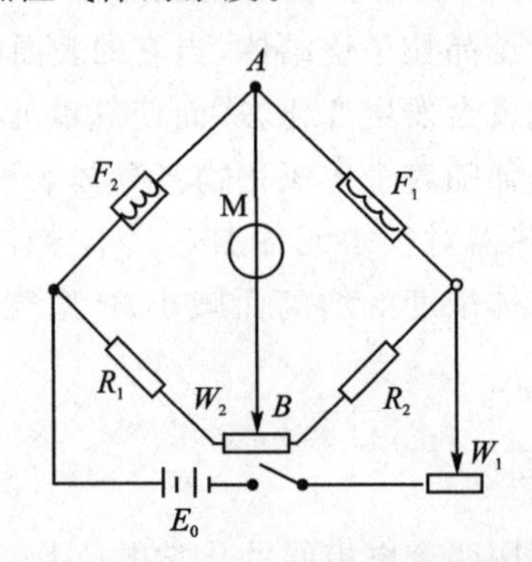

图 7-2　接触燃烧式气体传感器测量电路

7.4　气体传感器使用注意事项

7.4.1　必须避免的情况

1. 暴露于有机硅蒸气中

如果传感器的表面吸附了有机硅蒸气，传感器的敏感材料会被包裹住，抑制传感器的敏感性，并且不可恢复。传感器要避免暴露在硅粘接剂、发胶、硅橡胶、腻子或其他硅塑料添加剂可能存在的地方。

2. 高腐蚀性的环境

传感器暴露在高浓度的腐蚀性气体（如 H_2S、SOX、Cl_2、HCl 等）中，不仅会引起加热材料及传感器引线的腐蚀或破坏，还会引起敏感材料性能发生不可逆的改变。

3. 碱、碱金属盐、卤素的污染

传感器被碱金属尤其是盐水喷雾污染后，或暴露在卤素如氟中，也会引起性能劣变。

4. 接触到水

溅上水或浸到水中会造成敏感特性下降。

5. 结　冰

水在敏感元件表面结冰会导致敏感材料碎裂而丧失敏感特性。

6. 施加电压过高

如果给敏感元件或加热器施加的电压高于规定值，即使传感器没有受到物理损坏或破坏，也会造成引线和/或加热器损坏，并引起传感器敏感特性下降。

7. 电压加错引脚(仅限于旁热式系列)

对于 6 脚型的传感器，如图 7-3 所示，如果电压加在引脚 1、3 或引脚 4、6，会导致引线断线，若加在引脚 2、4，则取不到信号。

7.4.2　应尽可能避免的情况

1. 凝结水

在室内使用条件下，轻微凝结水会对传感器性能产生轻微影响。但是，如果水凝结在敏感元件表面并保持一段时间，则传感器特性会下降。

2. 处于高浓度气体中

无论传感器是否通电，在高浓度气体中长期放置，都会影响传感器特性。

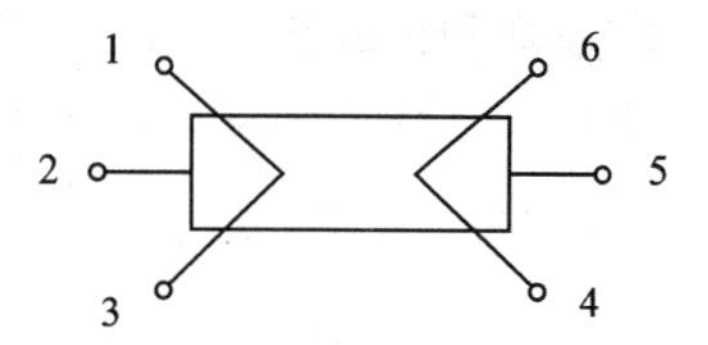

图7-3 6脚型的传感器

3. 长期贮存

传感器在不通电情况下长时间贮存，其电阻会产生可逆性漂移，这种漂移与贮存环境有关。传感器应贮存在有清洁空气且不含硅胶的密封袋中。经长期不通电贮存的传感器，在使用前需要长时间通电以使其达到稳定。

4. 长期暴露在极端环境中

无论传感器是否通电，长时间暴露在极端条件下，如高湿、高温、高污染等极端条件，传感器性能将受到严重影响。

5. 振 动

频繁、过度振动会导致敏感元件引线产生共振而断裂。在运输途中及组装线上使用气动改锥/超声波焊接机会产生这种振动。

6. 冲 击

传感器受到强烈冲击会导致其引线断线。

7.5 常用气体检测器介绍

7.5.1 酒精气体检测传感器 MQ-3

MQ-3气体传感器(见图7-4)所使用的气敏材料是在清洁空气中电导率较低的二氧化锡(SnO_2)。当传感器所处环境中存在酒精蒸气时，传感器的电导率随空气中酒精气体浓度的增高而增大。使用简单的电路即可将电导率的变化转换为与该气体浓度相对应的输出信号。

图7-4 MQ-3气体传感器探头

MQ-3气体传感器对酒精的灵敏度高，可以抵抗汽油、烟雾、水蒸气的干扰。这种传感器可检测多种浓度酒精气氛，是一款适合多种应用的低成本传感器。

1. MQ-3气敏元件结构

MQ-3气敏元件由微型Al_2O_3陶瓷管、SnO_2敏感层、测量电极和加热器构成，固定在塑料或不锈钢制成的腔体内，加热器为气敏元件提供了必要的工作条件。封装好的气敏元件有6个针状引脚，其中4个用于信号读取，2个用于提供加热电流。图7-5所示为MQ-3气体传感器的外形结构。

2. 基本测试回路

MQ-3 气体传感器基本测试回路如图 7-6 所示。

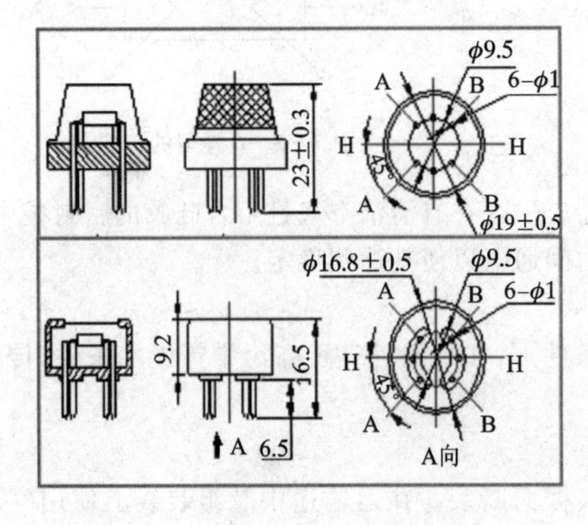

图 7-5 MQ-3 气体传感器外形结构

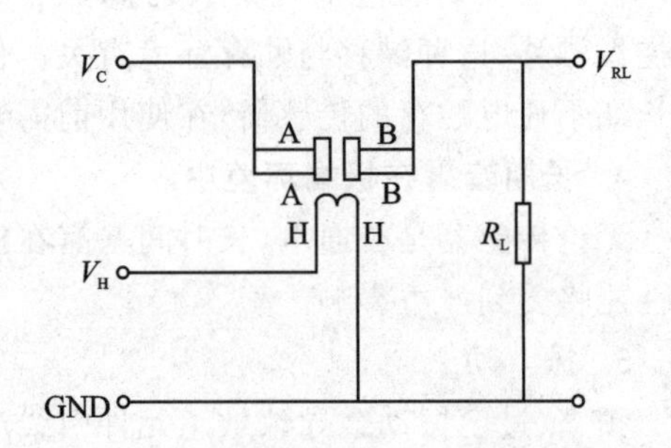

图 7-6 MQ-3 气体传感器基本测试回路

该传感器需要施加 2 个电压:加热器电压(V_H)和测试电压(V_C)。其中,V_H 用于为传感器提供特定的工作温度;V_C 则是用于测定与传感器串联的负载电阻(R_L)两端的电压(V_{RL})。这种传感器具有轻微的极性,V_C 需用直流电源。在满足传感器电性能要求的前提下,V_C 和 V_H 可以共用一个电源电路。为了更好地利用传感器的性能,需要选择恰当的 R_L 值。

7.5.2 甲醛检测传感器 MQ138

MQ138 气体传感器所使用的气敏材料是在清洁空气中电导率较低的二氧化锡(SnO_2)。当传感器所处环境中存在有机蒸气时,传感器的电导率随空气中有机蒸气浓度的增高而增大。使用简单的电路即可将电导率的变化转换为与该气体浓度相对应的输出信号。

图 7-7 MQ138 气体传感器探头

MQ138 气体传感器对甲苯、丙酮、乙醇、甲醛的灵敏度高,对氢气和其他有机蒸气的监测也很理想,这种传感器可检测多种有机蒸气,是一款适合多种应用的低成本传感器。图 7-7 所示是 MQ138 气体传感器探头的实物图。

1. MQ138 气敏元件结构

MQ138 气敏元件由微型 Al_2O_3 陶瓷管、SnO_2 敏感层、测量电极和加热器构成,固定在塑料或不锈钢制成的腔体内,加热器为气敏元件提供了必要的工作条件。封装好的气敏元件有 6 个针状引脚,其中 4 个用于信号读取,2 个用于提供加热电流。MQ138 气体传感器探头内部结构如图 7-8 所示。

2. 电气特性

MQ138 气体传感器灵敏度高,常可用于家庭、环境的有害气体探测,适宜于醇类、苯系、醛类、酮类、酯类等有机挥发物的探测。气体探测浓度范围为$(5\sim500)\times10^{-6}$。

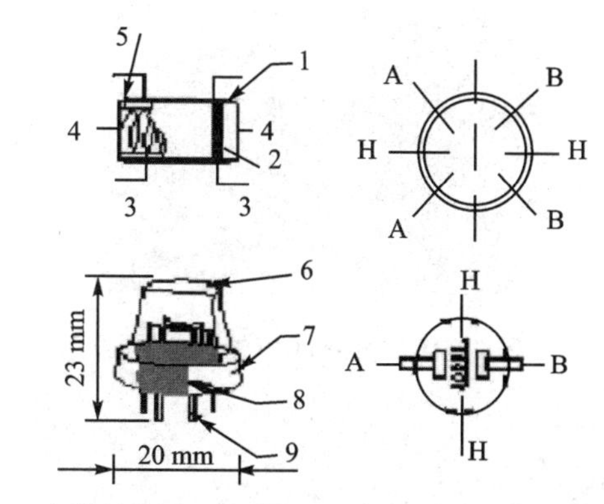

1—气体敏感层；2—电极；3—测量电极；4—加热器；
5—陶瓷管；6—防爆网；7—卡环；8—基座；9—针状引脚

图 7-8 MQ138 气体传感器探头内部结构

7.5.3 可燃气体检测传感器 MQ-2

MQ-2 气体传感器所使用的气敏材料是在清洁空气中电导率较低的二氧化锡(SnO_2)。当传感器所处环境中存在可燃气体时，传感器的电导率随空气中可燃气体浓度的增高而增大。使用简单的电路即可将电导率的变化转换为与该气体浓度相对应的输出信号。

MQ-2 气体传感器对液化气、丙烷、氢气的灵敏度高，对天然气和其他可燃蒸气的检测也很理想。这种传感器可检测多种可燃性气体，是一款适合多种应用的低成本传感器。图 7-9 所示为 MQ-2 气体传感器的探头。

MQ-2 气体传感器具有以下特点：具有信号输出指示；双路信号输出(模拟量输出及 TTL 电平输出)；TTL 输出有效信号为低电平；模拟量输出 0～5 V 电压，浓度越高电压越高；对液化气、天然气、城市煤气有较好的灵敏度；结果受温湿度影响。

图 7-9 MQ-2 气体传感器探头

7.5.4 CO_2 气体检测传感器 MG811

MG811 气体传感器的主要特点是对 CO_2 有良好的灵敏度和选择性，受温湿度的变化影响较小，具有良好的稳定性、再现性，常用于空气质量控制系统、发酵过程控制、温室 CO_2 浓度检测等领域，其实物如图 7-10 所示。

1. 结　构

MG811 气体传感器结构如图 7-11 所示。传感器由固体电解质层、金电极、铂引线、加热器、陶瓷管、100 目双层不锈钢网、镀镍铜卡环、胶木基座、针状镀镍铜引脚等组成。

2. 工作原理

MG811 气体传感器采用固体电解质电池原理，当传感器置于 CO_2 气体中时，将发生以下电极反应：

图 7-10　MG811 气体传感器

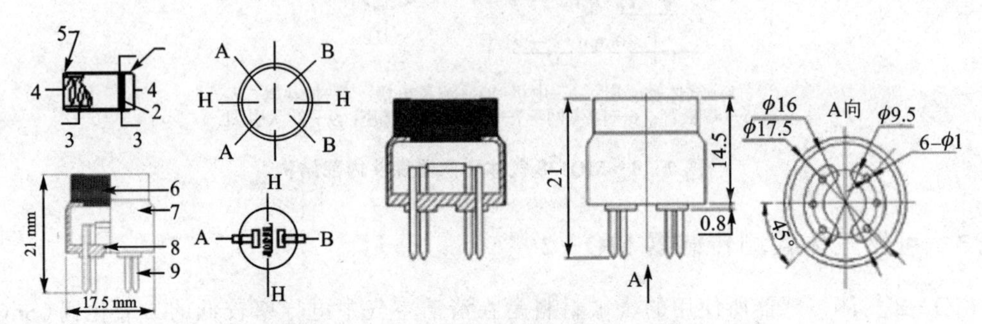

1—固体电解质层；2—金电极；3—铂引线；4—加热器；5—陶瓷管；
6—不锈钢网；7—卡环；8—基座；9—引脚

图 7-11　MG811 型 CO_2 气体传感器结构图

负极：$2Li^{+}+CO_2+\frac{1}{2}O_2+2e^{-}=Li_2CO_3$

正极：$2Na^{+}+\frac{1}{2}O_2+2e^{-}=Na_2O$

总电极反应：$Li_2CO_3+2Na^{+}=Na_2O+2Li^{+}+CO_2$

传感器敏感电极与参考电极间的电势差(EMF)符合能斯特方程，为

$$\mathrm{EMF}=E_C-\frac{RT}{2F}\ln P(CO_2) \tag{7-1}$$

式中，$P(CO_2)$为 CO_2 分压；E_C 为常量；R 为气体常量；T 为绝对温度，单位是 K；F 为法拉第常量。

3. 特　性

表 7-1 列出了 MG811 气体传感器的技术指标，图 7-12 所示为 MG811 型 CO_2 气体传感器的响应恢复特性。

表 7-1　MG811 气体传感器技术指标

项　目	技术指标	项　目	技术指标
产品类型	固体电解质气体传感器	加热电压 V_H	6.0±0.1 V (AC 或 DC)
标准封装	金属封装	负载电阻 R_L	可调
检测气体	二氧化碳	加热电阻 R_H	35±3 Ω(室温)
检测浓度	(350～10 000)×10^{-6}(CO_2)	加热功耗 P_H	约 1 200 mW
温　度	20±2 ℃	湿　度	65%±5%

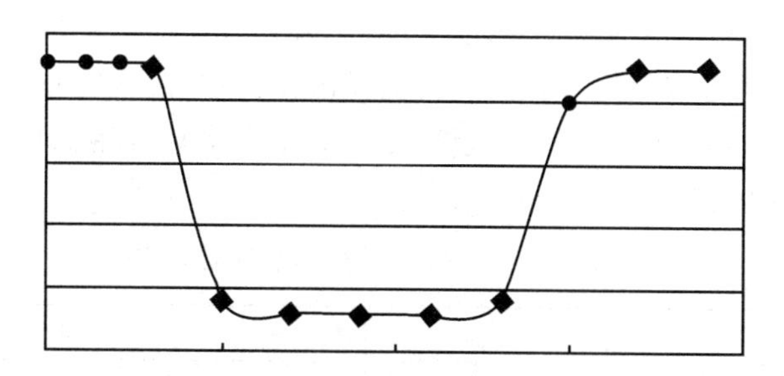

图 7-12 MG811 气体传感响应恢复特性图

7.6 应用案例

任务1 可燃气检测系统设计及虚拟仿真实验

1. 系统功能简介

(1) 设计任务

设计一个能够检测环境中可燃气体浓度的系统，设置检测阈值，利用指示灯实现报警功能，系统具有显示当前传感器电压值和可燃气体浓度的功能。

(2) 基本要求

在串口调试助手中显示当前传感器电压值和环境中可燃气体浓度。

(3) 总体思路

可燃气检测报警电路是能够检测环境中可燃气浓度，并具有报警功能的系统。此系统的基本组成部分包括可燃气检测模块和 Cortex-M3 处理器模块。

可燃气检测模块由气体传感器 MQ-2 将可燃气信号转化为模拟电信号后送入处理器模块 ADC 接口，对数据进行处理分析，并判断是否大于或等于某个预设值(也就是报警阈值)，如果大于则启动报警电路发出 LED 报警，反之则为正常状态。处理器通过串口和计算机相连，在计算机串口助手软件显示当前传感器电压值和检测的可燃气浓度。其系统框图如图 7-13 所示。

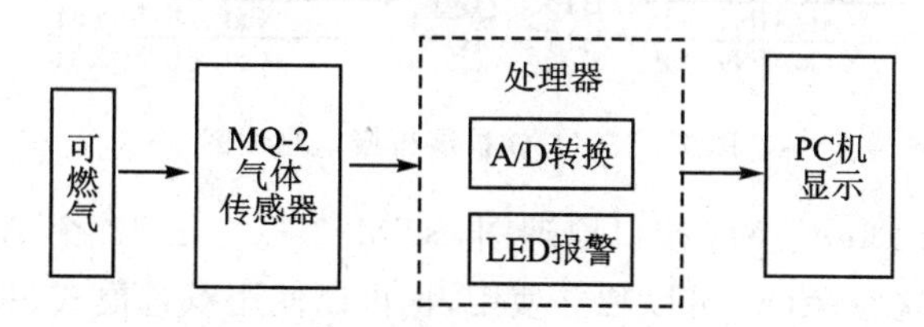

图 7-13 可燃气体检测系统框图

(4) 应用场景

应用场景包括家庭用气体泄漏报警器、工业用可燃气体报警器、便携式气体检测器。

(5) 传感器选择——MQ-2 气体传感器

MQ-2 气体传感器所使用的气敏材料是在清洁空气中电导率较低的二氧化锡(SnO_2)。

当传感器所处环境中存在可燃气体时，传感器的电导率随空气中可燃气体浓度的增高而增大。使用简单的电路即可将电导率的变化转换为与该气体浓度相对应的输出信号。

MQ－2 气体传感器对液化气、丙烷、氢气的灵敏度高，对天然气和其他可燃蒸气的检测也很理想。这种传感器可检测多种可燃性气体，是一款适合多种应用的低成本传感器。表 7－2 列出了 MQ－2 气体传感器的性能指标。

表 7－2　MQ－2 气体传感器性能指标

检测浓度			$(300\sim10\ 000)\times10^{-6}$（可燃气体）
标准电路条件	回路电压	V_C	≤24 V(DC)
	加热电压	V_H	5.0±0.2 V(AC 或 DC)
	负载电阻	R_L	可调

2. 硬件电路

MQ－2 可燃气体检测传感器可输出模拟信号 MQ2_A、数字信号 MQ2_D，输出信号可由传感器模块的 JP1 进行切换。本系统采用模拟信号模式，传感器硬件原理图如图 7－14 所示。

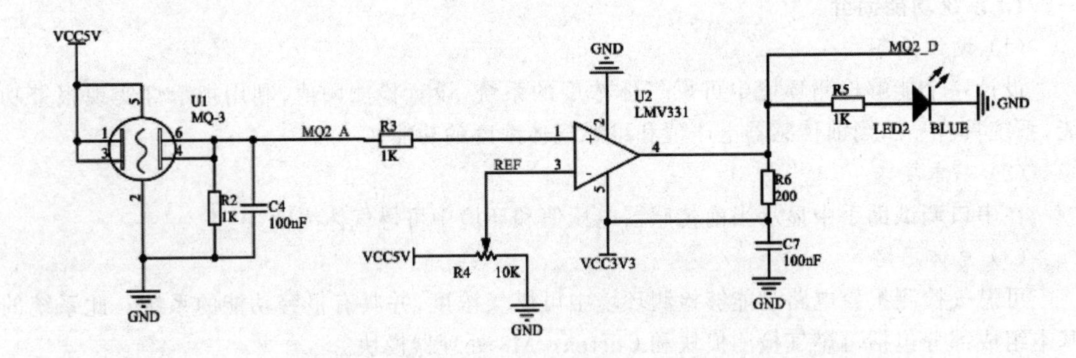

图 7－14　可燃气体检测模块硬件原理图

传感器通过 3Pin 的对插线与 I/O 扩展板的 ADC0 相连接（也可使用 ADC1、ADC2、ADC3），I/O 扩展板的引脚电路图如图 7－15 所示。

Xi2cSCL2	B13	B14	XuRXD3
XadcAIN1	B15	B16	XadcAIN0
XadcAIN7 YP	B17	B18	XadcAIN6 YM
XadcAIN9 XP			XadcAIN8 XM

图 7－15　I/O 扩展板接口原理图

图 7－16 所示是 Cortex－M3 接口原理图，STM32 拥有 1～3 个 ADC（STM32F101/102 系列只有 1 个 ADC），这些 ADC 可以独立使用，也可以使用双重模式（提高采样率）。STM32 的 ADC 是 12 位逐次逼近型的模拟/数字转换器。它有 18 个通道，可测量 16 个外部和 2 个内部信号源。各通道的 A/D 转换可以单次、连续、扫描或间断模式执行。ADC 的结果可以左对齐或右对齐方式存储在 16 位数据寄存器中。如附录 A 核心板原理图所示，可燃气采样对应的是 ADC0，转换通道为 ADC123_IN14。ADC0 对应引脚 PC4，设置引脚功能为模拟输入模式、ADC 采样功能，即可实现可燃气传感器的 ADC 采样。

PB0	B11	B12	
ADC1	B13	B14	USART2_RX
PA7	B15	B16	ADC0
PA5	B17	B18	PA6
GND	B19	B20	PA4

图 7-16 Cortex-M3 接口原理图

3. 软件设计流程图

可燃气体浓度检测程序流程图如图 7-17 所示。首先，初始化程序，然后，读取 A/D 转换可燃气体浓度与当前电压值，最终每隔 500 ms 读取一次 ADC 的值，并显示读到的 ADC 值（数字量），以及其转换成模拟量后的电压值。

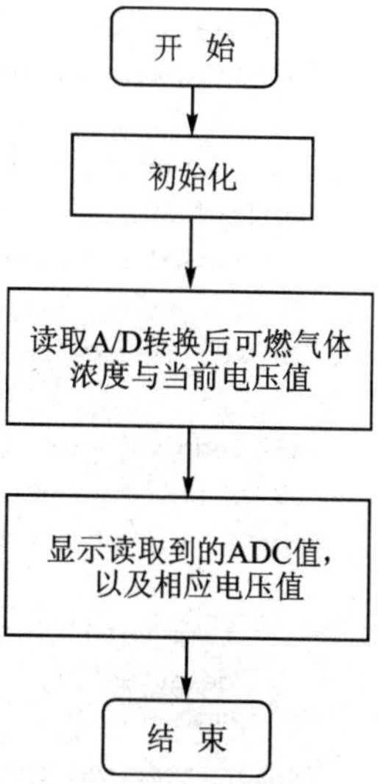

开 始 → 初始化 → 读取A/D转换后可燃气体浓度与当前电压值 → 显示读取到的ADC值，以及相应电压值 → 结 束

图 7-17 可燃气体浓度检测程序流程图

4. 系统源码

打开工程源码，可以看到工程中的 adc.c 文件和 adc.h 文件。同时 ADC 相关的库函数是在 stm32f10x_adc.c 文件和 stm32f10x_adc.h 文件中。代码包含 3 个函数，第 1 个函数 Adc_Init，用于初始化 ADC1；第 2 个函数 Get_Adc，用于读取某个通道的 ADC 值，例如读取通道 1 上的 ADC 值，即可通过 Get_Adc(1)得到；第 3 个函数 Get_Adc_Average，用于多次获取 ADC 值取平均，以提高准确度。

```
void  Adc_Init(void)
{
    ADC_InitTypeDef ADC_InitStructure;
    GPIO_InitTypeDef GPIO_InitStructure;
    RCC_APB2PeriphClockCmd(RCC_APB2Periph_GPIOC|RCC_APB2Periph_GPIOA|RCC_APB2Periph_ADC1,ENABLE);
                                                              //使能 ADC1 通道时钟
    RCC_ADCCLKConfig(RCC_PCLK2_Div6);     //设置 ADC 分频因子 6 ,72 M/6 = 12 M,ADC 最大时间不能超过 14 M
    //PA1 作为模拟通道输入引脚
    GPIO_InitStructure.GPIO_Pin = GPIO_Pin_4|GPIO_Pin_5;
    GPIO_InitStructure.GPIO_Mode = GPIO_Mode_AIN;             //模拟输入引脚 PC4/5
    GPIO_Init(GPIOC, &GPIO_InitStructure);
    GPIO_InitStructure.GPIO_Pin = GPIO_Pin_4|GPIO_Pin_5;
    GPIO_InitStructure.GPIO_Mode = GPIO_Mode_AIN;             //模拟输入引脚 PA4/5
    GPIO_Init(GPIOA, &GPIO_InitStructure);
    ADC_DeInit(ADC1); //复位 ADC1,将外设 ADC1 的全部寄存器重设为缺省值
    ADC_InitStructure.ADC_Mode = ADC_Mode_Independent;
                                                  //ADC 工作模式:ADC1 和 ADC2 工作在独立模式
    ADC_InitStructure.ADC_ScanConvMode = DISABLE;             //模/数转换工作在单通道模式
    ADC_InitStructure.ADC_ContinuousConvMode = DISABLE;       //模/数转换工作在单次转换模式
    ADC_InitStructure.ADC_ExternalTrigConv = ADC_ExternalTrigConv_None;
                                                            //转换由软件而不是外部触发启动
    ADC_InitStructure.ADC_DataAlign = ADC_DataAlign_Right;    //ADC 数据右对齐
    ADC_InitStructure.ADC_NbrOfChannel = 1;     //顺序进行规则转换的 ADC 通道的数目
    ADC_Init(ADC1, &ADC_InitStructure);
                                    //根据 ADC_InitStruct 中指定的参数初始化外设 ADCx 的寄存器
    ADC_Cmd(ADC1, ENABLE);                                    //使能指定的 ADC1
    ADC_ResetCalibration(ADC1);                               //使能复位校准
```

```
    while(ADC_GetResetCalibrationStatus(ADC1));                    //等待复位校准结束
    ADC_StartCalibration(ADC1);                                    //开启 AD 校准
    while(ADC_GetCalibrationStatus(ADC1));                         //等待校准结束
//     ADC_SoftwareStartConvCmd(ADC1, ENABLE);                //使能指定的 ADC1 的软件转换启动功能
}
//获得 ADC 值
u16 Get_Adc(u8 ch)
{
    //设置指定 ADC 的规则组通道,一个序列,采样时间
    ADC_RegularChannelConfig(ADC1, ch, 1, ADC_SampleTime_239Cycles5 );
                                                  //ADC1,ADC 通道,采样时间为 239.5 周期
    ADC_SoftwareStartConvCmd(ADC1, ENABLE);       //使能指定的 ADC1 的软件转换启动功能
    while(! ADC_GetFlagStatus(ADC1, ADC_FLAG_EOC ));  //等待转换结束
    return ADC_GetConversionValue(ADC1);          //返回最近一次 ADC1 规则组的转换结果
}
u16 Get_Adc_Average(u8 ch,u8 times)
{
    u32 temp_val = 0;
    u8 t;
    for(t = 0;t<times;t ++ )
    {
        temp_val += Get_Adc(ch);
        delay_ms(5);
    }
    return temp_val/times;
}
```

主函数中,能够实现时钟、串口、ADC 等初始化,最终每隔 500 ms 读取一次 ADC 的值,并显示读到的 ADC 值(数字量),以及其转换成模拟量后的电压值。

```
int main(void)
 {
    u16 adcx;
    float temp;
    delay_init();                            //延时函数初始化
    NVIC_PriorityGroupConfig(NVIC_PriorityGroup_2);//设置中断优先级分组为组 2:2 位抢占优先
                                                 级,2 位响应优先级
    uart_init(115200);                       //串口初始化为 115 200
    Adc_Init();                              //ADC 初始化
    while(1)
    {
        adcx = Get_Adc_Average(ADC_Channel_14,10);    //ADC0
        //adcx = Get_Adc_Average(ADC_Channel_15,10);  //ADC1
        //adcx = Get_Adc_Average(ADC_Channel_4,10);   //ADC2
        //adcx = Get_Adc_Average(ADC_Channel_5,10);   //ADC3
        temp = (float)adcx * (3.3/4096);
        adcx = temp;
        printf("ADC_CH14 =  %.3fV\n",temp);
        ppm = 300  + (temp/3.3) * (10000 - 300);       //传感器量程 300~10 000
```

```
        printf("Gas concentration = %.1fppm\n\n",ppm);
        delay_ms(800);
    }
}
```

5. 系统硬件实物及结果

可燃气检测传感器模块通过3Pin的对插线与I/O扩展板的ADC0接口连接,实物图连接如图7-18所示。

图7-18　可燃气体检测系统实物图

串口终端输出当前传感器电压值和可燃气体浓度,当改变当前环境中的可燃气浓度时,观察串口终端输出的值,同时也可以通过滑动变阻器调节阈值,观察传感器上LED2的状态,判断数字量输出,实现可燃气报警功能,如图7-19所示。

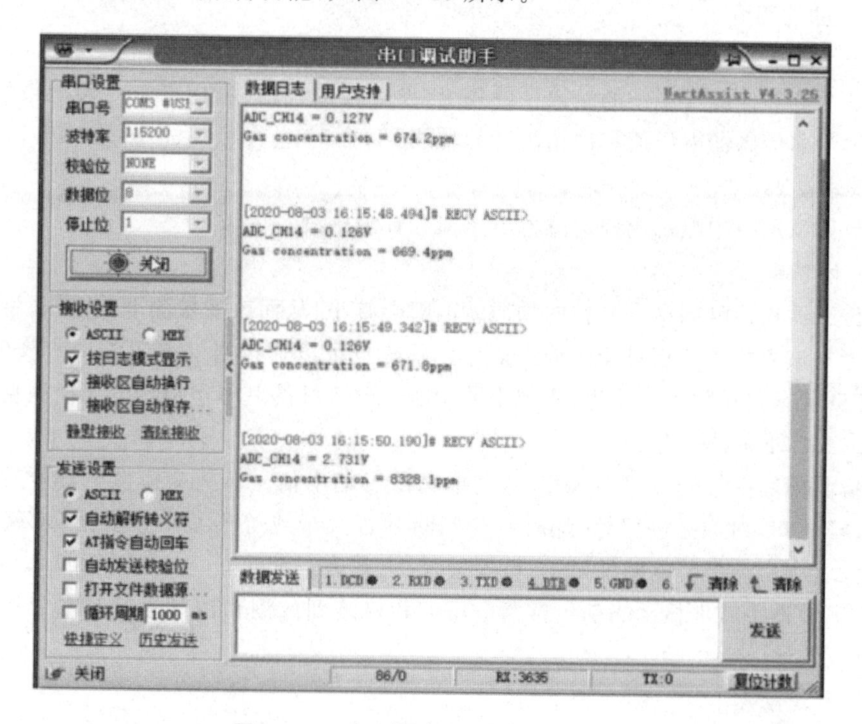

图7-19　串口调试助手显示检测结果

6. 仿真软件使用及实验操作

打开传感器 3D 虚拟仿真软件目录后，双击 OIEP_SensorSimulation.exe 即可启动运行软件，软件启动后进入传感器列表主界面，如图 7－20 所示，选择“可燃气传感器”进入虚拟仿真实验。

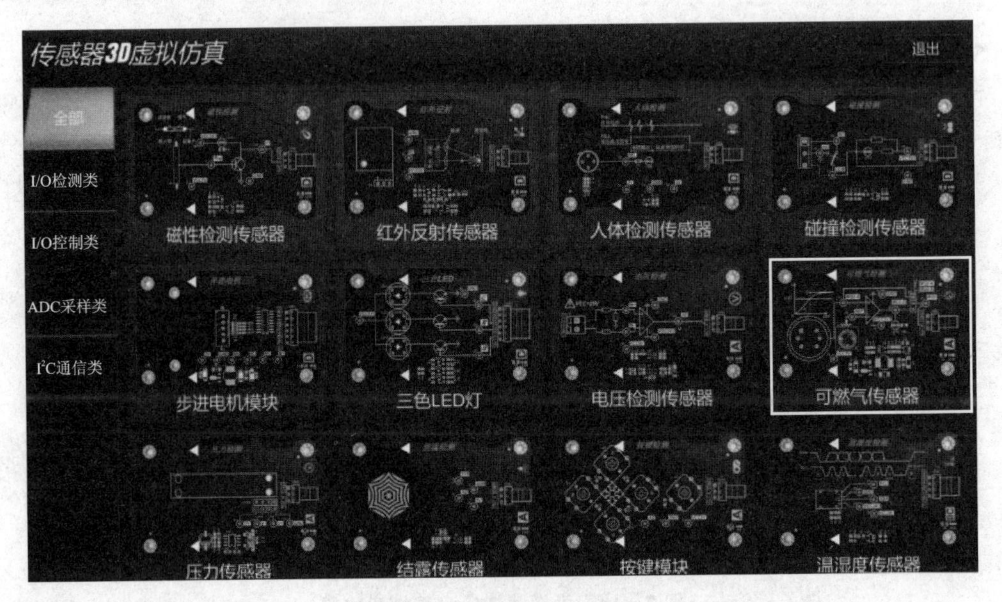

图 7－20　传感器列表界面

任务 2　酒精检测系统设计

1. 系统功能简介

（1）设计任务

设计一个能够检测环境中酒精浓度的系统，设置检测阈值，利用指示灯实现报警功能，系统具有显示当前传感器电压值和酒精浓度的功能。

（2）基本要求

在串口调试助手中显示当前传感器电压值和环境中酒精的浓度。

（3）总体思路

气体传感器在接触到含有酒精的物质时电阻会减小，从而改变检测电路电压，将电导率的变化转换为与该酒精浓度相对应的输出信号。系统也可以通过滑动变阻器调节阈值，观察传感器上 LED 状态判断数字量输出，实现报警功能。此系统的基本组成部分包括酒精检测模块和 Cortex－M3 处理器模块。

酒精检测模块由气体传感器 MQ－3 将酒精浓度输出信号转化为模拟电信号后送入处理器模块 ADC 接口，对数据进行处理分析，并判断是否大于或等于某个预设值（也就是报警阈值），如果大于则启动报警电路发出 LED 报警，反之则为正常状态。处理器通过串口和电脑相连，在电脑串口助手软件显示当前传感器电压值和检测到的酒精浓度。其基本工作原理图如图 7－21 所示。

（4）应用场景

应用场景包括车用酒精气体报警器、便携式酒精气体检测器。

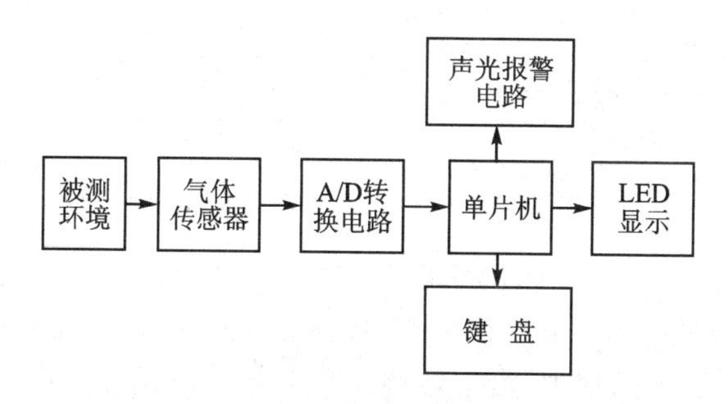

图 7-21 酒精浓度检测仪基本工作原理图

(5) 传感器选择——MQ-3气体传感器

MQ-3气体传感器所使用的气敏材料是在清洁空气中电导率较低的二氧化锡(SnO_2)。表7-3列出了传感器的电导率与空气中酒精浓度的关系,当传感器所处环境中存在酒精蒸气时,传感器的电导率随空气中酒精浓度的增高而增大。使用简单的电路即可将电导率的变化转换为与酒精浓度相对应的输出信号。

表 7-3 传感器的电导率与空气中酒精浓度关系表

检测气体			酒精蒸气
检测浓度			$(300\sim10\ 000)\times10^{-6}$(可燃气体)
标准电路条件	回路电压	V_C	≤24 V(DC)
	加热电压	V_H	5.0±0.2 V(AC或DC)
	负载电阻	R_L	可调

MQ-3气体传感器对酒精气体浓度的灵敏度高,可以抵抗汽油、烟雾、水蒸气的干扰。这种传感器可检测多种浓度的酒精气体,是一款适合多种应用的低成本传感器。

2. 硬件电路

系统采用MQ-3酒精检测传感器,可输出模拟信号MQ3_A、数字信号MQ3_D,输出信号可由传感器模块的JP1进行切换。本实验采用模拟信号模式,传感器硬件原理如图7-22所示。

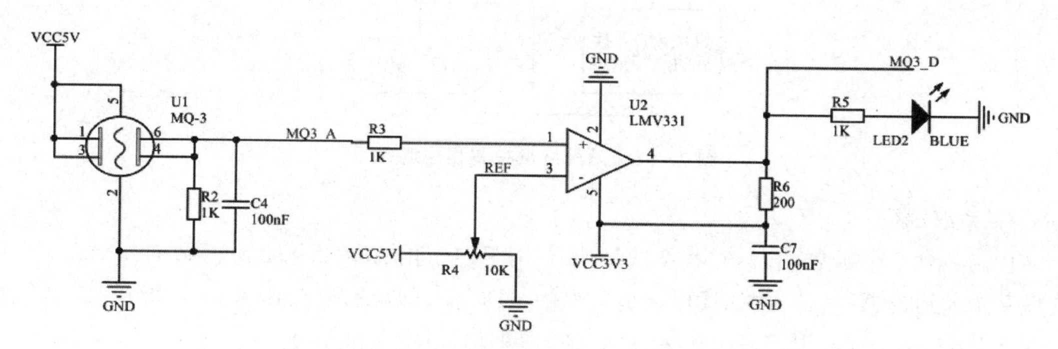

图 7-22 酒精检测模块硬件原理图

传感器通过3Pin的对插线与I/O扩展板的ADC0相连接(也可使用ADC1、ADC2、ADC3),I/O扩展板的引脚电路图如图7-23所示。

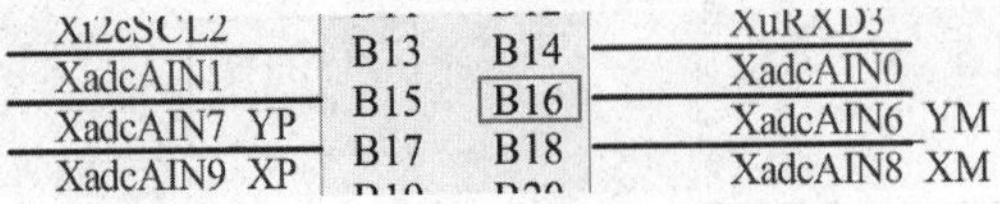

图 7-23　I/O 扩展板接口原理图

图 7-24 所示是 Cortex-M3 接口原理图，STM32 拥有 1～3 个 ADC(STM32F101/102 系列只有 1 个 ADC)，这些 ADC 可以独立使用，也可以使用双重模式(提高采样率)。STM32 的 ADC 是 12 位逐次逼近型的模拟/数字转换器。它有 18 个通道，可测量 16 个外部和 2 个内部信号源。各通道的 A/D 转换可以单次、连续、扫描或间断模式执行。ADC 的结果可以左对齐或右对齐方式存储在 16 位数据寄存器中。如附录 A 核心板原理图所示，可燃气采样对应的是 ADC0，转换通道为 ADC123_IN14，ADC0 对应引脚 PC4，设置引脚功能为模拟输入模式、ADC 采样功能，即可实现酒精传感器的 ADC 采样。

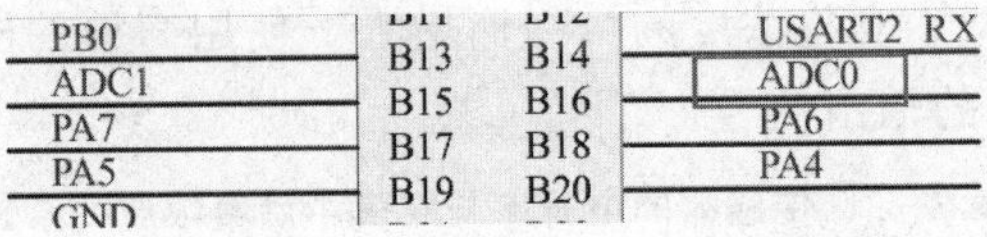

图 7-24　Cortex-M3 接口原理图

3. 软件设计流程图

酒精浓度检测程序流程图如图 7-25 所示。首先，将代码进行初始化，然后，将系统环境中的酒精浓度值进行 A/D 转换后采集到传感器中，并在串口调试助手中显示相应的酒精浓度值。

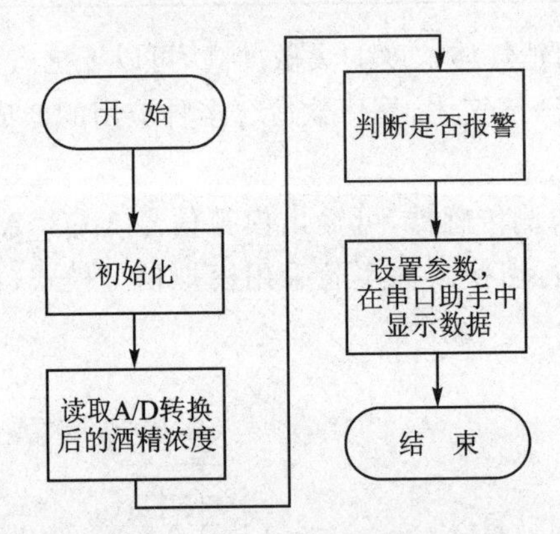

图 7-25　酒精浓度检测程序流程图

4. 系统源码

代码包含 3 个函数，第 1 个函数 Adc_Init，用于初始化 ADC1；第 2 个函数 Get_Adc，用于读取某个通道的 ADC 值，例如读取通道 1 上的 ADC 值，即可通过 Get_Adc(1)得到；第 3 个函数 Get_Adc_Average，用于多次获取 ADC 值，取平均，以提高准确度。

```
//初始化 ADC
void  Adc_Init(void)
//获得 ADC 值
u16 Get_Adc(u8 ch)
```

```
//获取平均值
u16 Get_Adc_Average(u8 ch,u8 times)
```

主函数中实现时钟、串口、ADC 等初始化，最终每隔 500 ms 读取一次 ADC 的值，并显示读到的 ADC 值(数字量)，以及其转换成模拟量后的电压值和实际测量酒精浓度。

```
int main(void)
 {
    u16 adcx;
    float temp;
    delay_init();              //延时函数初始化
    NVIC_PriorityGroupConfig(NVIC_PriorityGroup_2);//设置中断优先级分组为组 2:2 位抢占优先
                                                   //级,2 位响应优先级
    uart_init(115200);         //串口初始化为 115 200
    Adc_Init();                //ADC 初始化
    while(1)
    {
        adcx = Get_Adc_Average(ADC_Channel_14,10);     //ADC0
        //adcx = Get_Adc_Average(ADC_Channel_15,10);   //ADC1
        //adcx = Get_Adc_Average(ADC_Channel_4,10);    //ADC2
        //adcx = Get_Adc_Average(ADC_Channel_5,10);    //ADC3
        ppm = (adcx/4096.0) * (4 - 0.04) + 0.04;
        printf("Alcohol concentration = %.3f mg/L\n",ppm);
        temp = (float)adcx * (3.3/4096);
        adcx = temp;
        printf("ADC1_CH14 = %.3f\n\n",temp);
        delay_ms(800);
    }
}
```

5. 系统硬件实物及结果

酒精检测传感器模块通过 3Pin 的对插线与 I/O 扩展板的 ADC0 接口连接，连接图如图 7 - 26 所示。

图 7 - 26　酒精体检测系统实物图

串口终端输出当前传感器电压值和酒精浓度，可以改变当前环境中的可燃气浓度，观察串口终端输出的值;同时也可以通过滑动变阻器调节阈值,观察传感器上 LED2 状态判断数字量输出,实现酒精报警功能,如图 7－27 所示。

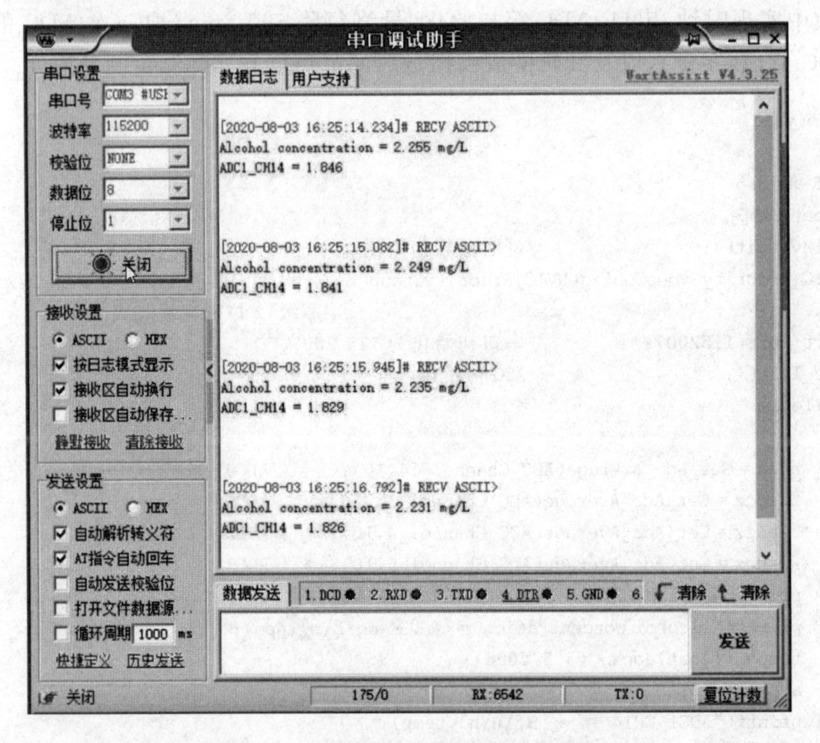

图 7－27 串口调试助手显示检测结果

思考与练习

1. 电化学式气敏电阻检测气体的基本原理是什么?
2. 简述半导体气敏元件的工作原理及气敏传感器的组成。
3. 气体传感器有哪些种类? 简要说明它们各自的工作原理和特点。
4. 简述气体传感器的性能要求。
5. 为什么多数气敏元件都附有加热器? 加热方式有哪些?
6. 简要说明在不同场合应分别选用哪种气体传感器较适宜。
7. 气体传感器使用注意事项是什么?
8. 查阅资料,了解一个具体型号气体传感器的封装形式、性能指标、典型应用。
9. 仔细阅读气体检测仪的工作原理,在此基础上进行优化及功能扩展。
10. 设计一个气体传感器应用实例。

项目8　超声波传感器

项目描述

超声波传感器是一种利用超声波特性为检测手段的传感器。超声波是一种振动频率高于声波的机械波，具有波长短、绕射现象小，方向性好，传播能量集中等特点。超声波对液体、固体有很强的穿透能力，尤其是对光无法穿过的固体，可以穿透几十米的深度。利用超声波的这些特性，做成超声波传感器及装置，可广泛应用在冶金、船舶、机械、医疗等工业部分的超声探测、超声清洗、超声焊接、超声检测和超声医疗等方面。

项目首先介绍超声波传感器的基本概念、主要特性、分类和工作原理；然后详细介绍超声波测距模块 HC－SR04、超声波氧浓度流量传感器 OCS－3F、超声波芯片 GM3101、超声波纠偏传感器 US－400S 的结构、技术指标等特性；最后将理论用于实践，通过超声波测距系统设计，全面了解超声波传感器的使用过程。

项目要求/知识学习目标

① 熟悉超声波传感器的种类、结构类型；

② 掌握超声波传感器的工作原理；

③ 熟悉超声波传感器的应用范围；

④ 了解超声波传感器的测量转换电路，能够对超声波传感器的电路进行简单分析；

⑤ 能够根据实际情况正确选用超声波传感器，能够正确安装超声波传感器；

⑥ 能够使用超声波传感器进行测量。

8.1　超声波基本概念

8.1.1　声波频率范围

发声体产生的振动在空气或其他物质中的传播叫做声波，声波是机械波。人可感知的声波频率范围是 20 Hz～20 kHz，低于 20 Hz 的机械波称为次声波。超声波是指频率在 20 kHz～20 MHz 之间的声波，和声波一样，超声波是一种机械振动波，是机械振动在弹性介质中传播的过程。超声波通过物体分界面会产生反射、折射等现象。各种声波的频率范围如图 8－1 所示。

8.1.2　超声波的特性

超声波是一种在弹性介质中传播的机械振动，通常把这种机械振动在介质中的传播过程称为机械振荡波。振荡源在介质中可产生三种形式的振荡波：横波、纵波、表面波。

横波的质点振动方向垂直于波的传播方向，沿表面传播，横波只能在固体中传播。纵波的

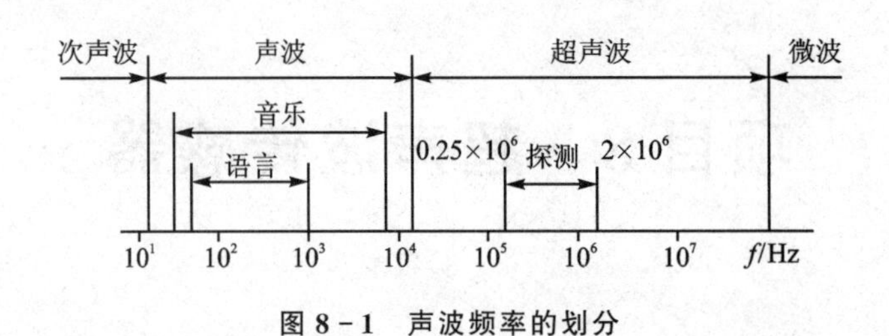

图 8－1　声波频率的划分

质点振动方向与波的传播方向一致，纵波能在固体、液体和气体中传播。表面波是当固体介质表向受到交替变化的表面张力作用时，质点作相应的纵横向复合振动，此时，质点振动所引起的波动传播只在固体介质表面进行。

超声波在传播时，方向性好，能量易于集中。超声波频率越高，方向性越好，探伤中一般采用很窄的超声波波束在材料中传播，很容易确定缺陷的位置。

超声波可以传递很大的能量。超声波比一般可听声有更大的功率。在振幅相同的条件下，物体振动的能量与振动频率成正比，超声波在介质中传播时，介质质点振动的频率很高，因而能量很大。加湿器工作原理就是把超声波通入水容器中，剧烈的振动使容器中的水破碎成雾滴，增加空气湿度的。

超声波对固体和液体有着较强的穿透性，在这两个介质中的衰减量很小，并且在碰到杂质或分界面时会产生反射、折射等现象，因而广泛应用于工业检测中。

超声波在介质中传播时会衰减，能量的衰减取决于超声波的扩散、散射和吸收特性。散射衰减是指固体介质中的颗粒界面或流体介质中的悬浮粒子使超声波散射造成的损失。吸收衰减是由介质的导热性、粘滞性及弹性滞后造成的，介质吸收声能并将其转换为热能。在理想介质中，超声波的衰减仅来自于超声波的扩散，即随超声波传播距离的增加而造成声能的减弱。

8.1.3　超声效应

超声效应是指当超声波在介质中传播时，由于超声波与介质的相互作用，使介质发生物理的和化学的变化，从而产生一系列力学的、热学的、电磁学的和化学的效应，如机械效应、空化作用、温热效应、化学效应、理化效应等。

1. 机械效应

机械效应是指超声波在介质中传播时，由于反射而产生机械效应。超声波的机械作用可促成液体的乳化、凝胶的液体和固体的分散。超声波的机械效应可引起机体若干反应，超声波治疗仪依靠超声波振动引起组织细胞内物质运动，由于超声波的细微按摩，使细胞浆流动、细胞振荡、旋转、摩擦，从而起到细胞按摩的作用，具有独特的治疗意义。超声波在压电材料和磁致伸缩材料中传播时，其机械作用会引起感生电极化和感生磁化。

2. 空化效应

超声波空化效应是指存在于液体中的微气核空化泡在声波的作用下振动，当声压达到一定值时发生的生长和崩溃的动力学过程。当超声波作用于液体时可产生大量小气泡。一个原因是液体内局部出现拉应力而形成负压，压强的降低使原来溶于液体的气体过饱和，而从液体逸出，成为小气泡；另一原因是强大的拉应力把液体“撕开”成一空洞，称为空化。

3. 温热效应

由于超声波频率高，能量大，被介质吸收时能产生显著的热效应，在人们的日常生产生活中得到广泛的应用。人体组织可以吸收超声能量，当超声波在人体组织中传播时，其能量不断地被人体组织吸收而变成热能，使组织的自身温度升高。这是机械能在介质中转变成热能的能量转换过程。超声温热效应可增加血液循环，加速代谢，改善局部组织营养，增强酶活力。

4. 化学效应

超声波可使某些化学反应发生或加速，这些化学效应广泛应用于生产中。例如，纯的蒸馏水经超声波处理后会产生过氧化氢；染料的水溶液经超声波处理后会变色或褪色；溶有氮气的水经超声波处理后产生亚硝酸。超声波还可加速许多化学物质的水解、分解和聚合过程。超声波对光化学和电化学过程也有明显影响，各种氨基酸和其他有机物质的水溶液经超声波处理后，特征吸收光谱带消失而呈均匀的一般吸收。

5. 理化效应

超声的机械效应和温热效应均可促发若干物理化学变化，一些理化效应往往是上述效应的继发效应，产生弥散、触变空化、聚合作用与解聚作用，收到消炎、修复细胞和分子的效果，可以提高生物膜的通透性，促进物质交换，加速代谢，改善组织营养，还可影响血流量，使白细胞移动，促进血管生成，促进伤处的修复。

8.2 超声波传感器

8.2.1 超声波传感器分类

利用超声波在超声场中的物理特性和各种效应研制的装置可被称为超声波换能器、探测器或传感器。按照工作原理不同，超声波探头可分为压电式、磁致伸缩式、电磁式等；按照结构不同，超声波探头又分为直探头、斜探头、双探头、和液浸探头等。在实际使用中，压电式探头最常见，其材料一般为压电晶体和压电陶瓷。

1. 单晶直探头

用于固体介质的单晶直探头一般采用压电材料制成。单晶直探头的压电式超声波传感器是利用压电材料的压电效应来工作的。接触式直探头的外形（纵波垂直入射到被检介质）的顶端为保护膜（保护膜用硬度很高的耐磨材料制作，以防止压电晶片磨损），外壳用金属制作。其常用频率范围为 0.5～10 MHz，常用晶片直径为 5～30 mm。

2. 双晶直探头

双晶直探头是由一个发射超声波晶片和一个接收超声波晶片组合，装配在同一壳体内的。两晶片之间用一片吸声性能强、绝缘性能好的薄片加以隔离。相比单晶直探头，双晶直探头具有结构复杂、检测精度高等特性，而且超声信号的反射和接收的控制电路较单晶直探头简单。

3. 斜探头

有时为了使超声波能倾斜入射到被测介质中，可选用斜探头（横波、瑞利波或兰姆波探头）。压电晶片粘贴在与底面成一定角度的有机玻璃斜楔块上，当斜楔块与不同材料的被测介质接触时，超声波产生一定角度的折射，倾斜入射到试件中去。

8.2.2 超声波传感器主要性能指标

1. 工作频率

工作频率就是压电晶片的共振频率。当加到晶片两端的交流电压的频率和晶片的共振频率相等时，输出的能量最大，灵敏度也最高。通常谐振中心频率有 23 kHz、40 kHz、75 kHz、200 kHz、400 kHz 等。

2. 工作温度

常用超声波探头特别是诊断用超声波探头的使用功率较小，所以工作温度比较低，可以长时间地工作而不失效。而医疗用超声波探头温度一般较高，需要单独的制冷设备。

3. 灵敏度

机电耦合系数大，灵敏度高；反之，灵敏度低。灵敏度主要取决于制造晶片本身。

8.3 超声波传感器组成结构和工作原理

8.3.1 组成结构

1. 压电式超声波传感器

压电式超声波传感器内部结构如图 8-2 所示，主要由金属壳、保护膜、压电晶片、吸收块、接线片、导电螺杆等部分组成。

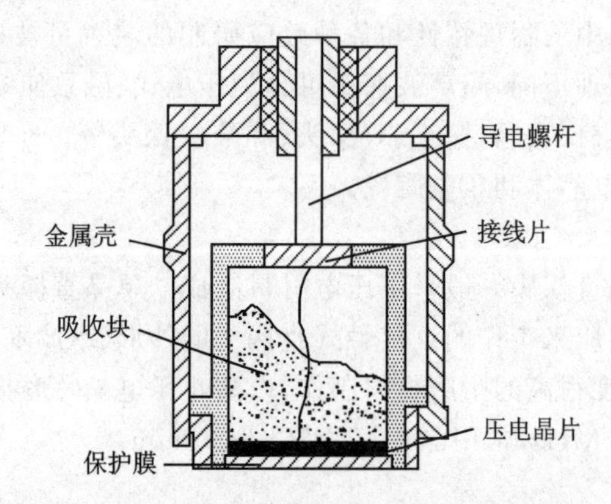

图 8-2 压电效应原理的超声波发生器内部结构

压电晶片是传感器的核心，通过压电效应产生并接收超声波；当外加脉冲信号等于压电晶片的固有振动频率时，会产生共振，带动共振板振动产生超声波；金属壳主要是为防止外力对内部元件的损坏，并防止超声波向其他方向散射和起保护作用，但不影响超声波的发射和接收。所使用的振动因子材料有三种，分别是水晶、Rochelle 盐及 ADP，图 8-3 所示为这三类材料的结晶形态。

压电效应分为逆效应和顺效应，超声波发送器利用的是逆压电效应，即在压电元件上施加高频电压，压电陶瓷片就会伸长与缩短，于是就能发射高频超声波。超声波接收器是利用顺压电效应原理制成的，即在压电元件的特定方向上受到超声波施加的压力，元件就发生应变，从而产生正负极性的电压。

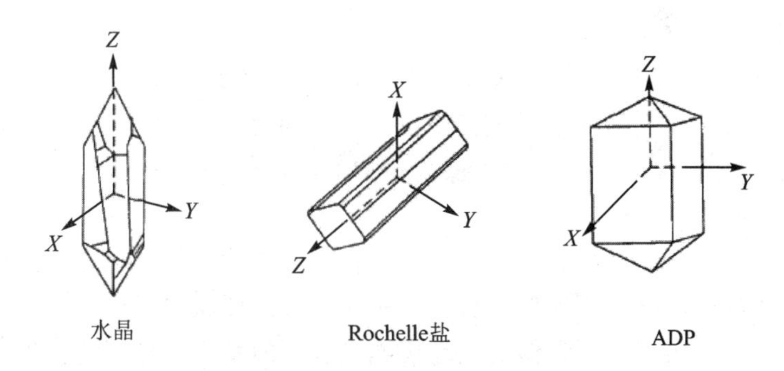

图 8-3 三类材料的结晶形态

2. 以空气为传导介质的超声波探头

空气传导型超声波发射器和接收器的有效工作范围可达几米至几十米。为获得较高的灵敏度,并且避开环境噪声的干扰,空气超声波探头一般选用 40 kHz 的工作频率。超声波换能装置又称为超声波探头,以空气为传导介质的超声波探头结构如图 8-4 所示。

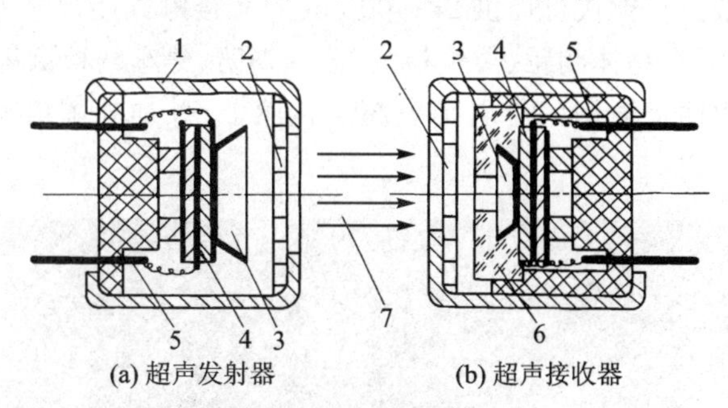

1—外壳;2—金属丝网罩;3—锥形共振盘;4—压电晶片;
5—引脚;6—阻抗匹配器;7—超声波束

图 8-4 以空气为传导介质的超声波探头结构

8.3.2 工作原理

1. 压电式超声波传感器

压电式超声波传感器是利用压电材料的压电效应原理来工作的。压电效应是指某些电介质在沿一定方向上受到外力的作用而变形时,其内部会产生极化现象,同时在它的两个相对表面上出现正负相反的电荷。常用的压电材料主要有压电晶体和压电陶瓷。根据正、逆压电效应的不同,压电式超声波传感器可分为发射和接收探头两种。

压电式超声发射探头是利用逆压电效应的原理将高频电振动转换成高频机械振动,从而产生超声波。根据频率特征可知,当外加交变电压的频率等于压电材料的固有频率时会产生共振,此时产生的超声波最强。

压电式超声接收探头是利用正压电效应原理进行工作的。当超声波作用到压电晶片上引起晶片伸缩时,在晶片的两个表面上便产生极性相反的电荷,这些电荷被转换成电压经放大后送到测量电路,最后记录或显示出来。压电式超声波接收器的结构和超声波发生器基本相同,有时一个超声波传感器也可以兼有发射和接收双重功能,为可逆元件。市场上有收发分开的专用型也有收发一体的兼用型超声波传感器。

2. 磁致伸缩式超声波传感器

铁磁材料在交变的磁场方向产生伸缩的现象，称为磁致伸缩效应。磁致伸缩式超声波发生器是把铁磁材料置于交变磁场中，使它产生机械尺寸的交替变化即机械振动，从而产生出超声波。它是用几个厚为 0.1～0.4 mm 的镍片叠加而成的，片间绝缘以减小涡流损失，其结构形状有矩形、窗形等。

磁致伸缩式超声波传感器是利用超声波作用在磁致伸缩材料上，引起材料伸缩，导致内部磁场发生改变，根据电磁感应，磁致伸缩材料上所绕的线圈便获得感应电动势。电动势经测量电路转换为电信号显示出来。磁致伸缩式超声波接收器的结构与超声波发生器基本相同。

8.4 常用超声波检测芯片介绍

8.4.1 超声波测距模块 HC－SR04

HC－SR04 超声波测距模块可提供 2～400 cm 的非接触式距离感测功能，测量精度可达 3 mm，常用于机器人避障、物体测距、液位检测、公共安防、停车场检测等场所。HC－SR04 超声波测距模块主要是由两个通用的压电陶瓷超声传感器，并加外围信号处理电路构成的，如图 8－5 所示。

图 8－5 HC－SR04 超声波测距模块

1. 模块原理结构

① 采用 I/O 触发测距，给至少 10 μs 的高电平信号；

② 模块自动发送 8 个 40 kHz 的方波，自动检测是否有信号返回；

③ 有信号返回，通过 I/O 输出一高电平，高电平持续的时间就是超声波从发射到返回的时间。

$$测试距离=\frac{高电平时间\times 340\ \text{m/s}}{2}$$

2. 性能指数

① 电压：5 V；

② 静态工作电流：＜2 mA；

③ 感应角度：≤15°；

④ 探测距离：2～400 cm；

⑤ 精度：0.3 cm；

⑥ 盲区：2 cm；

⑦ 完全兼容 GH－311 防盗模块。

8.4.2　超声波氧浓度流量传感器 OCS－3F

OCS－3F 超声波氧浓度流量传感器(见图 8－6)采用超声波原理对气体中的氧气浓度和流量进行检测,具有以下诸多特点:精度高、抗干扰能力强、反应迅速、长期稳定性好、无需定期调校、寿命长。

OCS－3F 适用于制氧机厂家对制氧机输出氧气的浓度和流量进行检测,并以 UART 数字输出、模拟电压输出、LED 指示灯等多种方式送出检测结果。

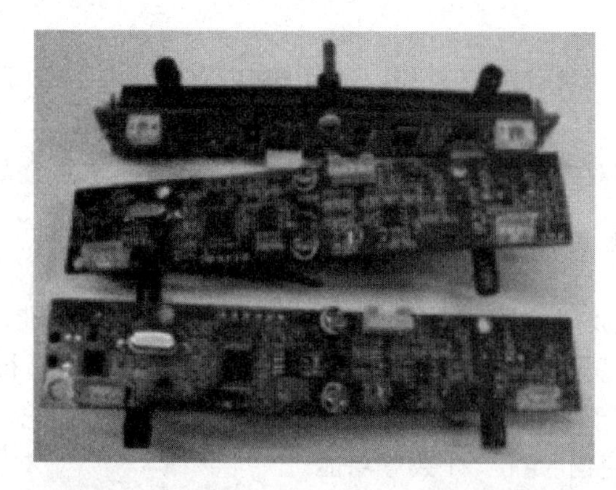

图 8－6　OCS－3F 超声波氧浓度流量传感器

8.4.3　超声波芯片 GM3101

GM3101 是专用于倒车雷达的超声波测距芯片。该芯片提供 4 路超声波探头的驱动,并根据超声波特性和倒车雷达的使用环境进行了一系列智能化处理,在保证超声波测距精确性的基础上,更加强了报警功能的准确性和实用性。测试结果编码后采用双线差分方式输出,提高了信号传输的抗干扰性。

GM3101 可为倒车雷达系统提供最简单的单芯片控制方案,替代现有的单片机控制方案。该芯片的优势在于尽可能地为倒车雷达系统提高集成度,减少外围元件。同时该芯片的功能满足高端和通用性的要求,用户利用该组芯片既可以生产高性能的整机产品,还可以灵活设置其产品的报警方式。全硬件方式实现系统功能,既降低了用户的开发难度,更显著提高了系统的性能。GM3101 芯片封装如图 8－7 所示。

图 8－7　GM3101 芯片封装图

1. 芯片原理结构

芯片接通电源后,探头驱动引脚向超声波探头发送驱动信号,驱动超声波探头发送超声波信号,驱动信号发送完毕后芯片等待信号返回;探头接收到超声波信号后,将信号送入芯片,进行信号放大处理,记录信号发送和接收的时间差,根据此时间差计算障碍物距离，控制报警信号输出。超声波探头驱动采用分时顺序的驱动方式，即依次对4个探头轮流进行驱动，一个探头的工作周期内要包括发送和接收两种操作。4个探头检测完成构成一个检测周期。若前一探头在本工作周期内没有接收到返回的超声波信号，则芯片也转入控制下一个探头的工作。

2. 性能指标

电源电压为5 V；工作环境温度：－40～＋85 ℃；四路超声波探头接口；报警信号包括：各探头检测到的障碍物距离危险等级信号、最近障碍物方位信号、最近障碍物距离信号及附加消息，信号电平为5 V；检测结果输出周期为80 ms。

3. 芯片优点

具备自动增益控制，实现分级放大；具有防声波衍射误报处理功能，提高报警信号的准确性；具有环境适应功能，提高报警功能的实用性；具有智能识别功能，可以忽略小物体，防止误报警；报警信号输出采用双线差分方式，提高抗干扰性；带防扒车报警功能。

8.4.4 超声波纠偏传感器 US－400S

图8－8所示的超声波纠偏传感器US－400S，无需人工调整校准，适合于不透明、透明、超透明薄膜的追边应用，采用全封闭式超声波探头。US－400S采用高档航空铝材外壳，适合各种恶劣环境下使用，适用于对印刷机械食品包装机械、制药机械的自控系统中线条等色标进行检测，可实现自动辨色、纠偏、定位、计数等功能。

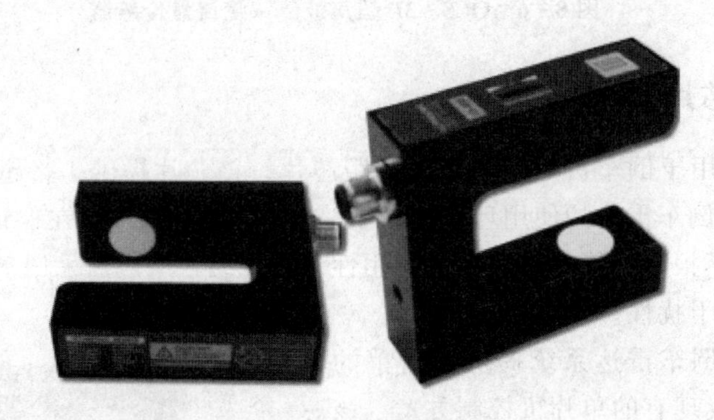

图8－8 超声波纠偏传感器US－400S

8.5 应用实例

任务1 超声波测距系统设计

1. 系统功能简介

(1) 设计任务

设计一个能够检测物体到超声波传感器的距离的系统，系统具有显示当前传感器和物体之间距离的功能。

(2) 基本要求

在串口调试助手中显示当前传感器和物体之间的距离。

(3) 总体思路

超声波测距原理是，超声波发射装置发出超声波，根据接收器接收到超声波时的时间差计算距离，与雷达测距原理相似。超声波发射器向某一方向发射超声波，在发射时刻的同时开始计时，超声波在空气中传播，途中碰到障碍物就立即返回来，超声波接收器收到反射波就立即停止计时。图 8-9 所示是距离检测系统框图。

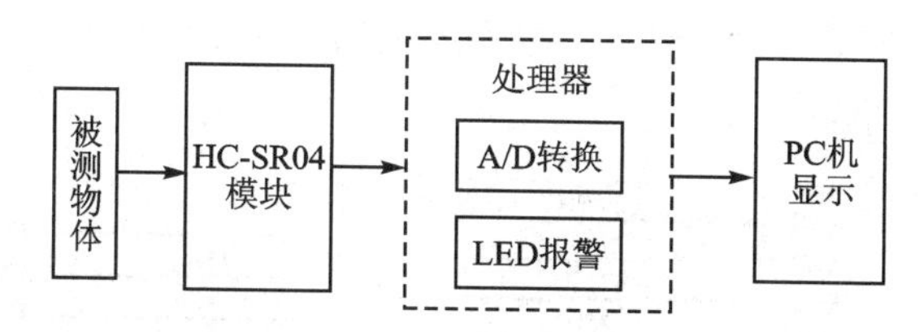

图 8-9　距离检测系统框图

(4) 应用场景

应用场景包括踢脚开启后备厢、入侵检测报警等。

(5) 传感器选择——HC-SR04 模块

超声波在空气中的传播速度为 340 m/s，根据计时器记录的时间 t，就可以计算出发射点距障碍物的距离 s，即：$s=340t/2$ 。这就是所谓的时间差测距法。

2. 硬件电路

使用超声波测距传感器，此传感器由定时器计时，引脚 IO OUT 和引脚 IO IN 分别用于发送检测信号和获取传感器脉冲，传感器硬件原理如图 8-10 所示。

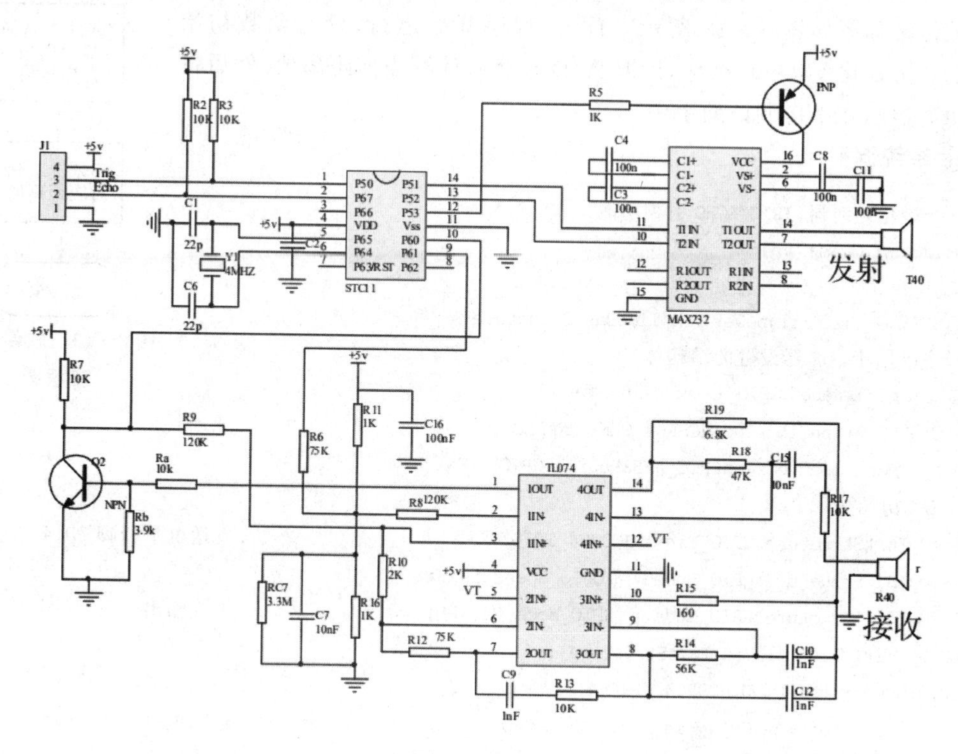

图 8-10　HC-SR04 模块硬件原理图

传感器通过2条3Pin的对插线与I/O扩展板的引脚IO IN和引脚IO OUT相连接，I/O扩展板的引脚电路图如图8-11和图8-12所示。

STM32的通用定时器由一个通过可编程预分频器(PSC)驱动的16位自动装载计数器(CNT)构成。STM32的通用定时器可以被用于：测量输入信号的脉冲长度(输入捕获)或者产生输出波形(输出比较和PWM)等。使用定时器预分频器和RCC时钟控制器预分频器，脉冲长度和波形周期可以在几个微秒到几个毫秒间调整。STM32的每个通用定时器都是完全独立的，没有共享的任何资源。

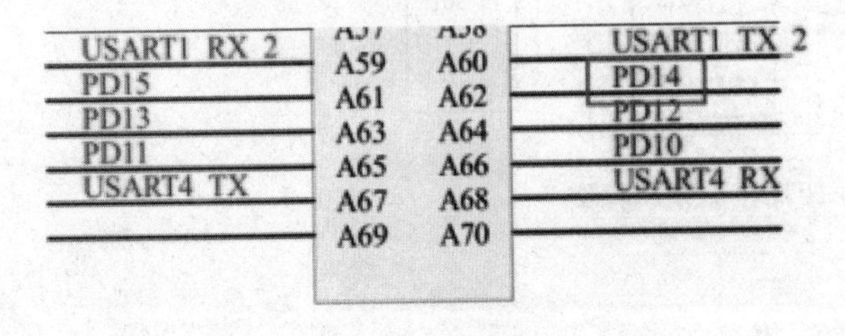

图8-11　IO OUT接口原理图

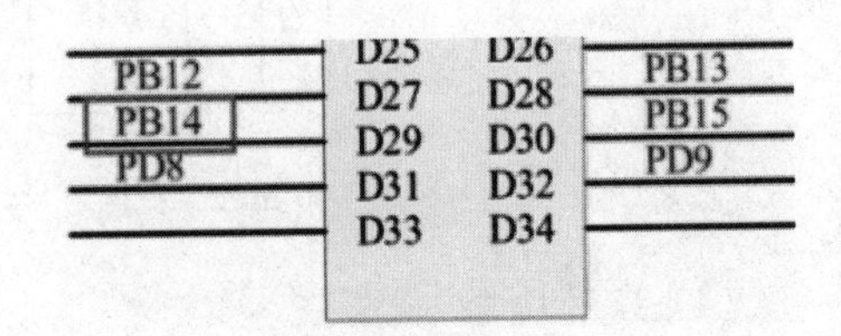

图8-12　IO IN接口原理图

HC-SR04模块使用方法简单，通过控制口发送一个10 μs以上的高电平，在接收口等待高电平输出。当有输出时就可以开定时器计时，输出口变为低电平时就可以读定时器的值，此时定时器时间就是此次测距的时间，根据测距时间即可算出距离。

3. 软件设计流程图

软件流程图如图8-13所示。首先，程序开始运行，延时函数初始化，ADC初始化，串口初始化，读取A/D转换后计算当前距离值，然后将计算距离显示在串口调试助手中。

开 始
初始化
读取A/D转换后输出当前电压值
显示读取到对应距离值
结 束

图8-13　软件设计流程图

4. 系统源码

```
//初始化定时器,TRIG/ECHO引脚功能
void Hcsr04Init(void)
{
TIM_TimeBaseInitTypeDef TIM_TimeBaseStructure;
//生成用于定时器设置的结构体
GPIO_InitTypeDef GPIO_InitStructure;
RCC_APB2PeriphClockCmd(HCSR04_CLK, ENABLE);
RCC_APB2PeriphClockCmd(RCC_APB2Periph_GPIOD, ENABLE);
//I/O初始化
GPIO_InitStructure.GPIO_Pin = HCSR04_TRIG;                  //发送电平引脚PD14
GPIO_InitStructure.GPIO_Speed = GPIO_Speed_50MHz;
GPIO_InitStructure.GPIO_Mode = GPIO_Mode_Out_PP;            //推挽输出
GPIO_Init(GPIOD, &GPIO_InitStructure);
GPIO_ResetBits(GPIOD,HCSR04_TRIG);
GPIO_InitStructure.GPIO_Pin = HCSR04_ECHO;                  //返回电平引脚PB14
GPIO_InitStructure.GPIO_Mode = GPIO_Mode_IN_FLOATING;       //浮空输入
GPIO_Init(HCSR04_PORT, &GPIO_InitStructure);
```

```
GPIO_ResetBits(HCSR04_PORT,HCSR04_ECHO);
//定时器初始化,使用基本定时器 TIM6
RCC_APB1PeriphClockCmd(RCC_APB1Periph_TIM6, ENABLE);            //使能对应 RCC 时钟
//配置定时器基础结构体
TIM_DeInit(TIM2);
TIM_TimeBaseStructure.TIM_Period = (1000 - 1); //设置在下一个更新事件装入活动的自动重装载寄
                                               //存器周期的值,计数到 1000 为 1 ms
TIM_TimeBaseStructure.TIM_Prescaler =(72 - 1); //设置用来作为 TIMx 时钟频率除数的预分频值
                                               //1 MHz 的计数频率 1 μs 计数
TIM_TimeBaseStructure.TIM_ClockDivision = TIM_CKD_DIV1;         //不分频
TIM_TimeBaseStructure.TIM_CounterMode = TIM_CounterMode_Up;     //TIM 向上计数模式
TIM_TimeBaseInit(TIM6, &TIM_TimeBaseStructure); //根据 TIM_TimeBaseInitStruct 中指定的参数初
                                                //始化 TIMx 的时间基数单位
TIM_ClearFlag(TIM6, TIM_FLAG_Update); //清除更新中断,免得一打开中断立即产生中断
TIM_ITConfig(TIM6,TIM_IT_Update,ENABLE); //打开定时器更新中断
hcsr04_NVIC();
TIM_Cmd(TIM6,DISABLE);
}
//驱动 HC - SR04 模块,获取实际距离
//一次获取超声波测距数据,两次测距之间需要相隔一段时间,隔断回响信号
//为了消除余振的影响,取五次数据的平均值进行加权滤波
float Hcsr04GetLength(void )
{
u32 t = 0;
int i = 0;
float lengthTemp = 0;
float sum = 0;
while(i! = 5)
{
TRIG_Send = 1;                                      //发送口高电平输出
Delay_Us(20);
TRIG_Send = 0;
while(ECHO_Reci == 0);                              //等待接收口高电平输出
OpenTimerForHc();                                   //打开定时器
i = i + 1;
while(ECHO_Reci == 1);
CloseTimerForHc();                                  //关闭定时器
t = GetEchoTimer();                                 //获取时间,分辨率为 1 μs
lengthTemp = ((float)t/58.0);                       //cm
sum = lengthTemp + sum ;
}
lengthTemp = sum/5.0;
return lengthTemp;
```

5. 系统硬件实物

超声波测距通过两条 3Pin 的对插线分别与 I/O 扩展板的 IO IN、IO OUT 引脚接口连

接，如图 8－14 所示。

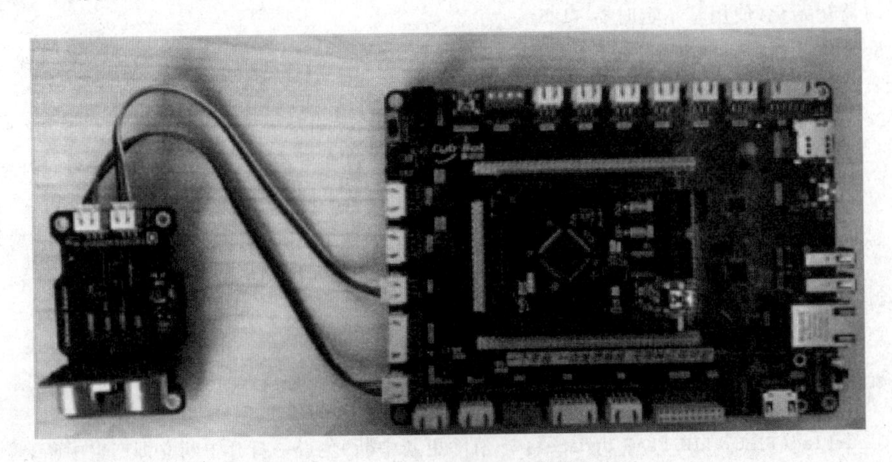

图 8－14 超声波测距传感器连接图

连接电源线、mini 串口线并打开电源开关，将核心板上的跳线接到 UART 端，I/O 扩展板的跳线接到 USB 端。将 ST－LINK 仿真器一端连接在 PC 机上，另一端连接在 Cortex－M3 仿真器下载口上。用 Keil5 软件打开实验工程，编译程序。编译通过之后下载程序到 Cortex－M3 开发板。打开串口工具 AccessPort，设置端口号。下载并运行程序，串口终端输出传感器与测量物体的距离，改变测量距离，观察串口终端输出的值，如图 8－15 所示。

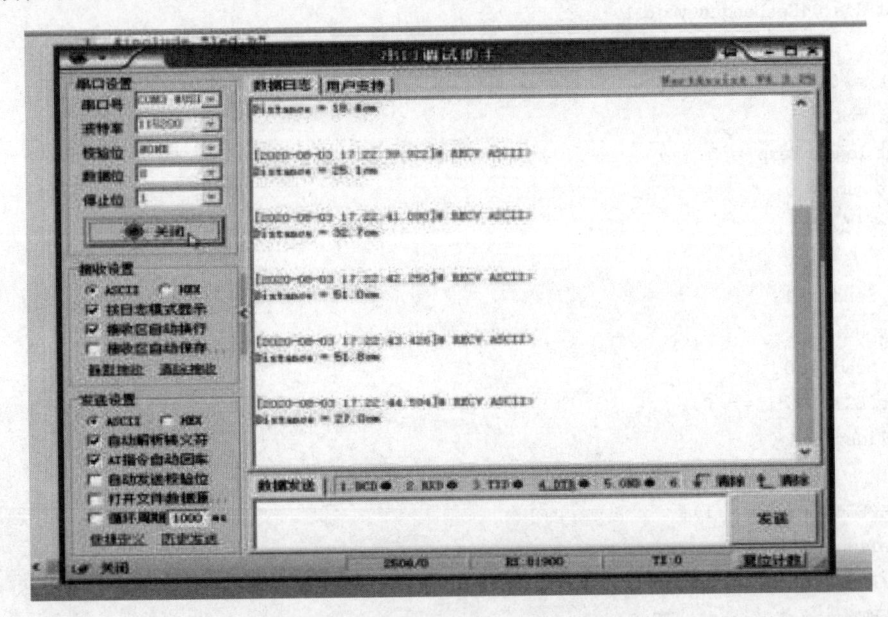

图 8－15 串口调试助手显示检测结果

任务 2 声音检测系统设计

1. 系统功能简介

(1) 设计任务

设计一个能够检测环境中有无声音的系统，系统具有显示、存储功能。

(2) 任务目的

① 学习声响检测传感器的基本原理、电路设计和驱动编程。

② 学习 Cortex - M3 的 ADC 工作原理。

(3) 基本要求

① 在串口调试助手中显示当前环境中有无噪声。

② 设计上位机程序,显示检测数据并存储在数据库中。

(4) 应用场景

应用场景包括:日常生活中,声音传感器对声音信号进行采样,应用到话筒、录音机、手机等器件;医学中,声音传感器主要应用于助听器。

2. 系统软硬件环境

(1) 系统环境

① 硬件:Cortex - M3 开发板,ICS - IOT - OIEP 实验平台,ST - LINK 仿真器。

② 软件:Keil5。

(2) 原理详解

声音检测系统收音器件选择 MIC_9765,是将声音信号转换为电信号的能量转换器件,是和喇叭正好相反的一个器件(电→声)。咪头和喇叭是声音设备的两个终端,咪头是输入,喇叭是输出。对于一个驻极体咪头,内部存在一个由振膜、垫片和极板组成的电容器,因为膜片上充有电荷,并且是一个塑料膜,因此当膜片受到声压强的作用时,膜片要产生振动,从而改变了膜片与极板之间的距离,也改变了电容器两个极板之间的距离,产生了一个 Δd 的变化,因此由式(8 - 1)可知,必然要产生一个 ΔC 的变化,由于 ΔC 的变化,充电电荷又是固定不变的,因此由式(8 - 2)可知,必然会产生一个 ΔU 的变化。

$$C = \varepsilon \frac{S}{4\pi kd} \tag{8-1}$$

式中,C 为电容;ε 为介电常数;S 为电容器极板面积;k 为静电力常数;d 为电容器极板距离。

$$U = \frac{Q}{C} \tag{8-2}$$

式中,U 为电容两端电压;Q 为充电电荷。

(3) 硬件电路

声响检测硬件原理图如图 8 - 16 所示,传感器可输出模拟信号 Sound_A 和数字信号 Sound_D,输出信号可由传感器模块的 JP1 进行切换,实验采用模拟信号模式。

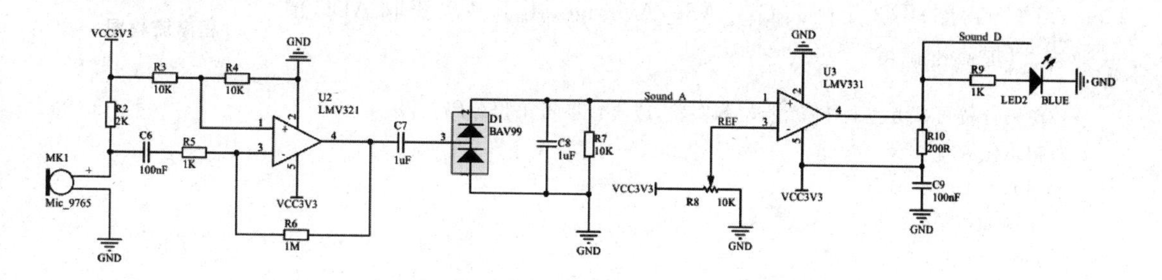

图 8 - 16 声响检测硬件原理图

传感器通过 3Pin 的对插线与 I/O 扩展板的 ADC0 相连接(也可使用 ADC1、ADC2、ADC3),I/O 扩展板的引脚电路图如图 8-17 所示,Cortex-M3 接口原理图如图 8-18 所示。

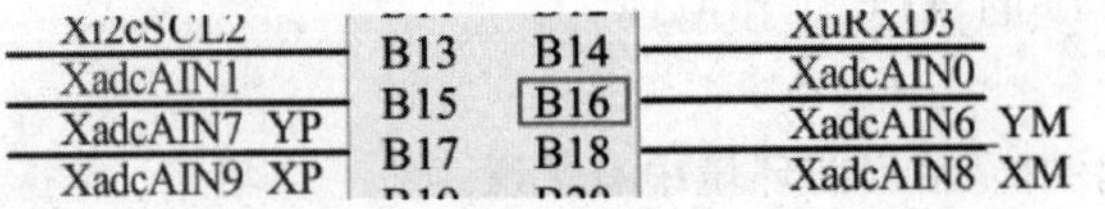

图 8-17 I/O 扩展板接口原理图

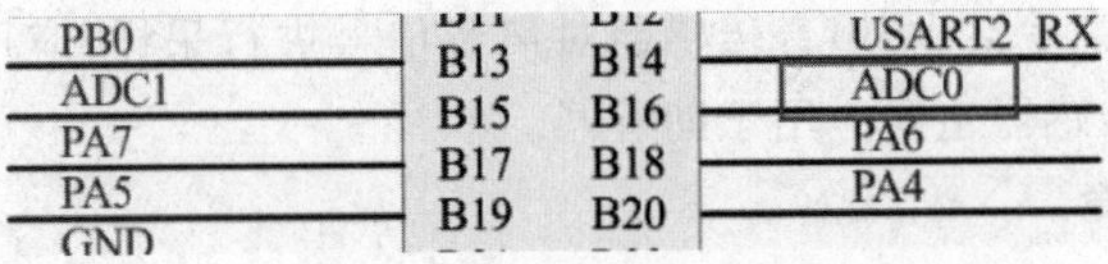

图 8-18 Cortex-M3 接口原理图

STM32 拥有 1~3 个 ADC(STM32F101/102 系列只有 1 个 ADC),这些 ADC 可以独立使用,也可以使用双重模式(提高采样率)。STM32 的 ADC 是 12 位逐次逼近型的模拟/数字转换器。它有 18 个通道,可测量 16 个外部和 2 个内部信号源。各通道的 A/D 转换可以单次、连续、扫描或间断模式执行。ADC 的结果可以左对齐或右对齐方式存储在 16 位数据寄存器中。

声响检测对应的是 ADC0,转换通道为 ADC123_IN14(完整原理参考附录 A 核心板原理图)。ADC0 对应引脚 PC4,设置引脚功能为模拟输入模式、ADC 采样功能,即可实现声响传感器的 ADC 采样。

(4) 软件设计流程图

声响检测程序流程图如图 8-19 所示。首先,程序开始运行,延时函数初始化,ADC 初始化,串口初始化,然后判断是否有声音,读取 A/D 转换计算声音强度,最后在串口调试助手中显示结果。

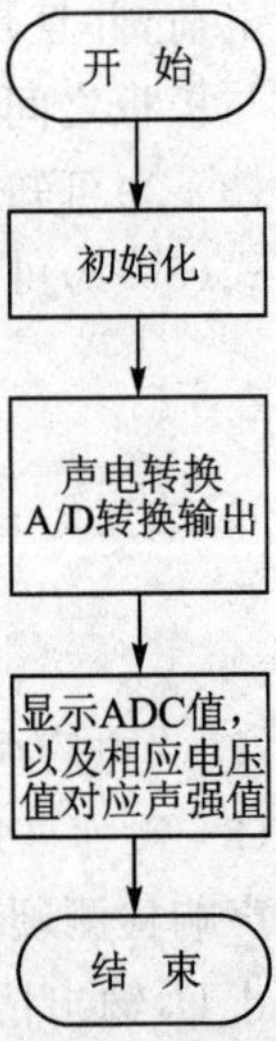

图 8-19 声响检测程序流程图

3. 源码分析

打开工程源码,可以看到工程中多了 1 个 adc.c 文件和 1 个 adc.h 文件。同时 ADC 相关的库函数是在 stm32f10x_adc.c 文件和 stm32f10x_adc.h 文件中。此部分代码有 3 个函数,第 1 个函数 Adc_Init,用于初始化 ADC1,这里仅开通了 1 个通道,即通道 1;第 2 个函数 Get_Adc,用于读取某个通道的 ADC 值,例如读取通道 1 上的 ADC 值,就可以通过 Get_Adc(1)得到;第 3 个函数 Get_Adc_Average,用于多次获取 ADC 值取平均,以提高准确度。

```
//源码分析可参考实验 11 光照检测实验,或直接参考工程源码获得
//初始化 ADC
void Adc_Init(void)
//获得 ADC 值
u16 Get_Adc(u8 ch)
//获取平均值
u16 Get_Adc_Average(u8 ch,u8 times)
```

主函数中实现时钟、串口、ADC等初始化，最终每隔500 ms读取一次ADC的值，并显示读到的ADC值(数字量)，以及其转换成模拟量后的电压值，以实际测量声响强度。

```
int main(void)
{
u16 adcx;
float temp;
delay_init();
//延时函数初始化
NVIC_PriorityGroupConfig(NVIC_PriorityGroup_2);          //设置中断优先级分组为组 2:
                                                         //2 位抢占优先级，2 位响应优先级
uart_init(115200);
//串口初始化为 115200
Adc_Init();
//ADC 初始化
while(1)
{
    adcx = Get_Adc_Average(ADC_Channel_14,10);           //ADC0
    //adcx = Get_Adc_Average(ADC_Channel_15,10);         //ADC1
    //adcx = Get_Adc_Average(ADC_Channel_4,10);          //ADC2
    //adcx = Get_Adc_Average(ADC_Channel_5,10);          //ADC3
    if(adcx <= 10)
    {
    printf("有噪声\n");
    }else{
    printf("无噪声\n");
    }
    temp = (float)adcx * (3.3/4096);
    adcx = temp;
    printf("ADC_CH14 = %.3f\n\n",temp);
    delay_ms(500);
    }
}
```

4. 实验运行步骤和结果

(1) 实验步骤

① 声响检测传感器通过3Pin的对插线与I/O扩展板的ADC0接口连接，如图8-20所示。

② 连接电源线、mini串口线并打开电源开关，将核心板上的跳线接到UART端，I/O扩展板的跳线接到USB端，跳线位置如图8-21所示。

③ 将ST-LINK仿真器一端连接到PC机上，另一端连接到Cortex-M3仿真器下载口上。

④ 用Keil5软件打开实验工程，目录在:Cortex-M3/Cortex-M3传感器驱动实验/实验16声响检测/USER，之后打开后缀名为.uvprojx的工程文件，如图8-22所示。

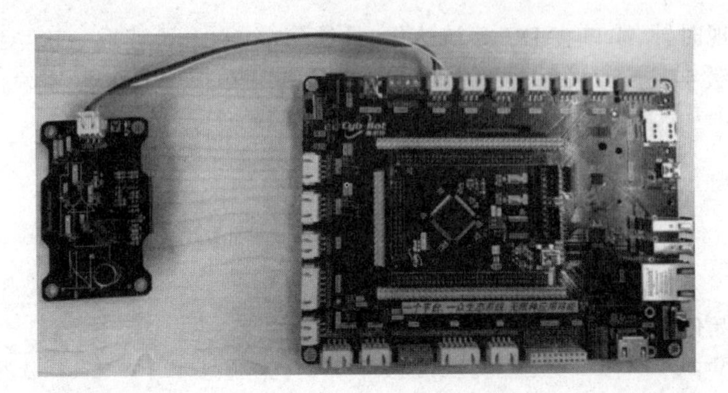

图 8－20　声响传感器连接图

图 8－21　核心板跳线位置图

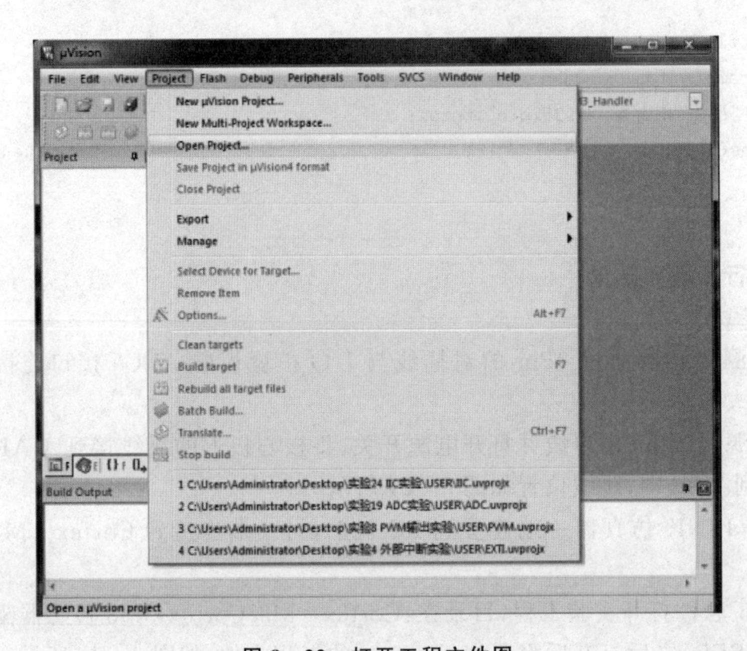

图 8－22　打开工程文件图

⑤ 编译程序，单击按钮如图 8－23 所示。

⑥ 编译通过，然后下载程序到 Cortex－M3 开发板，单击按钮如图 8－24 所示。

图 8－23 编译程序按钮图

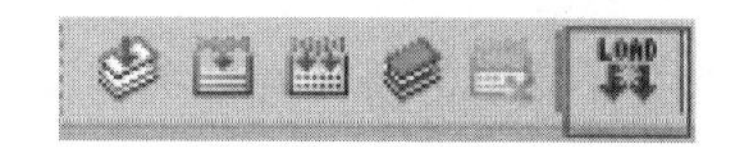

图 8－24 下载程序按钮图

⑦ 打开串口工具 AccessPort，设置端口号（在设备管理器中查找），设置“波特率”为 115 200，其他默认。

5. 设计运行结果

根据传感器原理图可知，模块支持模拟量和数字量两种输出方式，本次实验采用模拟量输出模式，需将图 8－25 中的 JP1 跳线接到 Sound_A 端，此时输出为模拟量。若采用数字量模式输出，可以调节图 8－25 中的滑动变阻器来调节数字量的阈值。

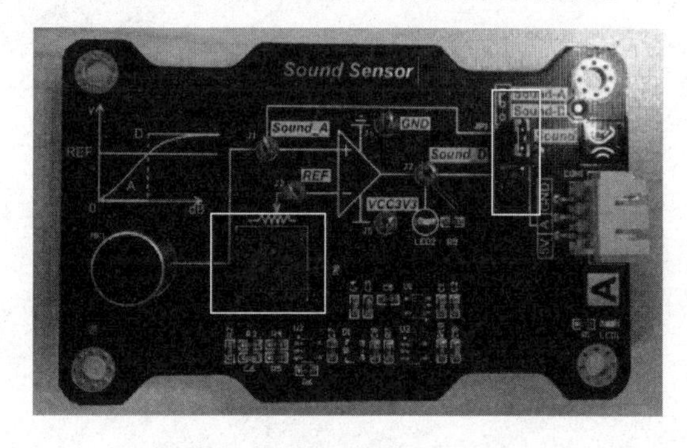

图 8－25 滑动变阻器位置图

下载并运行程序，串口终端输出当前传感器电压值和声响强度，可以改变传感器周围的声响强度，观察串口终端输出的值，同时也可以通过滑动变阻器调节阈值，观察传感器上 LED2 状态判断数字量输出，实现噪声警报功能，如图 8－26 所示。

图 8－26 声响传感器运行结果图

思考与练习

1. 超声波在介质中传播具有哪些特性?
2. 简述超声效应。
3. 磁致式超声波传感器的工作原理是什么?
4. 简述超声波测量距离的工作原理。
5. 根据超声波检测原理,设计测量物体厚度的检测仪。

项目9　传感器与遥控装置

项目描述

随着人们物质文化生活水平的日益提高和传感器技术的发展,遥控装置在生活和生产中被广泛应用,给人们带来了很大方便。遥控是把想要传递的信息通过控制器,以光、电、声等方式与相对应的接收器互通联系执行的过程。遥控装置一般由操作装置、编码装置、发送装置、信道、接收装置、译码装置和执行机构等组成。

项目按照信号传输频率不同,分别介绍红外、微波、超声波和无线传感器与遥控装置的基本概念和工作原理,然后通过对按键检测装置的仿真和红外接收器的设计制作,熟悉传感器与遥控装置的使用方法。

项目要求/知识学习目标

① 掌握红外传感器的概念和工作原理;

② 掌握微波、超声波传感器的工作原理;

③ 掌握无线电遥控装置的工作原理;

④ 掌握按键检测设计方法和软件设计与仿真;

⑤ 熟悉红外接收原理,能根据要求设计红外接收设备。

9.1　信号传输波段划分

信号依靠电磁波在空间传输。电磁波按照一定波长划分称为波段,大的称为波段区,如可见区、红外区等;中等的如近红外、远红外等;小的称为波段;最狭窄的为谱线。电磁波的种类和名称具体划分如图 9-1 所示,不同波段传输媒介不同。

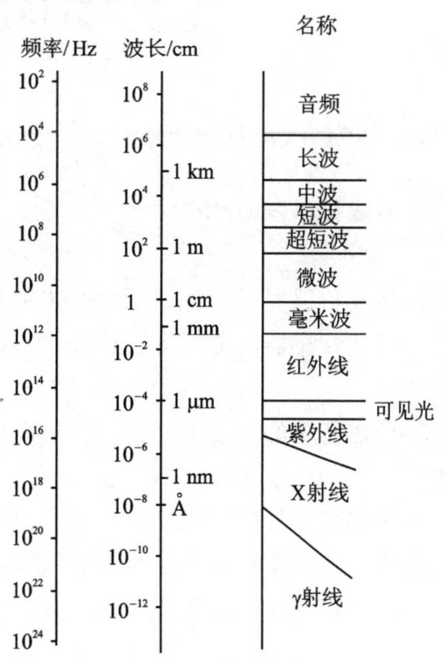

图 9-1　电磁波的种类和名称

如果把每个波段的频率由低至高依次排列,就是电磁波谱。依次为工频电磁波、无线电波(分为长波、中波、短波、微波)、红外线、可见光、紫外线、X 射线及 γ 射线。无线电的波长最长,宇宙射线(X 射线、γ 射线和波长更短的射线)的波长最短。

无线电波被广泛用于通信系统,微波用于微波技术、卫星通信等,红外线用于遥控、热成像仪、红外制导等领域,可见光则是获得视觉信号的基础,紫外线可用于消毒、测距、验钞、探伤等,X 射线用于 CT 照相,γ 射线用于治疗等方面。

9.2 微波传感器和红外遥控装置

9.2.1 微波传感器

微波传感器是利用微波特性来检测一些物理量的器件,包括感应物体的存在、运动速度、距离、角度等信息。如图 9-1 所示,微波是介于红外线与无线电波之间的一种电磁波,其波长为 1 mm~1 m,通常按照波长特征将其细分为分米波、厘米波和毫米波三个波段。微波在微波通信、卫星通信、雷达等无线通信领域得到了广泛的应用。

1. 微波传感器的原理

微波传感器由微波发生器、微波天线、微波检测器组成。微波传感器的工作过程如图 9-2 所示,发射天线发出微波,遇到被测物体时被吸收和反射,微波功率发生变化,接收天线接收反射回的微波,将其转换为电信号。微波的特点有:需要定向辐射装置;遇到障碍物容易反射;绕射能力差;传输特性好,传输过程中受烟雾、灰尘等的影响较小;介质对微波的吸收大小与介质介电常数成正比。

反射式微波传感器通过检测被测物反射回来的微波功率或反射和接收时间差,从而计算被测物体的位置、厚度等信息。遮断式传感器是利用微波穿透物体的损耗特性检测的,通过判断接收到的微波功率的大小,确定被测物体的距离、厚度等参数。

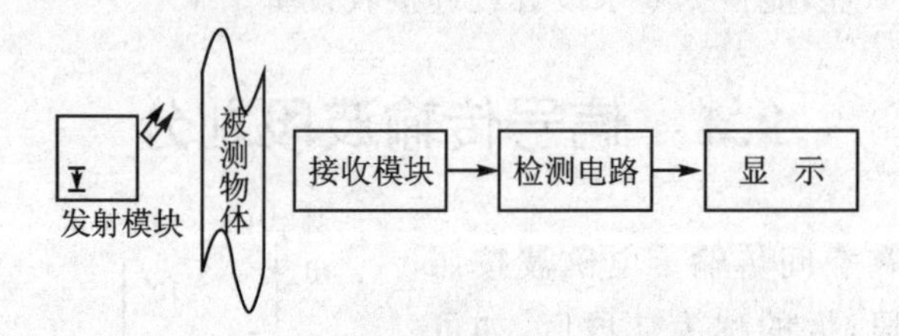

图 9-2 微波传感器的工作过程

2. 微波传感器的特点

(1) 优 点

① 微波传感器是一种非接触式传感器,如进行活体检测时大部分不需要取样。

② 微波传感器的波长为 1 mm~1 m,对应的频率范围为 300 MHz~300 GHz,因此有极宽的频谱。

③ 可在恶劣的环境下工作(高温、高压、有毒、有放射线等),基本不受烟雾、灰尘和温度的影响。

④ 频率高,时间常数小,反应速度快,可用于动态检测与实时处理。

⑤ 测量信号本身是电信号,无需进行非电量转换,简化了处理环节。

⑥ 输出信号可以方便地调制在载波信号上进行反射和接收,传输距离远,可实现遥测和遥控。

⑦ 不会带来显著的辐射。

(2) 缺　点

① 存在零点漂移，给标定带来困难。

② 测量环境对测量结果影响较大，如温度、气压、取样位置等。

9.2.2 红外传感器与遥控装置

随着科学技术的发展，红外技术在测量、家用电器、安全保卫等方面得到了广泛的应用。性能优良的红外光电器件的出现和以大规模集成电路为代表的微电子技术的发展，使红外的发射和接收以及控制设备的可靠性大幅提高，促进了红外遥控装置的迅速发展。

红外辐射是一种人眼不可见的光线，俗称红外线，它是介于可见光中红色光和微波之间的光线。红外线的波长范围为 0.76～1 000 μm，对应的频率为 $3\times10^{11}\sim4\times10^{14}$ Hz，工程上又把红外线所占据的波段分为近红外、中红外和远红外三部分。

1. 红外传感器

红外传感器是利用红外辐射实现相关物理量测量的一种传感器，红外探测器是利用红外辐射与物质之间相互作用所呈现的物理效应来探测红外辐射的，按照机理分为热探测器和光子探测器。

(1) 热探测器

红外线被物体吸收后将转变为热能。热探测器正是利用红外辐射的这一热效应，当探测器的敏感元件吸收辐射能后引起温度升高，进而使敏感元件的相关物理参数发生相应变化，通过测量物理参数以及其值的变化就可确定探测器所吸收的红外辐射。

(2) 光子探测器

光子探测器型红外传感器是利用光子效应进行工作的传感器。所谓光子效应，就是当有红外线入射到某些半导体材料上时，红外辐射中的光子流与半导体材料中的电子相互作用，改变了电子的能量状态，引起各种电学现象。通过测量半导体材料中电子性质的变化，可以知道红外辐射的强弱。光子探测器主要有内光电探测器和外光电探测器两种。

2. 红外遥控装置

遥控装置是一种无线发射装置，通过现代的数字编码技术，将按键信息进行编码，通过红外线二极管发射光波，光波经接收机的红外线接收器将收到的红外信号转变成电信号，进入处理器进行解码，解调出相应的指令来达到控制设备完成所需的操作要求。

红外遥控器是利用波长为 0.76～1.5 μm 之间的近红外线来传送控制信号的遥控设备，具有抗干扰能力强、功耗低、成本低、信息传输可靠、实现简单等显著优点，被广泛应用于诸多电子设备特别是家用电器，也逐渐应用到计算机和手机系统中。

在红外线遥控系统中，一方面需要一种能够模仿自然界中物体发射红外线的器件，另一方面又需要一种能够接收红外线并将其转变为电信号的器件。对于红外线发射器件，要能够发射出比自然界发射的红外线更强的辐射强度。对于红外线接收器件，则要有较强的接收能力，要能将接收到的红外线转换成足够强的电信号。这种能够发射红外线和接收红外线的器件称为红外线传感器。

红外线传感器根据其机理不同分为两大类，其中一类为主动型红外线传感器。这类传感器包括红外发射传感器和红外接收传感器，这两种传感器配套使用可组成一个完整的红外线遥控系统。这类传感器也称光探测型传感器，包括红外发光二极管、红外接收二极管、光电二极管和光电三极管等。

红外遥控装置分为发射电路和接收电路，红外遥控的发射电路一般采用红外发光二极管来发出经过调制的红外光波；红外接收电路由红外接收二极管、三极管或硅光电池组成，它们将红外发射器发射的红外光转换为相应的电信号，再送入后置放大器。

9.3 无线电遥控装置

遥控装置有各种不同的分类方法，按照信道介质，分为有线遥控、无线遥控和光遥控；按照操纵信号的传输方式，分为单通道遥控和多通道遥控等。被控对象按分布位置，分为集中型的（如工厂、电站等）和分散型的（如传输线等）。

9.3.1 无线电波

电磁波根据波长和录屏划分不同种类，按照频率从低到高的顺序排列为：无线电波、红外线、可见光、紫外线、X 射线及 γ 射线。电磁波的频率不同，其特性和用途也不同。频率在 10 kHz～3 000 GHz 的电磁波适用于遥控和通信，因此把这个范围内的电磁波称为无线电波。无线电波是指在自由空间传播的射频频段的电磁波。无线电波的波长越短、频率越高，相同时间内传输的信息就越多。

无线电波按照波长可分为长波、中波、短波、超短波、微波等。不同的波段有不同的用途，长波主要用于远程通信与导航，中波和短波主要用于无线电广播、电报等，超短波和微波用于通信广播、雷达、导航，并适合业余爱好者使用。

为了防止无线电波遥控装置发射的无线电频率对其他无线电设备（如收音机、电视机等）造成干扰，无线电管理委员会专门划拨出一些频率供业余无线电爱好者使用。常用的业余频率范围为 27～38 MHz、40～48.5 MHz、72.55～74.5 MHz、150.05～167 MHz 等，无线电爱好者进行业余制作时，要严格控制在国家规定的业余频率上，以免影响广播、通信等部门正常工作。

无线电波自发射地点到接收地点主要有天波、地波、空间直线波。地波是沿着地球表面传播的电波，因传输过程中受地面吸收，传播距离一般不超过 100 公里。靠大气层中的电离层反射传播的电波，称为天波，又称电离层反射波，其传播距离较远。空间直线波是在空间由发射地点向接收地点直线传播的电波，传播距离仅为数十公里。

9.3.2 无线电遥控装置的组成

无线遥控装置主要由两个部分组成，一个是无线发射模块，一个是无线接收模块，如图 9-3 所示。

无线发射模块一般分为电源、按键选择（遥控器）部分和发射部分，要求便携、体积小、重量轻、便于操作。无线发射模块的电源为可充电电池，耐冲击、防水、防尘、抗油污、体积小、重量轻。

无线接收模块由天线、高频接收部件、CPU、安全回路、输出继电器板等组成。无线接收模块收到操作指令后，通过放大、解调、译码及鉴别产生控制信号。接收方式分为超外差和超再生接收方式，超再生解调电路实际上是工作在间歇振荡状态下的再生检波电路。超外差式解调电路和超外差收音机相同，它是设置一本机振荡电路产生振荡信号，和接收到的载频信号混频后，得到中频信号，经中频放大和检波，解调出数据信号。

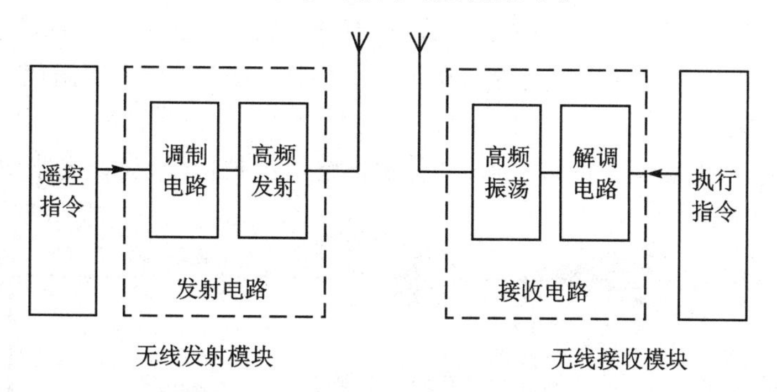

图 9-3　无线电遥控装置的组成

9.3.3　无线电遥控工作原理

无线电遥控技术是指利用无线电信号对被控物体实施远距离控制的技术，它的传播媒介是无线电波，通常使用的频率为几 MHz 至几百 MHz。无线电遥控器就是利用电磁波的原理，将强大的高频信号(如电流)通过导线，产生向远处传播的无线电波，同时在接收端天线上产生同样的高频信号(电流)。实际上，无线电波的作用是把导线上的高频信号的能量传播到遥远的接收天线上去。

无线电遥控原理，即通过调制将编码信息加载于高频载波信号之上，生成调制波发射出去。当无线电波通过空气传播到接收端时，电波引起的电磁场变化又会在导体中产生电流。通过解码将信息从变化的电流中提取出来，就达到了信息传递的目的。解码后的电信号直接驱动继电器、电子开关等器件实现预定功能，遥控者按下不同的按键，生成不同的 0 和 1 交替的编码信号，再用它去调制高频载波(常用的频率范围是 38～50 kHz)，最后得到调制波。调制波实际上是编码信号和载波信号相“与”的结果。

9.4　传感器与遥控器装置设计

任务 1　按键检测设计及虚拟仿真实验

1. 系统功能简介

(1) 设计任务

设计一个按键检测系统，可以显示按下按键方位。

(2) 设计目的

学习 Cortex-M3 的 ADC 工作原理，学习按键传感器的驱动编程。

2. 设计环境

硬件：Cortex-M3 开发板，ICS-IOT-OIEP 实验平台，ST-LINK 仿真器；

软件：Keil5。

3. 传感器原理及应用

A/D 采样式具有优先级的键盘编码设计，很多的新型 51 单片机、ARM 等微控制器都集成了 A/D 功能，而且往往 A/D 通道较多。所以在数字端口资源紧张而模拟端口资源充裕的情况下，可以考虑采用模拟通道作为部分按键的接口。该方法可以在不增加成本的情况下，有效扩充按键资源，设计电路图如图 9-4 所示，其中分压电阻的选取要特别注意，一定要保证在不同按键按下时，A/D 端口的电压有充分的间隙，并适当减小接地电阻阻值。

4. 硬件原理图分析

本实验使用平台配套的按键传感器，此传感器输出模拟信号，设计电路图如图 9-4 所示。

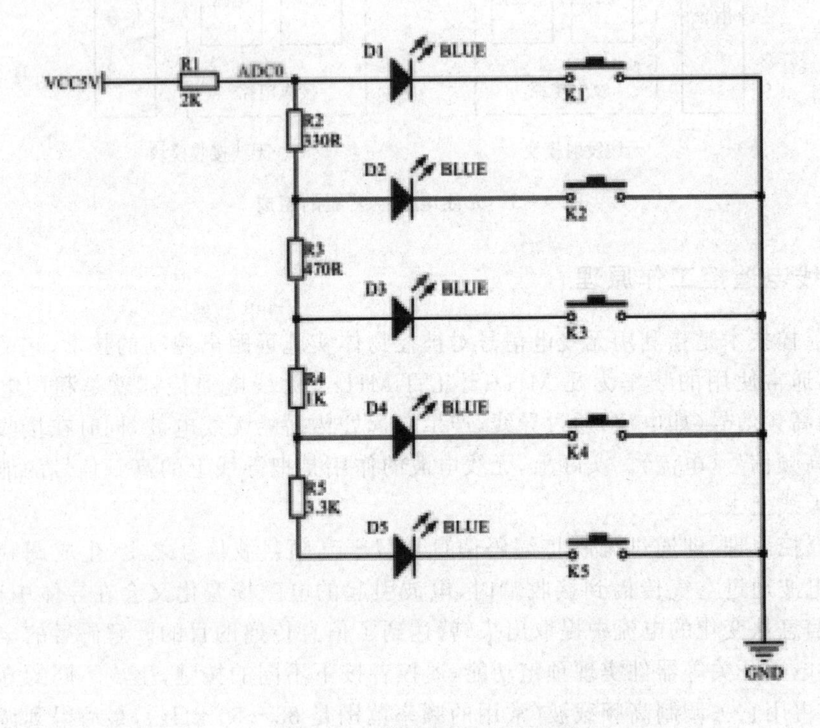

图 9-4　按键检测设计电路图

传感器通过 3Pin 的对插线与 I/O 扩展板的 ADC0 相连接（也可使用 ADC1、ADC2、ADC3），I/O 扩展板的引脚电路图如图 9-5 所示，Cortex-M3 接口原理图如图 9-6 所示。

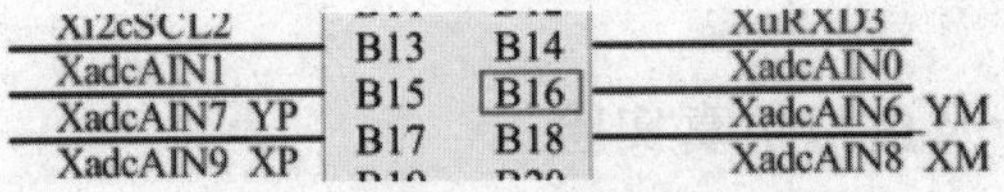

XI2cSCL2　B11　B12　XuRXD3
XadcAIN1　B13　B14　XadcAIN0
XadcAIN7 YP　B15　B16　XadcAIN6 YM
XadcAIN9 XP　B17　B18　XadcAIN8 XM

图 9-5　I/O 扩展板接口原理图

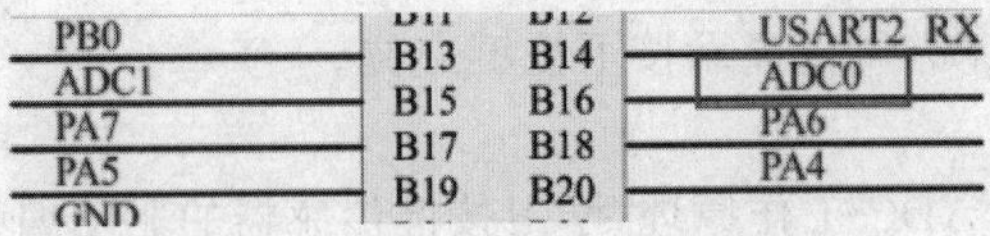

PB0　B11　B12　USART2 RX
ADC1　B13　B14　ADC0
PA7　B15　B16　PA6
PA5　B17　B18　PA4
GND　B19　B20

图 9-6　Cortex-M3 接口原理图

STM32 拥有 1～3 个 ADC（STM32F101/102 系列只有 1 个 ADC），这些 ADC 可以独立使用，也可以使用双重模式（提高采样率）。STM32 的 ADC 是 12 位逐次逼近型的模拟/数字转换器。它有 18 个通道，可测量 16 个外部和 2 个内部信号源。各通道的 A/D 转换可以单次、连续、扫描或间断模式执行。ADC的结果可以左对齐或右对齐方式存储在16位数据寄存器中。

按键对应的是ADC0，转换通道为ADC123_IN14(完整原理参考附录A核心板原理图)。ADC0对应引脚PC4，设置引脚功能为模拟输入模式、ADC采样功能。

5. 源码分析

打开工程源码，可以看到工程中多了1个adc.c文件和1个adc.h文件。同时ADC相关的库函数是在stm32f10x_adc.c文件和stm32f10x_adc.h文件中。此部分代码包含3个函数，第1个函数Adc_Init用于初始化ADC1，这里仅开通了1个通道，即通道1；第2个函数Get_Adc，用于读取某个通道的ADC值，例如读取通道1上的ADC值，就可以通过Get_Adc(1)得到；第3个函数Get_Adc_Average，用于多次获取ADC值取平均，以提高准确度。

```
//源码分析可参考实验11光照检测实验，或直接参考工程源码获得
//初始化ADC
void  Adc_Init(void)
//获得ADC值
u16 Get_Adc(u8 ch)
//获取平均值
u16 Get_Adc_Average(u8 ch,u8 times)
```

主函数中实现时钟、串口、ADC等初始化，最终每隔200 ms读取一次ADC的值，并显示读到的ADC值(数字量)，以及其转换成模拟量后的电压值。

```
int main(void)
 {
    u16 adcx;
    float temp,current;
    delay_init();                       //延时函数初始化
    NVIC_PriorityGroupConfig(NVIC_PriorityGroup_2);//设置中断优先级分组为组2:2位抢占优先
                                                    //级,2位响应优先级
    uart_init(115200);                  //串口初始化为115 200
    Adc_Init();                         //ADC初始化
    while(1)
    {
        adcx = Get_Adc_Average(ADC_Channel_14,10);     //ADC0
        //adcx = Get_Adc_Average(ADC_Channel_15,10);   //ADC1
        //adcx = Get_Adc_Average(ADC_Channel_4,10);    //ADC2
        //adcx = Get_Adc_Average(ADC_Channel_5,10);    //ADC3
        if(adcx<100)
        {
            printf("Enter\n");
        }else if(adcx>1100 && adcx <1400)
        {
            printf("Down\n");
        }else if(adcx>3600 && adcx <3900)
        {
```

```
            printf("Up\n");
        }else if(adcx>2000 && adcx <2300)
        {
            printf("Left\n");
        }else if(adcx>400 && adcx <700)
        {
            printf("Right\n");
        }
        delay_ms(100);   }
    }
}
```

6. 实验步骤

① 按键模块通过 3Pin 的对插线与 I/O 扩展板的 ADC0 接口连接，如图 9-7 所示。

图 9-7　传感器与 I/O 扩展板连接图

② 连接电源线、mini 串口线并打开电源开关，将核心板上的跳线接到 UART 端，I/O 扩展板的跳线接到 USB 端，跳线位置如图 9-8 所示。

图 9-8　核心板及扩展板跳线位置图

③ 将ST-LINK仿真器一端连接到PC机上，另一端连接到Cortex-M3仿真器下载口上。

④ 用Keil5软件打开实验工程，然后打开后缀名为.uvprojx的工程文件，如图9-9所示。

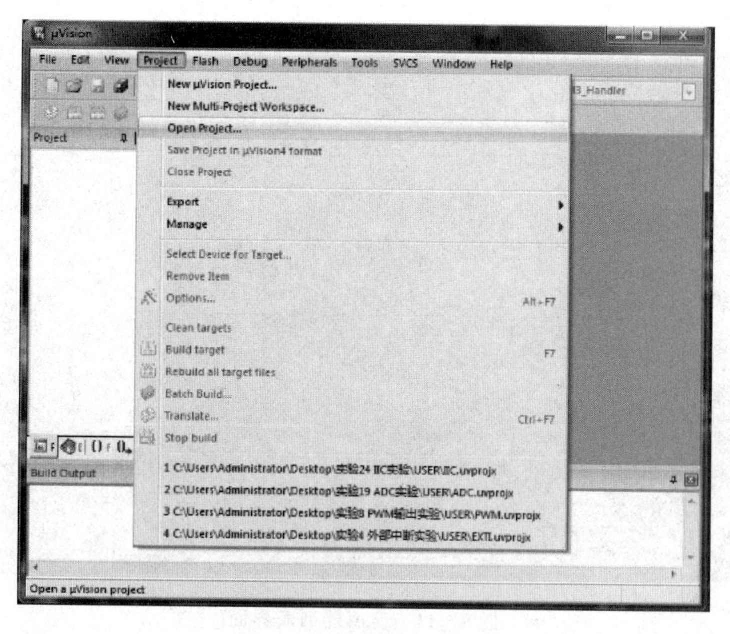

图9-9　打开工程文件图

⑤ 编译程序。

⑥ 编译通过之后下载程序到Cortex-M3开发板。

⑦ 打开串口工具AccessPort，设置端口号(在设备管理器中查找)，设置“波特率”为115 200，其他默认。

7. 实验结果

下载并运行程序，串口终端输出当前所按下按键的键值，观察串口终端输出的值，如图9-10所示。

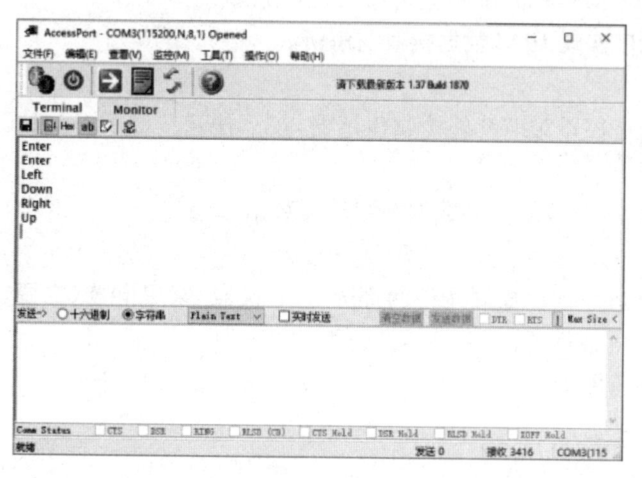

图9-10　串口终端接收数据显示界面

8. 按键检测设计虚拟仿真实验

打开传感器3D虚拟仿真软件目录后，双击 OIEP_SensorSimulation.exe 即可启动运行软件，软件启动后进入传感器列表主界面，如图9-11所示，选择“按键模块”进行实验。

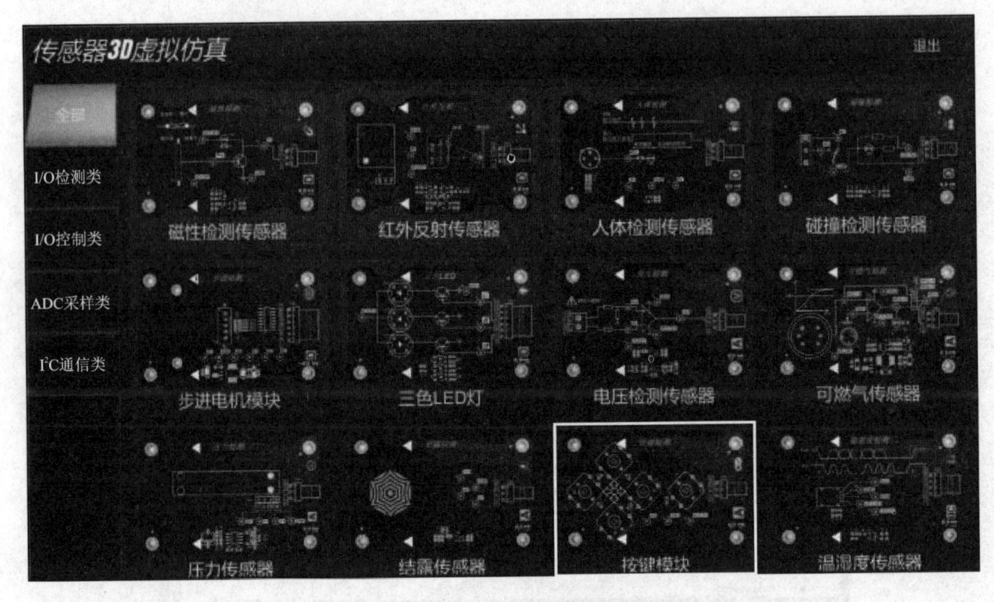

图9-11　传感器列表界面

任务2　红外接收(传感器)设计

1. 基本内容

设计一个红外接收系统，该系统通过使用一个红外遥控器，对准红外接收传感器，按下任意按键后串口终端能显示对应按键的编码，系统具有显示、存储功能。

2. 任务目的

① 学习红外接收传感器的基本原理、电路设计和驱动编程。

② 学习 Cortex-M3 外设 IRM 红外接收工作原理。

③ 学习编写程序实现 IRM 数据接收与解析。

3. 基本要求

① 实现将红外遥控器对准红外接收传感器，按下任意按键后，可以看到串口终端中显示了对应按键的编码。

② 设计上位机程序，显示检测数据并存储在数据库中。

4. 应用场景

应用范围主要包括：远程控制光检测部分、AV仪器、家用电器(空调、风扇等的遥控器)、其他无线遥控设备、电视机顶盒、多媒体设备等。

5. 系统软硬件环境

(1) 系统环境

① 硬件：Cortex-M3开发板，ICS-IOT-OIEP实验平台，ST-LINK仿真器。

② 软件：Keil5。

③ 实验目录：Cortex－M3 / Cortex－M3 传感器驱动实验/实验 10 IRM 红外接收。

(2) 原理详解

红外接收系统设计选用芯片 IRM3638。IRM3638 是小型红外遥控系统接收器，在支架上装着 PIN 二极管和前置放大器，环氧树脂包装成一个红外过滤器。解调输出信号可以由微处理器解码。IRM3638 红外遥控接收器系列，支持所有主要的输出数码。

(3) 硬件电路

IRM3638 红外接收传感器硬件原理如图 9－12 所示，I/O 扩展板接口原理图如图 9－13 所示，Cortex－M3 接口原理图如图 9－14 所示。

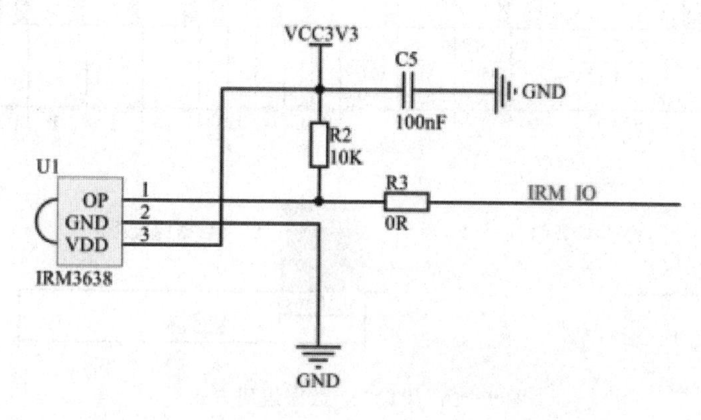

图 9－12　IRM3638 红外接收传感器硬件原理图

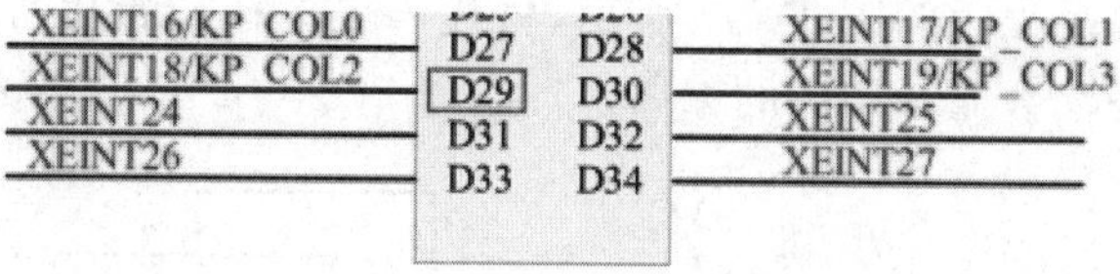

图 9－13　I/O 扩展板接口原理图

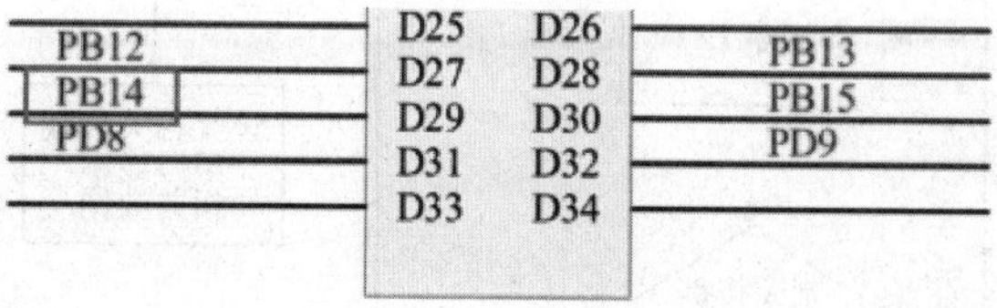

图 9－14　Cortex－M3 接口原理图

如图 9－12～图 9－14 和图 A－1 所示，IRM 红外接收头在 Cortex－M3 核心板上连接的是 PB9 引脚。

红外接收头 IRM3638 有自己的编码方式，编码方式为 PT2222 。

PT2222 码型所发射的一帧码含有一个引导码，8 位的用户编码及其反码，8 位的键数据码及其反码。图 9－15 给出了这一帧码的结构。

如图 9－16 所示，引导码由一个 9 ms 的载波波形和 4.5 ms 的关断时间构成，它作为随后发射的码的引导；编码采用脉冲位置调制方式(PPM)，利用之间的时间间隔来区分 0 和 1；根据编码 0 和 1 高低电平时间的不同编写驱动程序解码数据。

图 9-15　PT2222 数据编码结构

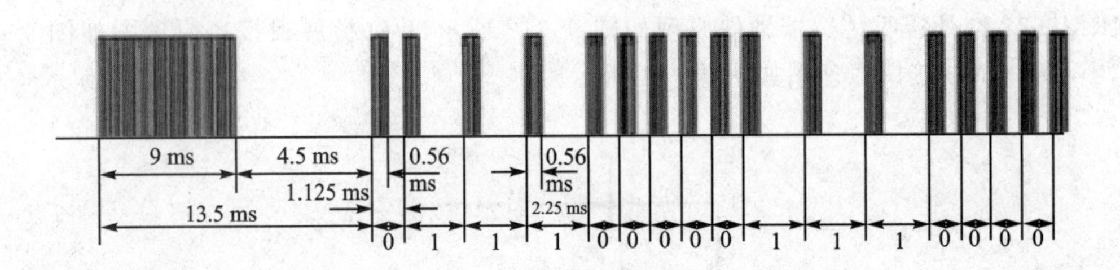

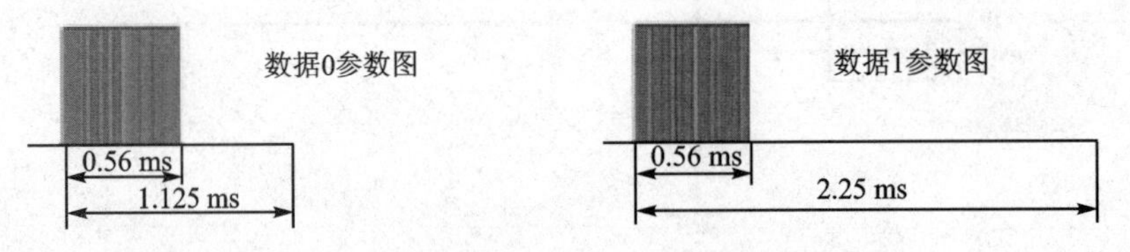

图 9-16　PT2222 数据编码方式

(4) 软件设计流程图

红外接收软件设计流程图如图 9-17 所示，将代码先进行初始化，设置相应参数，使得不同的按键按下时串口终端会显示相应的编码。

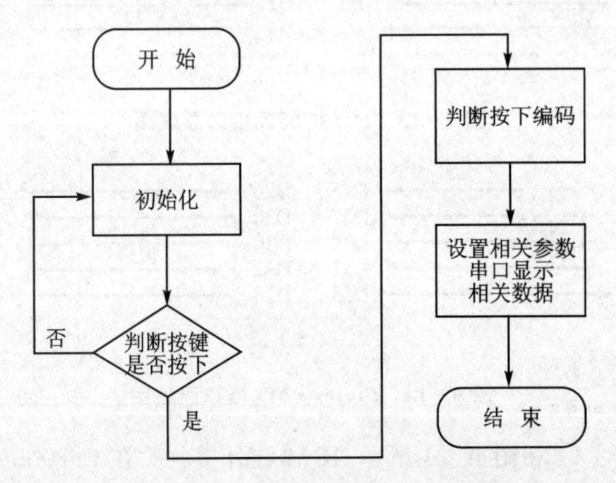

图 9-17　红外接收软件设计流程图

6. 源码分析

红外接收的 I/O 初始化，设置引脚模式、速度以及引脚初始电平等，调用中断解码红外波。

```
//外部中断初始化
void EXTIX_Init(void)
```

```
{
    EXTI_InitTypeDef EXTI_InitStructure;
    NVIC_InitTypeDef NVIC_InitStructure;
    IRM_Init();                  //初始化与 IRM 连接的引脚接口
    RCC_APB2PeriphClockCmd(RCC_APB2Periph_GPIOD, ENABLE);
    RCC_APB2PeriphClockCmd(RCC_APB2Periph_AFIO,ENABLE);     //使能复用功能时钟
    //GPIOD15   中断线以及中断初始化配置下降沿触发//KEY5
    GPIO_EXTILineConfig(GPIO_PortSourceGPIOD,GPIO_PinSource15);
    EXTI_InitStructure.EXTI_Line = EXTI_Line15;
    EXTI_InitStructure.EXTI_Mode = EXTI_Mode_Interrupt;
    EXTI_InitStructure.EXTI_Trigger = EXTI_Trigger_Falling;
    EXTI_Init(&EXTI_InitStructure);     //根据 EXTI_InitStruct 中指定的参数初始化外设 EXTI 寄存器
    NVIC_InitStructure.NVIC_IRQChannel = EXTI15_10_IRQn ; //使能按键所在的外设中断通道
    NVIC_InitStructure.NVIC_IRQChannelPreemptionPriority = 0x02;    //抢占优先级 2
    NVIC_InitStructure.NVIC_IRQChannelSubPriority = 0x03;           //子优先级 3
    NVIC_InitStructure.NVIC_IRQChannelCmd = ENABLE;                 //使能外部中断通道
    NVIC_Init(&NVIC_InitStructure);
}
//外部中断 15 - 10 服务程序
static  int  data[32] = {0};
void EXTI15_10_IRQHandler(void)
{
    int i = 0,j = 0,flag = 0;
            while(IRM == 0);
            delay_us(2.4 * 1000);
            if(IRM == 1){
                delay_us(3 * 1000);
                for(i = 0; i < 32; i ++ ){
                    while(IRM == 0);
                    delay_us(0.6 * 1000);
                    if(IRM == 0){
                        data[i] = 0;
                    }else if(IRM == 1){
                        delay_us(1.7 * 1000);
                        data[i] = 1;
                    }
                }
                for(j = 0; j < 8; j ++ ){
                    if(data[j] ! = 0){
                        flag = 1;
                    }
                }
                if(flag == 0 ){
                    printf("输出的编码:");
                    for(i = 0; i < 32; i ++ ){
```

```
                printf(" %d ",data[i]);
            }
            printf("\r\n");
        }
    }
    EXTI_ClearITPendingBit(EXTI_Line15); //清除 LINE15 中断标志位
}
```

7. 实验运行步骤和结果

(1) 实验步骤

① 红外接收传感器通过 3Pin 的对插线与 I/O 扩展板的 IO IN 接口连接，如图 9-18 所示。

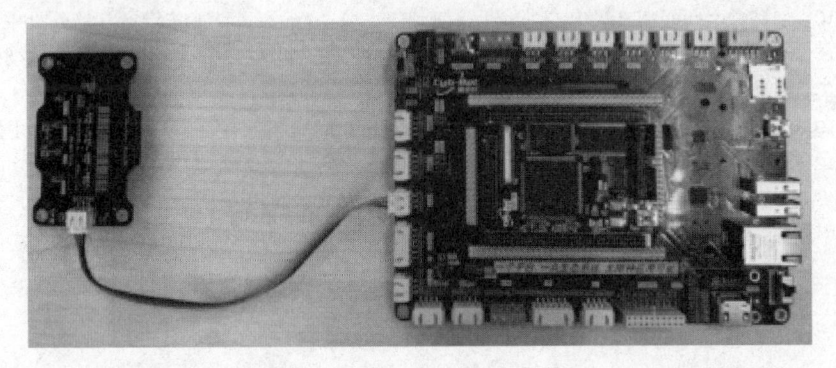

图 9-18　扩展板与传感器接线图

② 连接电源线、mini 串口线并打开电源开关，将核心板上的跳线接到 UART 端，I/O 扩展板的跳线接到 USB 端，跳线位置如图 9-19 所示。

图 9-19　扩展板跳线位置

③ 将 ST - LINK 仿真器一端连接到 PC 机上，另一端连接到 Cortex - M3 仿真器下载口上。

④ 用 Keil5 软件打开实验工程，目录在：Cortex - M3/Cortex - M3 传感器驱动实验/实验 10 红外接收/USER，之后打开后缀名为. uvprojx 的工程文件，如图 9 - 20 所示。

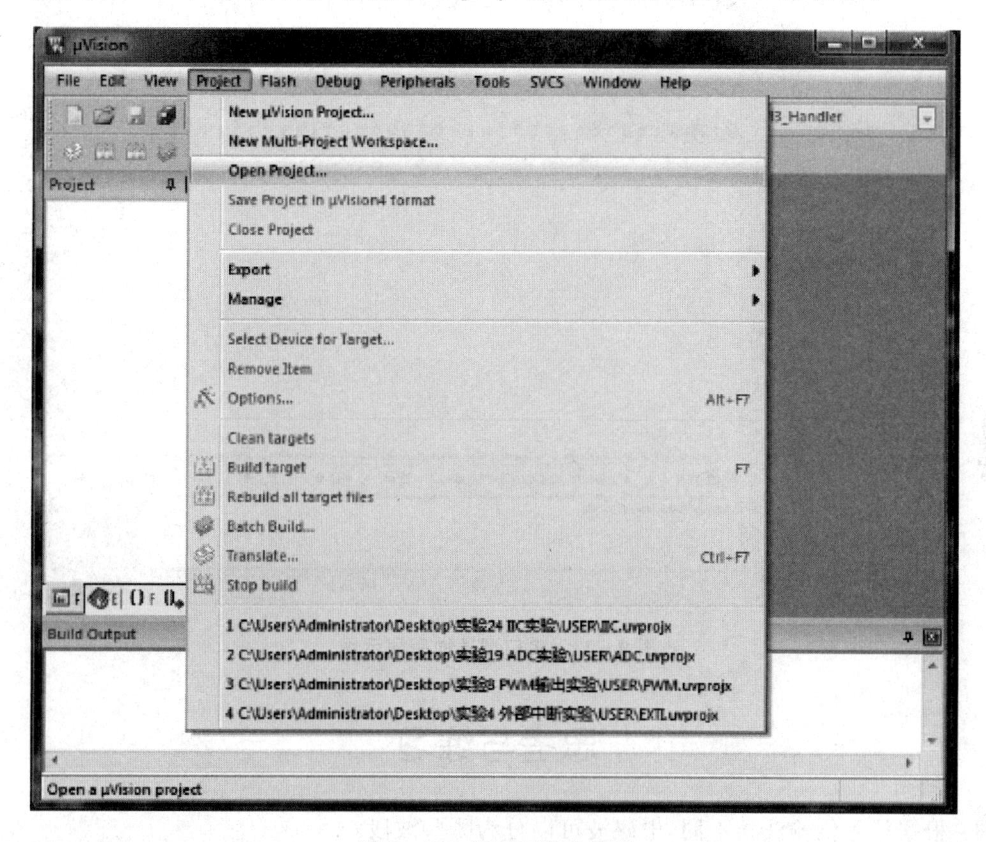

图 9 - 20　打开工程文件图

⑤ 编译程序，单击按钮如图 9 - 21 所示。

⑥ 编译通过，然后下载程序到 Cortex - M3 开发板，单击按钮如图 9 - 22 所示。

图 9 - 21　编译程序按钮图

图 9 - 22　下载程序按钮图

⑦ 打开串口工具 AccessPort，设置端口号（在设备管理器中查找），设置“波特率”为 115 200，其他默认。

(2) 设计运行结果

下载并运行程序，使用一个红外遥控器，对准红外接收传感器，按下任意按键后串口终端显示对应按键的编码，如图 9 - 23 所示。

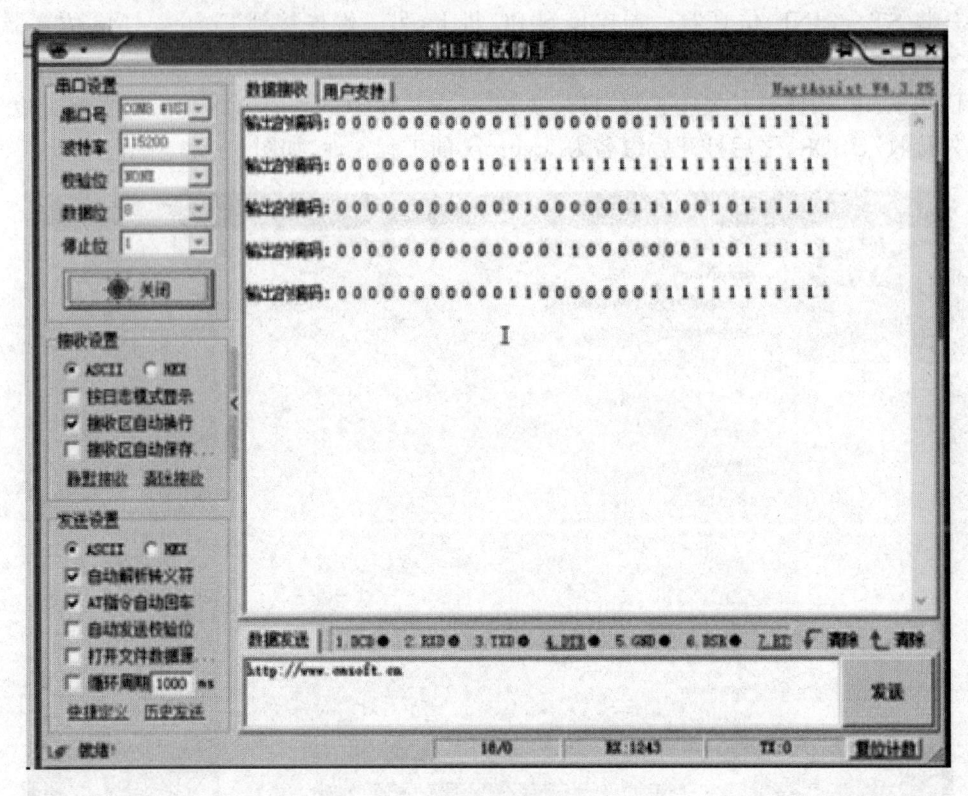

图 9－23　串口调试助手显示图

思考与练习

1．根据信号传输波长不同，电磁波可以分为哪些波段？

2．微波传感器的主要组成及其各自的功能是什么？

3．无线电遥控的工作原理是什么？

4．什么是红外线？红外探测器如何分类？

5．列举红外接收传感器在遥控装置中的应用。

项目10　新型传感器

项目描述

当今世界科学技术的飞速发展，不断推出了新的技术和新的理论，国内外的科研工作者不断地开发新的传感器，相比之前已有的传感器，新型传感器在材料、工艺等方面都更新颖，更贴近生活，为我们的生活带来了许多便利。近年来，随着传感器技术的提高，传感器的功能越来越强大，已经渗透到各个行业当中，传感器正朝向新的智能化、微型化等方向发展。

项目首先介绍几种新型传感器，包括生物、光纤、智能传感器的基本概念、特性分类和工作原理；然后简单介绍 APDS－9960 手势识别传感器、ATK－AS608 指纹识别传感器、MPU9250 姿态识别传感器、SYN6288 语言合成传感器等新型传感器模块；最后详细介绍指纹传感器的工作原理和指纹识别系统设计过程。

项目要求/知识学习目标

① 掌握新型传感器的工作原理；
② 熟悉新型传感器的主要特性、结构及分类；
③ 了解新型传感器的应用；
④ 能够正确地选择和使用新型传感器，熟悉常见新型传感器集成模块；
⑤ 能够设计简单的指纹识别系统。

10.1　生物传感器

10.1.1　生物传感器简介

生物传感技术是包含生物、化学、物理、医学、电子技术等多种学科的高新技术，在生物医学、环境监测、食品安全、化学工业、医药检验及军事医学等领域有着重要应用价值。生物传感器的研究发展是21世纪新兴的高技术产业的重要组成部分，具有十分重要的战略意义。

1. 基本概念

生物传感器是以生物活性单元酶、抗原抗体、核酸、微生物等作为生物敏感基元，对目标被测物具有高度选择性的检测器。它通过各种物理、化学型信号转换器捕捉目标物与敏感基元之间的反应，然后将反应的程度用离散或连续的电信号表达出来，从而得出被测物的浓度。生物传感器通过固定化的生物材料及与其密切配合的换能器组成的分析工具或系统换能器把生化信号转换成可定量的电信号。

生物传感器具有功能多样化、微型化、智能化、集成化、高灵敏度和高稳定性等特点。生物传感器件采用固定化生物活性物质作为催化剂，具有可以重复使用，分析速度快，专一性强，只对特定的底物起反应，不受颜色、浊度的影响等优势。近年来，随着生物科学、信息科学和材料

科学发展的推动,生物传感器技术飞速发展。

2. 生物传感器分类

① 根据传感器输出信号的产生方式,可分为生物亲合型生物传感器、代谢型生物传感器、催化型生物传感器。

② 根据传感器的信号转换器,可分为电化学生物传感器、半导体生物传感器、测热型生物传感器、测光型生物传感器、测声型生物传感器等。

③ 根据传感器中生物分子识别元件上的敏感材料,可分为酶传感器、微生物传感器、免疫传感器、组织传感器、基因传感器、细胞及细胞器传感器。

3. 生物传感器应用前景

随着生物科学、信息科学和材料科学的进步,生物传感器技术出现飞跃式的发展,被广泛应用在食品分析、环境监测、生物医学等领域。

在未来的知识经济发展中,生物传感器技术是在信息和生物技术下的新的增长点,将生物传感器技术和电子信息技术紧密结合,自动采集数据、处理数据,更科学、更准确地提供结果,实现采样、检测、处理一条龙,形成自动化系统。微加工技术和纳米技术应用于生物传感器制造,生物传感器将不断地微型化、智能化。

日本、美国和英国对生物传感器进行着很活跃的研究。一些商业公司和学术机构都参与其中。英国从事研究的学术机构有纽卡斯尔大学物理化学系和该大学的伦敦学院、剑桥大学生物技术中心、皇家学院等。美国军方发明了皮肤生物传感器,可以收集人体生理信息。加州大学洛杉矶分校研发的生物传感器,可用来鉴定特定的革兰氏阴性菌。

生物传感器技术的不断进步,必然要求不断降低产品成本,提高灵敏度、稳定性和寿命。对生物传感器的发展来说,技术特性的改善将加速生物传感器的市场化和商业化进程。

10.1.2 生物传感器工作原理

生物传感器是利用生物物种作为敏感材料,将生物信息转换成电信号进行检测的传感器。其基本工作原理如图10-1所示,待测物质经扩散作用进入固定生物膜敏感层,经分子识别而发生生物学作用,产生的信息如光、热、声等被相应的信号转换器变为可定量和可处理的电信号,再经二次仪表放大并输出,以电极测定其电流值或电压值,从而换算出被测物质的量或浓度。

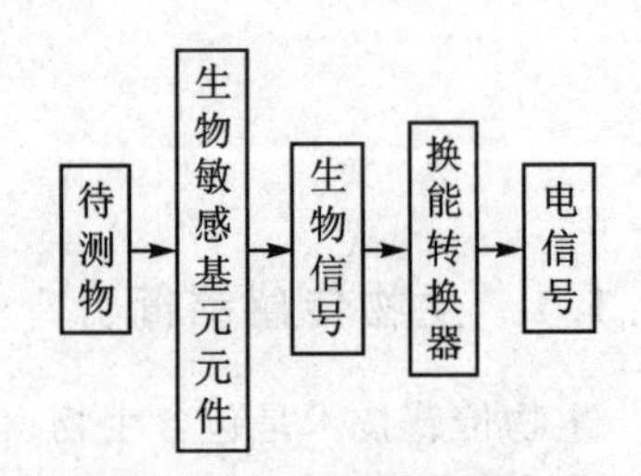

图 10-1 生物传感器原理

用在生物传感器内的生物材料必须固定在器官上。为了将分子和器官固定化,已经发展了各种技术,可以物理手段把它们嵌入某种膜或凝胶基质内,也可以化学手段将它们吸附或结合在某种基质的表面。无论使用什么样的固定化方法,都必须不破坏生物材料的活性,理想的固定化方法应延长材料的活性。嵌入的酶活性可维持3～4星期或50～200次测定,化学方式结合的酶活性能提高到1 000次测定。

目前,大多数关于生物材料的研究工作都集中在水溶液方面,因而大多数生物传感器都工作在含水的环境中。尽管已经表明某些酶在含水的有机混合物中存在时仍保持它们的某些活性,但是有机溶剂往往会钝化生物材料。当生物分子干燥时,有关它们的活性尚知之甚少。用于生物传感器的不同型式的换能器有电极、场效应晶体管、光纤、热敏电阻和压电晶体。

10.2 光纤传感器

光纤传感器通过被测量对光纤传输的光进行调制，使传输光的强度(振幅)、相位、频率或偏振态随被测量变化而变化，再通过对被调制过的光信号进行检测和解调，从而获得被测参数。

10.2.1 光导纤维

光导纤维(简称光纤)是 20 世纪 70 年代发展起来的一种新兴材料，被广泛应用于通信领域。光导纤维由纤芯、包层、涂敷层三部分组成，基本结构如图 10－2 所示。纤芯位于光纤的中心，直径为 5～75 μm，是由二氧化硅或塑料制成的圆柱体，光主要在纤芯中传输。围绕着纤芯的圆筒形部分称为包层，直径为 100～200 μm，包层的光纤折射率小于纤芯的，光在包层和纤芯面上发生全反射。在包层外面通常有一层尼龙外套，直径约为 1 mm，主要作用是增强光纤的机械强度，起保护作用，也用于以颜色区分各种光纤。

光纤按其传输模式分为单模光纤和多模光纤。单模光纤和多模光纤在结构上有不同之处。通常，纤芯的直径只有传输光波波长几倍的光纤是单模光纤，纤芯的直径比光波波长大很多倍的是多模光纤，两者的断面结构有明显不同。

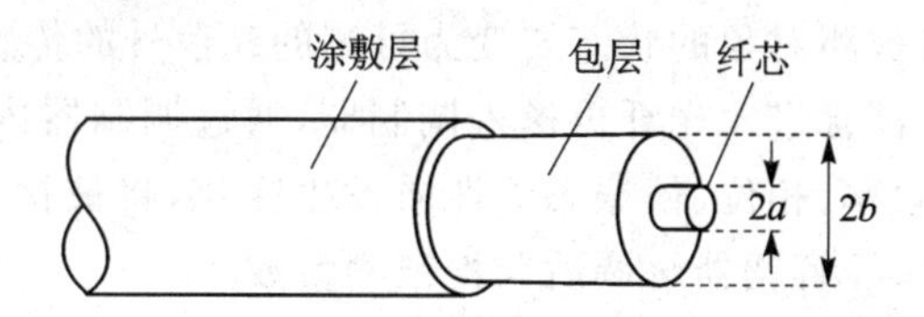

图 10－2 光纤纤维的基本结构

光纤的传光原理是光线经过不同介质的界面时要发生折射和反射。根据几何光学的理论，当光线以较小的入射角 α 由折射率(n_1)较大的光密介质 1 射向折射率(n_2)较小的光疏介质 2(即 $n_1>n_2$)时，一部分入射光以折射角 β 折射入光疏介质 2，另一部分以 α 角反射回光密介质 1，如图 10－3(a)所示。

根据 Snell 定律，有

$$n_1 \sin\alpha = n_2 \sin\beta \tag{10-1}$$

当 $n_1>n_2$ 时，$\alpha<\beta$。逐渐加大入射角 α，一直到折射角 $\beta=90°$，如图 10－3(b)所示，这时光不会透过界面而完全反射回来，称为全反射。产生全反射的入射角称为临界角 α_c，即

$$\sin\alpha_c = \frac{n_2}{n_1}\times\sin\beta = \frac{n_2}{n_1}\times\sin 90° = \frac{n_2}{n_1} \tag{10-2}$$

当光线从光密介质射向光疏介质，且入射角 α 大于临界角 α_c 时，光线产生全反射，反射光不再离开光密介质，沿光纤向前传播。

光纤的主要特性参数有：

① 数值孔径是光纤的一个重要性能参数，它表示光纤的集光能力。数值孔径越大，表明光纤的集光能力越强，光纤和光源耦合越容易。

② 光纤的第二个性能参数是色散。由于不同波长光在光纤中传输速度不同，当一个光脉

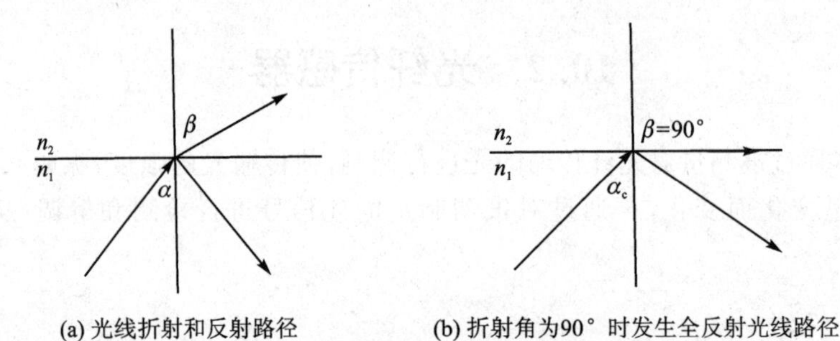

图 10-3　光线从光密介质射向光疏介质路径图

冲信号通过光纤在输出端的光脉冲被展宽时，就会出现失真，这种现象称为色散。色散影响着光纤传输信息的容量，可以通过色散补偿技术减少色散影响，选择使用零色散光纤。

③ 光纤的第三个性能参数是传输损耗。光波在光纤中传输，随着传输距离的增加，光功率强度逐渐减弱，光纤对光波产生衰减作用，称为光纤的损耗(或衰减)。导致传输损耗的原因主要是光吸收和光散射。在 980 nm、1 310 nm 和 1 550 nm 的波段上光纤存在三个低损耗窗口。

10.2.2　光纤传感器工作原理

光纤传感器是一种将被测对象的状态转变为可测的光信号的传感器。光纤传感器的工作原理是将光源入射的光束耦合进入光纤再送入调制器，通过调制器内与外界被测参数的相互作用，使光的强度、波长、频率、相位、偏振态等性质发生变化，将被检测信号加载到光信号上，再经过光纤送入光电器件，经解调器解调后获得被测参数。

按照光纤在传感器中的作用，通常可将光纤传感器分为功能型和非功能型。根据被测参量的不同，光纤传感器又可分为位移、压力、温度、流量、速度、加速度、振动、应变、电压、电流、磁场、化学量、生物量等各种光纤传感器。

功能型光纤传感器是利用光纤本身的某种敏感特性或功能制成的传感器，又称为传感型光纤传感器；非功能型光纤传感器，光纤仅仅起传输光波的作用，必须在光纤端面或中间加装其他敏感元件才能构成传感器，又称为传光型光纤传感器。无论哪种传感器，其工作原理都是利用被测量的变化调制传输光光波的某一参数，使其随之变化，然后对已调制的光信号进行检测，从而得到被测量。光纤传感器可以测量多种物理量，目前已经实用的光纤传感器可测量的物理量达 70 多种，因此光纤传感器具有广阔的发展前景。

10.2.3　光纤传感器组成和特性

光纤传感器技术是随着光导纤维实用化和光通信技术的发展而形成的一门崭新的技术。光纤传感器与传统的各类传感器相比有许多特点，如具有灵敏度高、电绝缘性能好、抗电磁干扰、光路可弯曲、便于实现遥测、耐腐蚀、耐高温、体积小、质量轻等优点，可广泛用于位移、速度、加速度、压力、液位、流量、水声、电流、磁场、放射性射线等物理量的测量，在制造业、军事、航空航天、航海和其他科学技术研究中有着广泛的应用。其发展极为迅速，到目前为止，已相继研制出数十种不同类型的光纤传感器。

光纤传感器包括光源、传感器探头、光纤和信号处理系统。当光电探头将检测信号转换为电信号后,光信号处理就成为电信号处理。

10.3 智能传感器

10.3.1 智能传感器基础

1. 智能传感器概念

随着信息技术的发展,传统传感器功能单一、性能和容量不足,已不能满足现代化需求,将传统传感器和处理器集成一体,构成新型传感器,是未来的研究趋势。传感器将朝着智能化、小型化、多功能化的方向发展。

智能传感器是指以微处理器为核心单元,具有信号检测、分析判断、存储传输等功能的传感器。智能传感器不仅有视觉、嗅觉、听觉等功能,还具有存储、思维、逻辑判断、数据处理和自适应能力等功能。IEEE 协会从最小化传感器结构的角度,将能提供受控量或待感知量大小且能典型简化其应用于网络环境的集成的传感器称为智能传感器。其本质特征为集感知、信息处理与通信于一体,具有自诊断、自校正、自补偿等功能。

智能传感器有基本传感器部分和信号处理单元部分。基本传感器部分的功能主要是用传感器测量被测参数,并将传感器的识别特性和计量特性存在可编程的只读存储器中,以便校准计算。信号处理单元部分主要是由微处理器计算和处理被测量,并滤除传感器感知的非被测量。上述两个部分可以集成在一起来实现,也可以远距离实现。智能传感器除了能采集、存储数据外,还可以实现各传感器之间,或与其他的微机系统进行信息交换和传输。

2. 智能传感器的优点

① 功能多样化,使用灵活。与传统传感器相比,智能式传感器可以实现多传感器多参数综合测量,通过编程扩大测量与使用范围,有一定的自适应能力,根据检测对象或条件的改变,相应地改变量程反输出数据的形式,具有数字通信接口功能,直接送入远地计算机进行处理,具有多种数据输出形式,适配各种应用系统。

② 具有较高的精度和稳定性,测量范围宽。集成化智能传感器是采用微机械加工技术和大规模集成电路工艺技术,利用半导体硅作为基本材料来制作敏感元件、信号调理电路及微处理器单元,并把它们集成在一块芯片上构成的传感器,使结构一体化,提高了器件精度和稳定性。

③ 具有较高的性价比。在相同精度的需求下,多功能智能式传感器与单一功能的普通传感器相比,性能价格比明显提高。

④ 信噪比高、分辨力高。由于智能传感器具有数据存储、记忆、处理功能,通过软件进行数字滤波、信息分析等处理,可以去除输入数据中的噪声,将有用信号提取出来;通过数据融合、神经网络技术,可以消除多参数状态下交叉灵敏度的影响,从而保证在多参数状态下对特定参数测量的分辨能力。

3. 智能传感器应用前景

智能传感器已广泛应用于航空航天、国防科技和工农业生产、生活家居等各个领域中。智能传感器是无线网络和智能测控系统前端感知器件,助推传统工业的升级、传统家电的智能化升级;还可以推动车载办公、虚拟现实、智能农业、无人机、智能仪表、智慧医疗和养老等领域的创新应用。未来的物联网时代,智能传感器将是市场主流。

10.3.2 智能传感器组成

智能传感器一般由信号检测器、微处理器及相关电路组成,如图 10-4 所示,检测器将被测的物理量转换成相应的电信号,送到信号调理电路中,进行滤波、放大、A/D 转换后,送到微处理器中。微处理器是智能传感器的核心,它不但可以对传感器测量数据进行计算、存储、数据处理,还可以通过反馈电路对传感器进行调节。

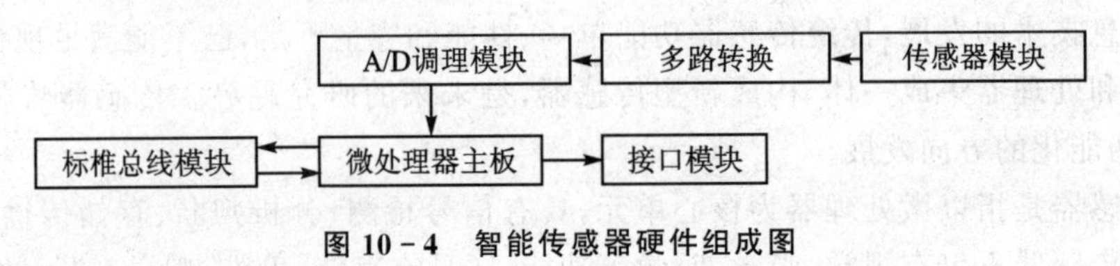

图 10-4 智能传感器硬件组成图

智能传感器的主要功能包含:

① 具有自动补偿、自动检验功能;

② 具有自校准、自标定、自动诊断功能;

③ 具有自动采集数据、预处理功能;

④ 具有判断、决策处理功能;

⑤ 具有数据传输、双向通信、标准化数字输出或者符号输出功能;

⑥ 具有数据存储、记录与信息处理功能。

10.3.3 典型智能传感器

1. 智能图像传感器

智能图像传感器作为智能传感器的一种,被广泛应用在各类消费电子中。智能图像传感器由图像传感器和机器视觉软件组成。

图像传感器是利用光电器件的光电转换功能,将其感光面上的光像转换为与光像成相应比例关系的“图像”电信号的一种功能器件。图像传感器分为光导摄像管和固态图像传感器。光导摄像管是电视摄像机中进行光电转换的一种主要的真空光电器件,是将光的图像转换成电视信号的专用电子束管。这种摄像管又称氧化铅光导摄像管,它的工作原理与视像管相似,在光导摄像管中,将光学影像转换为相应的电脉冲。

固态图像传感器是指在同一半导体衬底上布设的若干光敏单元和移位寄存器构成的集成化、功能化的光电器件。固态图像传感器的结构有线列阵和面列阵两种形式,它将光强的空间分布转换为与光强成比例的大小不等的电荷包空间分布,然后通过移位寄存器将这些电荷包形成一系列幅值不等的时序脉冲序列输出。也就是固态图像传感器利用光敏单元的光电转换功能将投射到光敏单元上的光学图像转换成“图像”电信号。

根据感光器件的不同,图像传感器可以分为 CCD 和 CMOS 两种。基本工作过程是光电转换、电荷累积、输出、转换、放大。

机器视觉软件用来完成输入图像数据的处理,通过一定的运算得出结果。常用的机器视觉软件有:侧重图像处理的图像软件包 OpenCV、HALCON、美国康耐视的 VisionPro;侧重算法的 MATLAB、LabVIEW;侧重相机 SDK 开发的 eVision 等。

智能图像传感器涉及计算机、图像处理、模式识别、人工智能、信号处理、光机电一体化等领域，被广泛应用于摄像头、3D 成像和传感技术、虹膜识别和激光雷达中，都有着广阔的应用前景。

2. 智能电池传感器

智能电池传感器是一种适用于家居、农业、电动车电池系统的智能传感器，能够测量电池各项参数，让使用者更加清晰地了解电池的性能和使用寿命。智能电池传感系统通过测量电流、电压以及温度等来提取电池化学特性，计算车辆行驶中蓄电池可供应的最大能量，限制减速中不必要消耗的能量。

飞思卡尔推出的 MM9Z1J638 电池传感器，是业界首款基于 CAN 的电池传感器，在汽车运行条件恶劣的情况下，能准确测量铅酸和锂离子电池电压、电流和温度，同时还可以计算电池剩余时间。MM9Z1J638 可通过安装在电池负极的外部分流电阻器对电流进行精确测量，通过安装在正极的串行电阻器对电池电压进行精确测量。安装电池时加上集成温度传感器可准确地测量电池温度。外部温度传感器输入支持准确的电池温度测量。

3. 智能压力传感器

智能压力传感器的特点包括：具有反向极性和限流保护；激光调阻温度补偿；量程可现场调节，范围宽；抗腐蚀，适于多种介质；过载及抗干扰能力强，性能稳定。

智能压力传感器广泛用于汽车(机动车)所需的各式各样的压力测量和控制单元中，诸如各种气压计、喷嘴前集流腔压力、废气排气管、燃油、轮胎、液压传动装置等。

随着生产智能压力传感器的企业越来越多，技术进步使得智能压力传感器体积越来越小，随之控制单元所需的外围接插件和分立元件越来越少，但功能和性能却越来越强，而且生产成本越来越低。

10.4 常用新型传感器模块

1. 手势识别传感器 APDS－9960

APDS－9960 设备具有先进的手势检测、近距离检测、数字环境光感(ALS)和色感(RGBC)。设备采用纤细的模块化封装，体积尺寸为 3.94 mm×2.36 mm×1.35 mm，包含一个红外 LED 和出厂校准的 LED 驱动器，可实现即插即用的兼容性。手势检测利用四个方向的光电二极管来检测感应反射的红外能量(由集成 LED 产生的)，以将物理运动信息(即速度、方向和距离)转换为数字信息。

2. 指纹识别传感器 ATK－AS608

ATK－AS608 指纹识别模块是 ALIENTEK 推出的一款高性能的光学指纹识别模块，采用了国内著名指纹识别芯片公司杭州晟元芯片技术有限公司的 AS608 指纹识别芯片。芯片内置 DSP 运算单元，集成了指纹识别算法，能高效快速采集图像并识别指纹特征。模块配备了串口、USB 通信接口，用户无需研究复杂的图像处理及指纹识别算法，只需通过简单的串口、USB 接口按照通信协议便可控制模块。本模块可应用于各种考勤机、保险箱柜、指纹门禁系统、指纹锁等场合。ATK－AS608 的技术指标如表 10－1 所列。

表 10-1 ATK-AS608 技术指标

项　目	指　标
工作电压	3.0～3.6 V,典型值:3.3 V
工作电流	30～60 mA,典型值:40 mA
USART 通信	波特率为 9 600×N，N=1～12,默认 N=6;传输速率为 57 600 bps (数据位:8 位;停止位:1 位;校验位:无;TTL 电平)
USB 通信	2.0FS
传感器图像大小	256×288(pixel)
图像处理时间	<0.4 s
上电延时	<0.1 s,模块上电后需要约 0.1 s 初始化工作
搜索时间	<0.3 s
拒真率(FRR)	<1%
认假率(FAR)	<0.001%
指纹存容量	300 枚(ID:0～299)
工作环境	温度:20～60 ℃;湿度:<90%(无凝露)

3. 姿态识别传感器 MPU9250

MPU9250 是一个 QFN 封装的复合芯片(MCM),它由两部分组成:一部分是 3 轴的加速度和 3 轴的陀螺仪,另一部分则是 AKM 公司的 3 轴磁力计 AK8963。所以,MPU9250 是一款 9 轴运动跟踪装置,在小小的 3 mm×3 mm×1 mm 的封装中融合了 3 轴加速度、3 轴陀螺仪以及数字运动处理器(DMP)并且兼容 MPU6515。其完美的 I^2C 方案,可直接输出 9 轴的全部数据。MPU9250 采用一体化的设计,运动性的融合,具时钟校准功能,让开发者避开了烦琐复杂的芯片选择和外设成本,保证最佳的性能。本芯片也为兼容其他传感器开放了辅助 I^2C 接口,比如连接压力传感器。

MPU9250 主要应用于手势控制、RIDDLE、体感游戏控制器、位置查找服务、便携式游戏设备、游戏手柄控制器、3D 电视遥控器或机顶盒、3D 鼠标、可穿戴的健康智能设备等领域。

4. 语言合成传感器 SYN6288

SYN6288 是北京宇音天下科技有限公司于 2010 年初推出的一款性价比更高、效果更自然的中高端语音合成芯片。SYN6288 通过异步串口(UART)通信方式,接收待合成的文本数据,实现文本到语音(或 TTS 语音)的转换,其芯片组成如图 10-5 所示。

该芯片具有文本合成功能,支持任意中文文本的合成,可以采用 GB2312、GBK、BIG5 和 Unicode 四种编码方式;支持英文字母的合成,遇到英文单词时按字母方式发音,每次合成的文本量可达 200 个字节;还具有文本智能分析处理功能,对常见的数值、电话号码、时间日期、度量衡符号等格式的文本,能够根据内置的文本匹配规则正确识别和处理;具有多音字处理和中文姓氏处理能力,可以自动对文本进行分析,判别文本中多音字的读法并合成正确的读音;可实现 16 级数字音量控制,音量更大、更广;播放文本的前景音量和播放背景音乐的背景音量可分开控制,更加自由;芯片内集成了 15 首背景音乐,在任何播音时均可以选择背景音乐;芯

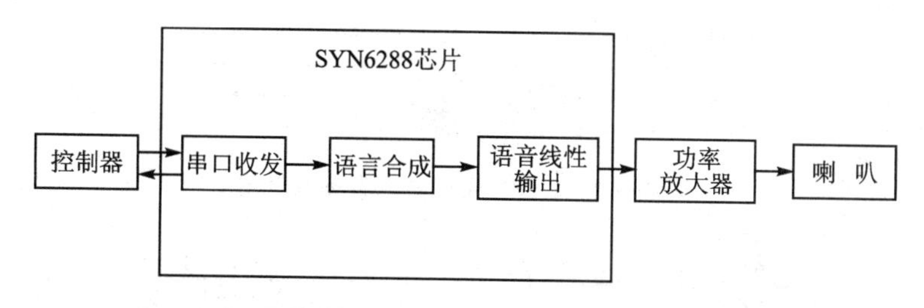

图 10-5　SYN6288 芯片组成图

片内集成了 19 首声音提示音,可用于不同场合的信息提醒、报警等功能。

该芯片支持多种控制命令,包括:合成文本、停止合成、暂停合成、恢复合成、状态查询、进入 Power Down 模式、改通信波特率等控制命令,可通过通信接口发送控制命令实现对芯片的控制;支持多种文本控制标记,可通过发送“合成命令”发送文本控制标记,实现调节音量,设置数字读法、设置词语语速等功能;支持多种方式查询芯片的工作状态;支持低功耗模式,支持使用 9 600 bps、19 200 bps、38 400 bps 三种通信波特率。

SYN6288 的典型应用包括:车载信息终端语音播报,车载调度,车载导航,公交报站器,考勤机,手机,固定电话,排队叫号机,收银收费机,自动售货机,信息机,POS 机,智能仪器仪表,气象预警机,智能变压器,智能玩具,智能手表,电动自行车,语音电子书,彩屏故事书,语音电子词典,语音电子导游,短消息播放,新闻播放,电子地图等。

10.5　应用实例

任务 1　指纹识别传感器检测设计

1. 任务目的

学习 Cortex-M3 的串口工作原理;学习指纹识别模块的驱动编程。

2. 开发环境

硬件:Cortex-M3 开发板,ICS-IOT-OIEP 实验平台,ST-LINK 仿真器。

软件:Keil5。

3. 硬件原理图分析

本实验使用平台配套的 ATK-AS608 指纹识别模块,传感器与 MSP430 核心采用串口总线通信,硬件连接如图 10-6 所示。

传感器通过 4Pin 的对插线与 I/O 扩展板的 UART1 相连接,I/O 扩展板的引脚电路图如图 10-7 所示,Cortex-M3 接口原理图如图 10-8 所示。

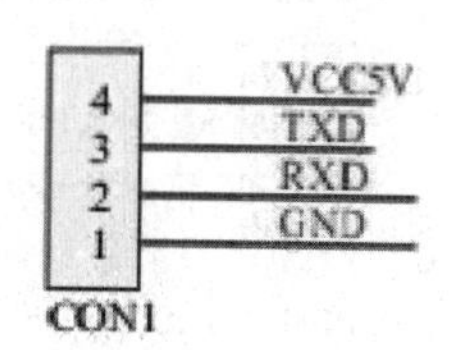

图 10-6　指纹模块硬件原理图

串口作为 MCU 的重要外部接口,同时也是软件开发重要的调试手段,其重要性不言而喻。现在基本上所有的 MCU 都会带有串口,STM32 自然也不例外。串口设置的一般步骤如下:

① 串口时钟使能,GPIO 时钟使能。

② 串口复位。

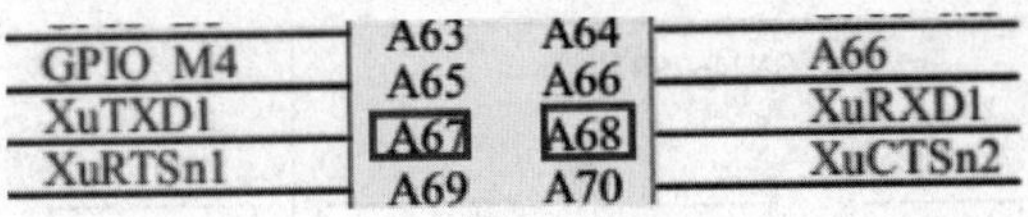

图 10－7　I/O 扩展板对应引脚原理图

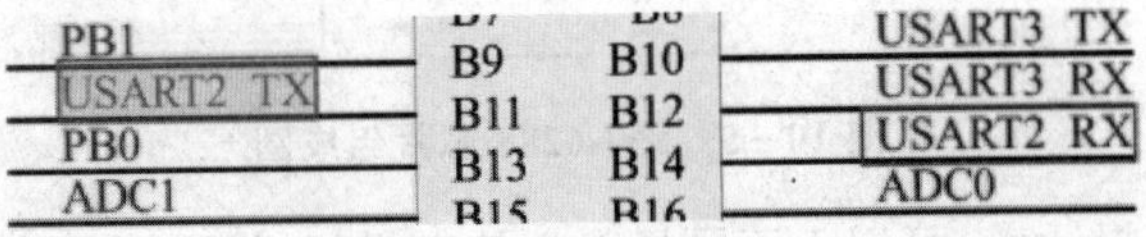

图 10－8　Cortex－M3 接口原理图

③ GPIO 端口模式设置。

④ 串口参数初始化。

⑤ 开启中断并且初始化 NVIC(如果需要开启中断才需要这个步骤)。

⑥ 编写中断处理函数。

4. 源码分析

STM32 串口初始化流程。

```
void uart2_init(u32 bound){
    GPIO_InitTypeDef GPIO_InitStructure;
    USART_InitTypeDef USART_InitStructure;
    NVIC_InitTypeDef NVIC_InitStructure;
    //①串口时钟使能,GPIO 时钟使能,复用时钟使能
    RCC_APB2PeriphClockCmd(RCC_APB2Periph_GPIOA|RCC_APB2Periph_GPIOG, ENABLE);
    RCC_APB1PeriphClockCmd(RCC_APB1Periph_USART2,ENABLE);
    //②串口复位
    USART_DeInit(USART2);
    GPIO_InitStructure.GPIO_Pin = GPIO_Pin_9;
    GPIO_InitStructure.GPIO_Mode = GPIO_Mode_Out_PP;
    GPIO_InitStructure.GPIO_Speed = GPIO_Speed_50MHz;
    GPIO_Init(GPIOG, &GPIO_InitStructure);
    //③GPIO 端口模式设置
    GPIO_InitStructure.GPIO_Pin = GPIO_Pin_2;              //PA2
    GPIO_InitStructure.GPIO_Mode = GPIO_Mode_AF_PP;
    GPIO_Init(GPIOA, &GPIO_InitStructure);
    GPIO_InitStructure.GPIO_Pin = GPIO_Pin_3;              //PA3
    GPIO_InitStructure.GPIO_Mode = GPIO_Mode_IN_FLOATING;
    GPIO_Init(GPIOA, &GPIO_InitStructure);
    RCC_APB1PeriphResetCmd(RCC_APB1Periph_USART2,ENABLE);
    RCC_APB1PeriphResetCmd(RCC_APB1Periph_USART2,DISABLE);
    //④串口参数初始化
    USART_InitStructure.USART_BaudRate = bound;
    USART_InitStructure.USART_WordLength = USART_WordLength_8b;
    USART_InitStructure.USART_StopBits = USART_StopBits_1;
    USART_InitStructure.USART_Parity = USART_Parity_No;
    USART_InitStructure.USART_HardwareFlowControl = USART_HardwareFlowControl_None;
    USART_InitStructure.USART_Mode = USART_Mode_Rx | USART_Mode_Tx;
```

```
    USART_Init(USART2, &USART_InitStructure);
    //⑤初始化 NVIC
    NVIC_InitStructure.NVIC_IRQChannel = USART2_IRQn;
    NVIC_InitStructure.NVIC_IRQChannelPreemptionPriority = 3;
    NVIC_InitStructure.NVIC_IRQChannelSubPriority = 3;
    NVIC_InitStructure.NVIC_IRQChannelCmd = ENABLE;
    NVIC_Init(&NVIC_InitStructure);
    //⑥开启中断
    USART_ITConfig(USART2, USART_IT_RXNE, ENABLE);
    //⑦使能串口
    USART_Cmd(USART2, ENABLE);
}
```

主程序实现初始化指纹模块，与人员进行交互的功能。

```
int main(void)
{
    u8 ensure;
    delay_init();                                   //延时函数初始化
    NVIC_PriorityGroupConfig(NVIC_PriorityGroup_2);//设置中断优先级分组为组 2:2 位抢占优先
                                                    //级,2 位响应优先级
    uart_init(115200);                              //串口初始化为 115 200
    uart2_init(57600);
    printf("handing shake .........");
    while(PS_HandShake(&AS608Addr)){
    printf("握手失败\n");
    delay_ms(1000);
    printf("正在与模块重新握手\n");
    }
    printf("通信成功\n");
    //clearBuf2();
    ensure = PS_ValidTempleteNum(&ValidN);
    if(ensure! = 0x00)
        ShowErrMessage(ensure);                     //错误信息
    ensure = PS_ReadSysPara(&AS608Para);            //读参数
    if(ensure == 0x00)
    {
        printf("读取参数成功\n");
        printf("Baudrate: %d \r Addr: %x\n",usart2_baund,AS608Addr);//显示波特率
    }
    else
        ShowErrMessage(ensure);
    showMenu();
    while(1)
    {
        key_num = GET_NUM();
        if(key_num ! = 0)
```

```
        {
            if(key_num == '1' ||key_num == 1)Del_FR();
            if(key_num == '2'|| key_num == 2)Add_FR();
            if(key_num  ==  '3' ||key_num  ==  3 )press_FR();
            key_num  =  0;
        }
        //press_FR();
    }
}
void ShowErrMessage(u8 ensure)
{
    printf((u8 * )EnsureMessage(ensure));
}
void Add_FR(void)
{
    u8 i,ensure ,processnum = 0;
    u16 ID;
    while(1)
    {
        switch (processnum)
        {
            case 0:
                i ++ ;
                printf("\n  请按手指 \n");
                delay_ms(1000);
                ensure = PS_GetImage();
                if(ensure == 0x00)
                {
                    ensure = PS_GenChar(CharBuffer1);        //生成特征
                    if(ensure == 0x00)
                    {
                        printf("指纹输入正常! \n");
                        i = 0;
                        processnum = 1;
                    }else ShowErrMessage(ensure);
                }else ShowErrMessage(ensure);
                break;
            case 1:
                i ++ ;
                printf("请再按一次手指! \n");
                delay_ms(1000);
                ensure = PS_GetImage();
                if(ensure == 0x00)
                {
                    ensure = PS_GenChar(CharBuffer2);
```

```
            if(ensure == 0x00)
            {
                printf("指纹输入正常！\n");
                i = 0;
                processnum = 2;
            }else ShowErrMessage(ensure);
        }else ShowErrMessage(ensure);
        break;
    case 2:
        printf("对比两次指纹中 ...\n");
        ensure = PS_Match();
        if(ensure == 0x00)
        {
            printf("两次输入指纹相同 ！\n");
            processnum = 3;
        }
        else
        {
            printf("两次输入的指纹不一致,请重试！\n");
            ShowErrMessage(ensure);
            i = 0;
            processnum = 0;
        }
        delay_ms(1200);
        break;
    case 3:
        printf("创建指纹模版...");
        ensure = PS_RegModel();
        if(ensure == 0x00)
        {
            printf("创建模版成功 \n");
            processnum = 4;
        }else {processnum = 0;ShowErrMessage(ensure);}
        delay_ms(1200);
        break;
    case 4:
        printf("请输入要保存的位置 1～253\n");
        do
            do
                ID = GET_NUM();
            while(! ID);
        while(! (ID<AS608Para.PS_max));
        ensure = PS_StoreChar(CharBuffer2,ID);
        if(ensure == 0x00)
        {
```

```
                printf("保存指纹成功\n");
                PS_ValidTempleteNum(&ValidN);
                printf("指纹库剩余 %d\n",AS608Para.PS_max - ValidN);
                delay_ms(1500);
                showMenu();
                return ;
            }else {processnum = 0;ShowErrMessage(ensure);}
            break;
        }
        delay_ms(400);
        if(i == 5)
        {
            printf("退出指纹录制\n");
            break;
        }
    }
    showMenu();
}
void press_FR(void)
{
    SearchResult seach;
    u8 ensure;
    ensure = PS_GetImage();
    if(ensure == 0x00)
    {
        ensure = PS_GenChar(CharBuffer1);
        if(ensure == 0x00)
        {
            ensure = PS_HighSpeedSearch(CharBuffer1,0,AS608Para.PS_max,&seach);
            if(ensure == 0x00)
            {
                printf("搜索指纹成功\n");
                printf("Match ID: %d  Match score: %d",seach.pageID,seach.mathscore);
                //显示匹配指纹的 ID 和分数
            }
            else
                ShowErrMessage(ensure);
        }
    }
        else
            ShowErrMessage(ensure);
        delay_ms(600);
        showMenu();
}
void Del_FR(void)
```

```
    {
        u8  ensure;
        u8 num = 0;
        printf("输入要删除的指纹 ID\n");
        delay_ms(50);
        do{
            num = GET_NUM();
        }
        while(num == 0);
        if(num == 0xFF)
            goto MENU ;
        else if(num == 0xFE)
            ensure = PS_Empty();
        else
            ensure = PS_DeletChar(num,1);
        if(ensure == 0)
        {
            printf("删除指纹成功！\n");
        }
        else
        ShowErrMessage(ensure);
        delay_ms(1200);
        PS_ValidTempleteNum(&ValidN);
        printf("指纹库剩余个数为 %d \n",AS608Para.PS_max - ValidN);
        MENU:
            showMenu();
        delay_ms(50);
    }
u8 GET_NUM(void){
    u8 num;
    if(USART_RX_STA){
        USART_RX_STA = 0;
        num = USART_RX_BUF[0];
        clearBuf2();
        return num;
    }
    return 0;
}
void showMenu(void)
{
    printf("\n\n");
        printf("选择需要的操作:\n");
        printf("1.从指纹库中删除指纹\n");
        printf("2.将指纹录入指纹库\n");
        printf("3.验证指纹\n");
```

```
}
```

指纹模块串口控制程序,在此仅以录制指纹为例说明。

```
//录入图像 PS_GetImage
//功能:探测手指,探测到后录入指纹图像存于 ImageBuffer
//模块返回确认字
u8 PS_GetImage(void)
{
  u16 temp;
  u8  ensure;
    u8   * mydata;
    SendHead();
    SendAddr();
    SendFlag(0x01);              //命令包标识
    SendLength(0x03);
    Sendcmd(0x01);
  temp =   0x01 + 0x03 + 0x01;
    SendCheck(temp);
    mydata = JudgeStr(2000);
    if(mydata)
        ensure = mydata[9];
    else
        ensure = 0xff;
    return ensure;
}
```

5. 实验步骤

① 指纹检测传感器通过 4Pin 的对插线与 I/O 扩展板的 UART3 接口连接,指纹检测模块上的 JP1/2 连接到 NORMAL 端,如图 10-9 所示。

图 10-9　指纹传感器连接实物图

② 连接电源线、mini串口线并打开电源开关，将核心板上的跳线接到UART端，I/O扩展板的跳线接到USB端，JP7/8处的跳线接到UART3，跳线位置如图10-10所示。

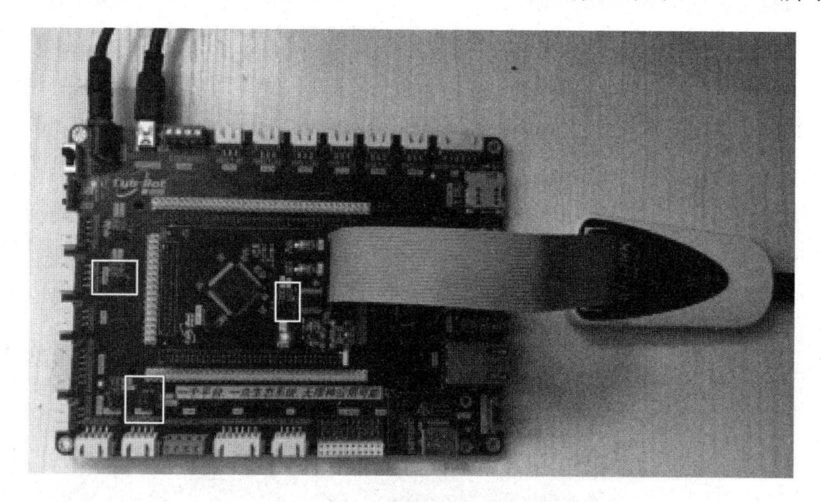

图10-10 指纹传感器连接电源线

③ 将ST-LINK仿真器一端连接到PC机上，另一端连接到Cortex-M3仿真器下载口上。

④ 用Keil5软件打开实验工程，目录在：Cortex-M3/Cortex-M3传感器驱动实验/实验34指纹识别/USER，之后打开后缀名为.uvprojx的工程文件，如图10-11所示。

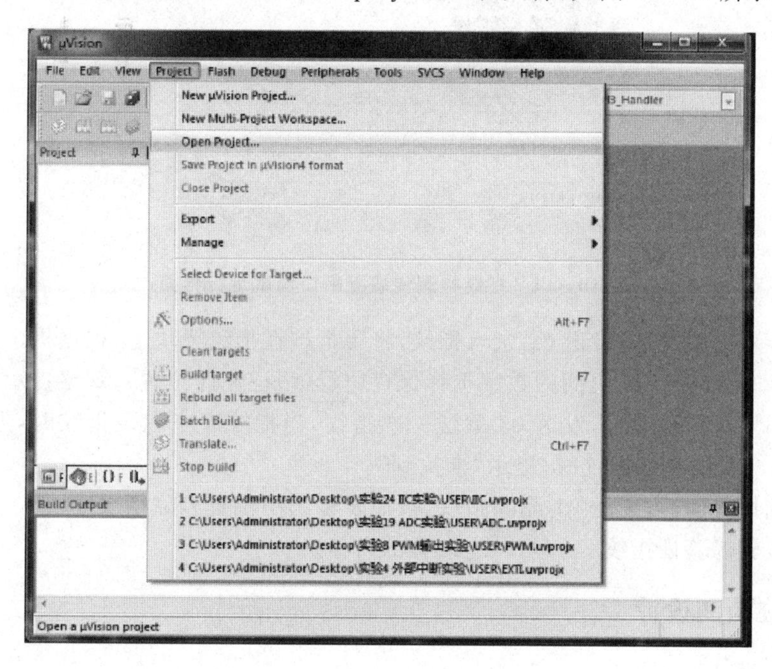

图10-11 打开工程文件图

⑤ 编译程序，单击按钮如图10-12所示。

⑥ 编译通过，然后下载程序到Cortex-M3开发板，单击按钮如图10-13所示。

图 10-12　编译程序按钮图

图 10-13　下载程序按钮图

⑦ 打开串口工具 AccessPort，设置端口号（在设备管理器中查找），设置“波特率”为 115 200，其他默认。

6. 实验结果

① 下载并运行程序，串口终端提示握手成功并打印指纹模块的相关参数信息和相关操作提示，结果如图 10-14 所示。

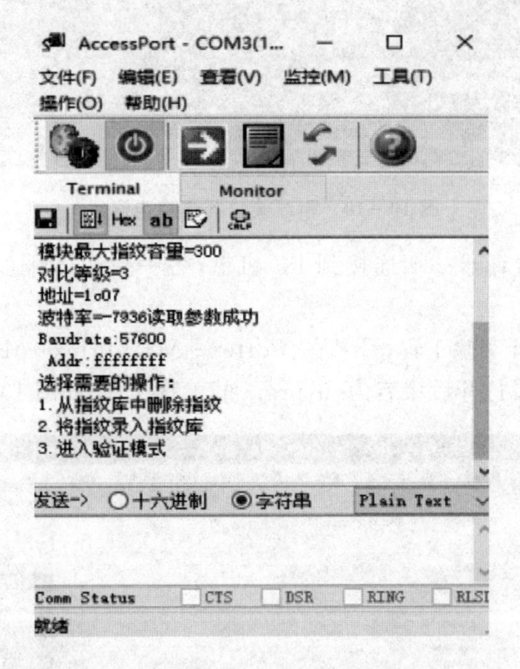

图 10-14　指纹检测传感器串口调试运行界面

② 选择十六进制发送，发送 02 录入指纹，将手指按在指纹模块上，根据提示再按一次，指纹验证一致后，输入 0～FD 之间的数字选择保存位置（请记住此位置），观察提示信息。

③ 再次弹出选择界面时，发送 03 验证一次指纹，当指纹库中有该指纹时，返回 MatchID 和 Match Score；当没有该指纹时，提示“未找到”。

④ 弹出选择界面时，发送 01 删除指纹，按照步骤②中位置删除指纹库。

⑤ 重复步骤③验证指纹。

任务 2　循迹检测设计

1. 基本内容

(1) 设计任务

设计一个能够检测环境中黑色轨迹的系统。

(2) 任务目的

① 学习循迹传感器的基本原理、电路设计和驱动编程。

② 学习 Cortex－M3 的外部中断工作原理。

(3) 基本要求

① 在串口调试助手中显示当前环境是否有痕迹。

② 掌握循迹传感器基本工作原理。

(4) 应用场景

应用场景包括：轴编码器的位置传感器；纸张、IBM 卡、磁带等反射材料的检测；VCR 中机械运动的限位开关（通常用于空间有限的地方）等。

2. 系统软硬件环境

(1) 系统环境

① 硬件：Cortex－M3 开发板，ICS－IOT－OIEP 实验平台，ST－LINK 仿真器。

② 软件：Keil5。

③ 实验目录：Cortex－M3 / Cortex－M3 传感器驱动实验/实验 07 循迹检测。

(2) 原理详解

TCRT5000 传感器的工作原理与一般的红外传感器一样，具有一个红外发射管和一个红外接收管。当发射管的红外信号经反射被接收管接收后，接收管的电阻会发生变化，在电路上一般以电压的变化形式体现出来，而经过 ADC 转换或 LM324 等电路整形后得到处理后的输出结果。电阻的变化取决于接收管所接收的红外信号强度，常表现在反射面的颜色和反射面接收管的距离两方面。

(3) 硬件电路

本实验使用平台配套的 TCRT5000 红外循迹检测传感器，此传感器可输出模拟信号 Track_A 和数字信号 Track_D，输出信号可由传感器模块的 JP1 进行切换，此实验采用数字信号模式，传感器硬件原理如图 10－15 所示。

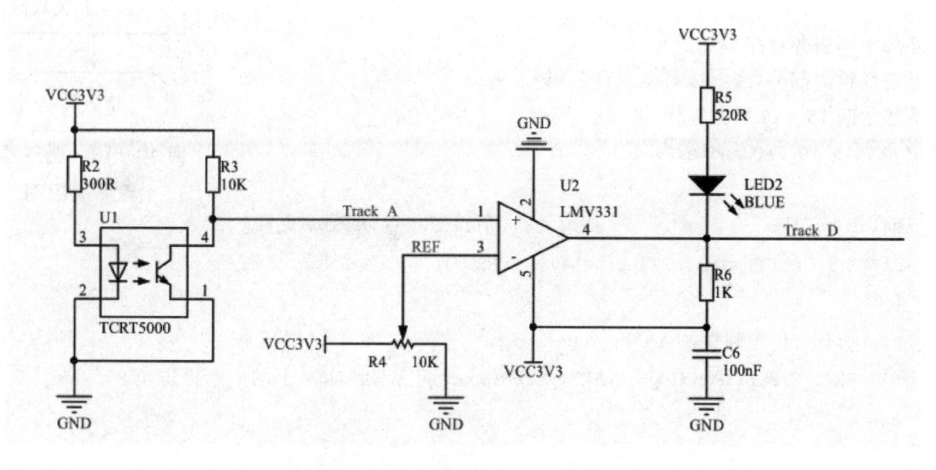

图 10－15 传感器硬件原理图

传感器通过 3Pin 的对插线与 I/O 扩展板相连接，I/O 扩展板的引脚电路图如图 10－16 所示，Cortex－M3 接口原理图如图 10－17 所示。

红外循迹检测传感器的 I/O 引脚连接到了 Cortex－M3 的 PB14 引脚，I/O 检测引脚默认为高电平，当传感器检测到有黑色痕迹时输出低电平，由此可将单片机的引脚设置为下降沿中

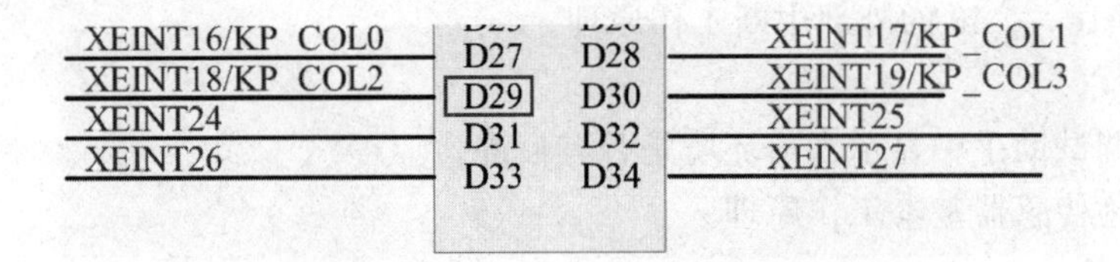

图 10－16　I/O 扩展板接口原理图

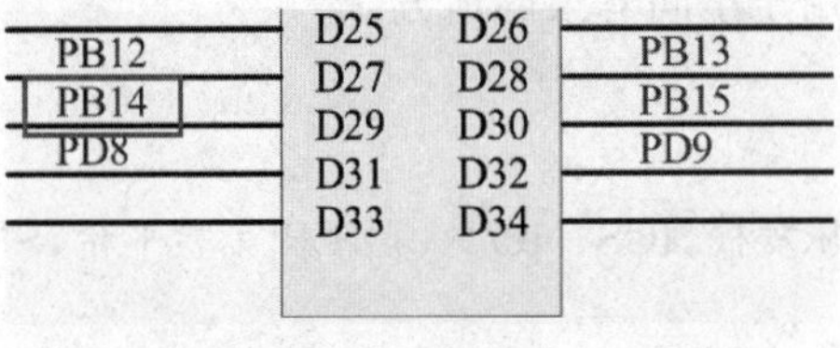

图 10－17　Cortex－M3 接口原理图

断触发模式，当检测到黑色轨迹时触发中断。

(4) 软件设计流程图

循迹检测程序流程图如图 10－18 所示。初始化设置相应参数，当传感器检测到黑色痕迹时，在串口调试助手中显示“有痕迹”。

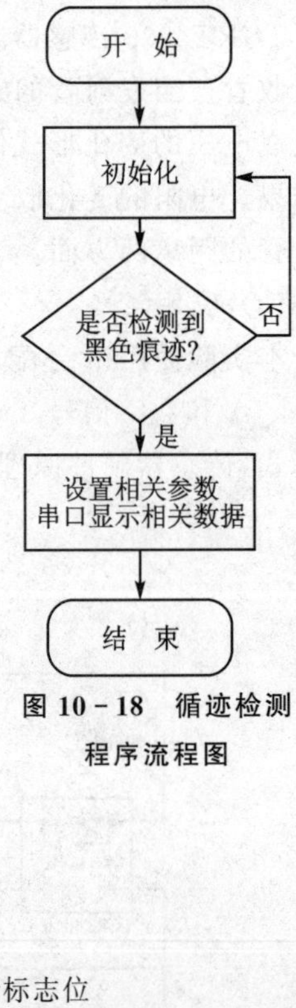

图 10－18　循迹检测程序流程图

3. 源码分析

打开工程源码，在 HARDWARE 目录下面增加了 exti. c 文件，同时固件库目录增加了 stm32f10x_exti. c 文件。exit. c 文件总共包含 2 个函数，一个是外部中断初始化函数 void EXTIX_Init (void)，另一个是中断服务函数。

```
//外部中断服务程序
//见磁场检测部分，或直接参考工程源码
//外部中断 15 - 10 服务程序
void EXTI15_10_IRQHandler(void)
{
    delay_ms(3);                    //消抖(消抖短一点，准确率更高)
    if(EXTI_GetITStatus(EXTI_Line14)! = RESET)
    {
        printf("寻到轨迹 \n");
        EXTI_ClearITPendingBit(EXTI_Line14);  //清除 LINE2 上的中断标志位
    }
}
```

4. 实验运行步骤和结果

(1) 实验步骤

① 循迹检测传感器通过 3Pin 的对插线与 I/O 扩展板的 IO IN 接口连接，如图 10－19 所示。

② 连接电源线、mini 串口线并打开电源开关，将核心板上的跳线接到 UART 端，I/O 扩

图 10 - 19 扩展板与传感器接线图

展板的跳线接到 USB 端,跳线位置如图 10 - 20 所示。

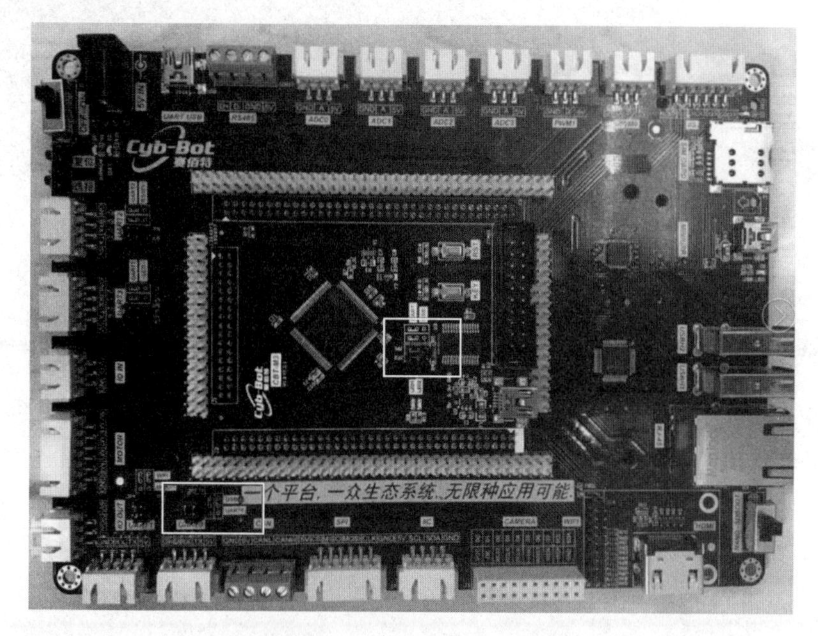

图 10 - 20 扩展板跳线位置

③ 将 ST - LINK 仿真器一端连接到 PC 机上,另一端连接到 Cortex - M3 仿真器下载口上。

④ 用 Keil5 软件打开实验工程,目录在:Cortex - M3/Cortex - M3 传感器驱动实验/实验 07 循迹检测/USER,之后打开后缀名为. uvprojx 的工程文件,如图 10 - 21 所示。

⑤ 编译程序,单击按钮如图 10 - 22 所示。

⑥ 编译通过,然后下载程序到 Cortex - M3 开发板,单击按钮如图 10 - 23 所示。

⑦ 打开串口工具 AccessPort,设置端口号(在设备管理器中查找),设置"波特率"为 115 200,其他默认。

(2) 设计运行结果

根据传感器原理图 10 - 15 可知,模块支持模拟量和数字量两种输出方式。本次实验采用数字量输出模式,需将图 10 - 24 中的 JP1 跳线接到 Track_D 端,此时输出为数字量,同时可以调节图 10 - 24 中的滑动变阻器来调节传感器的检测距离(当跳线连接为 Track_A 时,输出

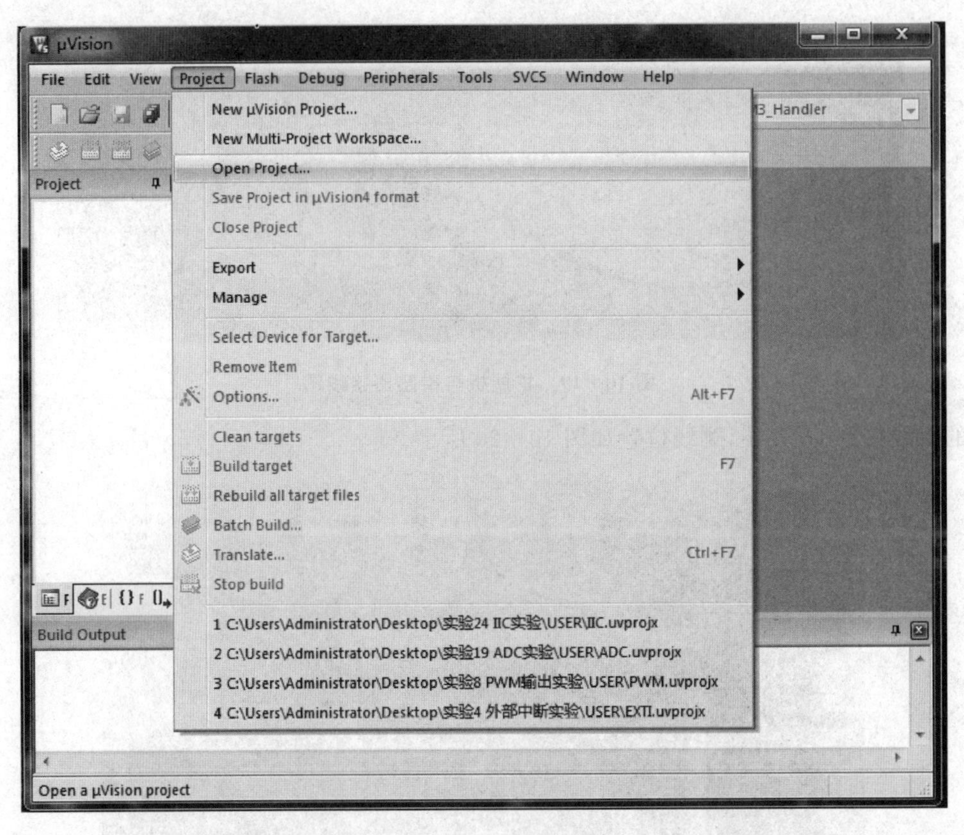

图 10-21　打开工程文件图

为模拟量）。

图 10-22　编译程序按钮图

图 10-23　下载程序按钮图

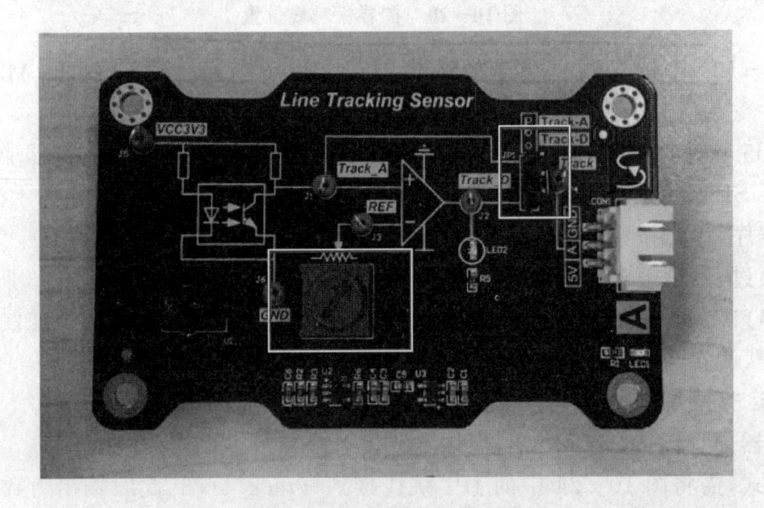

图 10-24　滑动变阻器位置

下载并运行程序，用黑色胶带铺一条黑线，当传感器检测到黑色轨迹时，传感器模块上的LED2 状态指示灯会亮，并且串口终端输出“有痕迹”；当传感器离开黑色轨迹时，LED2 熄灭，串口输出“无痕迹”，如图 10－25 所示。

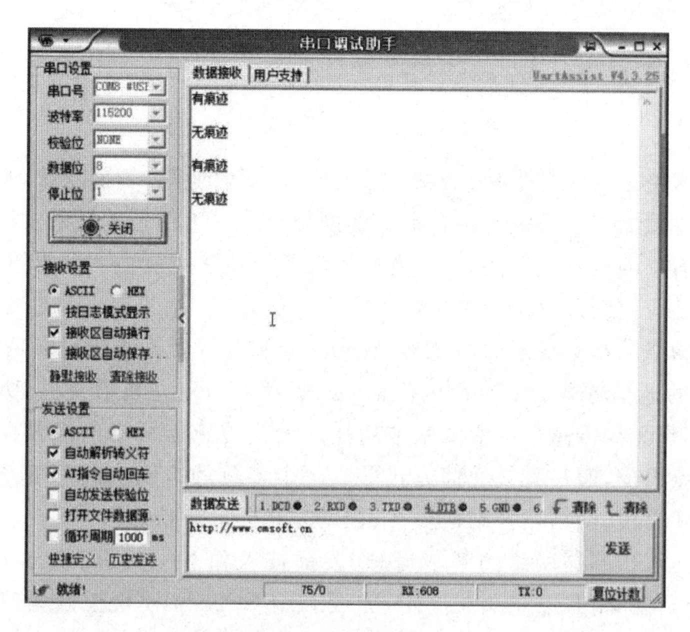

图 10－25　串口调试助手显示

思考与练习

1. 简述生物传感器的分类。
2. 生物传感器的工作原理是什么？
3. 光纤传感器的工作原理是什么？
4. 简述智能传感器的优点和发展前景。
5. 简述智能传感器的组成。
6. 与传统传感器相比，智能传感器具有哪些特点？
7. 简述循迹检测传感器的工作原理。

项目 11　无线传感器

项目描述

无线传感器网络是集信息采集、信息传输处理于一体的综合智能系统，是通过无线通信技术把数以万计的传感器节点组织与结合形成的网络形式。无线传感器的发展全面提升了物联网在社会生产生活中的信息感知能力、信息互通性和智能决策能力。无线传感器网络的理论、关键技术和产品已应用到国民生产和生活等各个方面。

无线传感器网络的基本要素为传感器、感知对象和观察者。无线网络是传感器之间、传感器与观察者之间的通信方式，用于在传感器与观察者之间建立通信路径，协作感知、采集、处理、发布感知信息是无线传感器网络的基本功能。无线传感器网络由部署在监测区域内大量的微型传感器节点组成，通过无线通信方式形成一个多跳的自组织的网络系统。无线传感器网络具有组件方式自由、网络拓扑结构灵活、控制方式分散等特点。

项目介绍了无线传感器网络的基本概念、关键技术和 NB - IoT、ZigBee、WiFi、蓝牙等无线通信技术，重点讲解 ZigBee 技术及应用，完成利用 CC2530 模块控制调速风扇和光照检测系统软硬件设计，实现无线组网远程通信。

目标要求/知识学习目标

① 了解无线传感器网络的体系结构和应用领域；

② 掌握无线传感器网络的关键技术；

③ 了解 ZigBee 技术、WiFi 技术、蓝牙等无线通信技术；

④ 能基于 ZigBee 技术设计传感器节点硬件电路，能进行传感器节点软件系统的设计及调试。

11.1　无线传感器网络概述

11.1.1　无线传感器网络结构

无线传感器网络结构如图 11 - 1 所示，传感器网络系统通常包括传感器节点（Sensor Node）、汇聚节点（Sink Node）和管理节点。传感器节点部署在监测区域（Sensor Field）内部或附近，能够通过自组织方式构成网络。传感器节点监测的数据沿着其他传感器节点传输，在传输过程中监测数据可能被多个节点处理，用户通过管理节点对传感器网络进行配置和管理，发布监测任务以及收集监测数据。

1. 传感器节点

传感器节点通常是一个微型的嵌入式系统，一般由传感器模块、信息处理模块、无线通信模块和能量供应模块组成，如图 11 - 2 所示。其中，信息处理部分是传感器节点的核心部分，

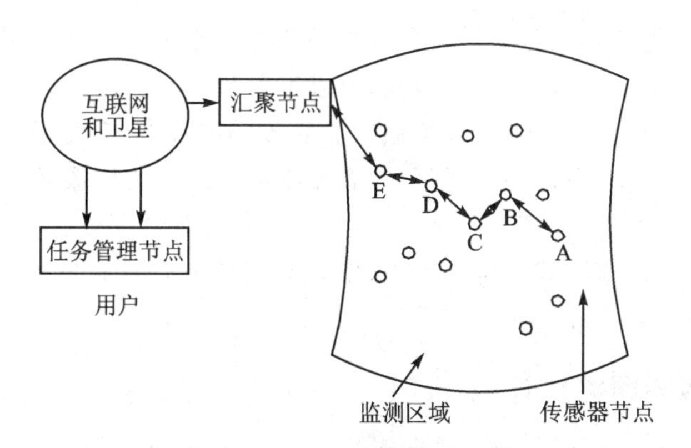

图 11－1 无线传感器网络结构

负责整个节点的设备控制、任务分配、任务调度、数据整合、数据传输等功能。每个传感器节点都兼顾传统网络节点的终端和路由器双重功能，除了进行本地信息收集和数据处理外，还要对其他节点转发来的数据进行存储、管理和融合等处理，同时与其他节点协作完成一些特定任务。

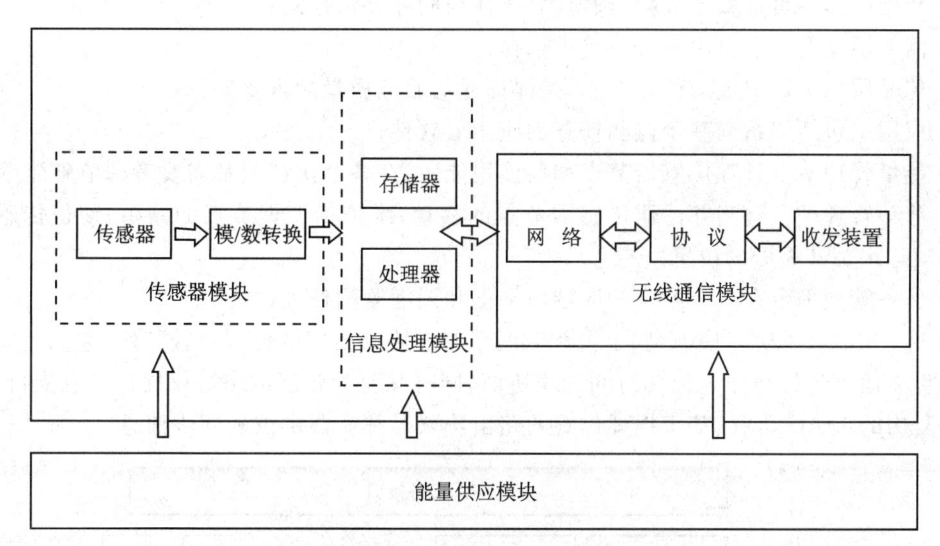

图 11－2 传感器节点结构

传感器节点能量的供应是采用电池，由于受节点体积的限制，传感器节点能量十分有限，因此需要电源部分来为其提供能量。考虑尽可能地延长整个传感器网络的生命周期，保证能量供应的持续性是在设计传感器节点时一个重要的设计原则。传感器节点能量消耗的模块主要是包括传感器模块、信息处理模块和无线通信模块，而绝大部分的能量消耗是集中在无线通信模块上，约占整个传感器节点能量消耗的 80%。

传感器模块负责监测区域内信息的采集和转换，信息处理模块负责管理整个传感器节点、存储和处理自身采集的数据或者其他节点发送来的数据，无线通信模块负责与其他传感器节点进行通信，能量供应模块负责对整个传感器网络的运行进行能量的供应。

2. 汇聚节点

汇聚节点连接传感器网络与外部网络，实现两种协议栈之间的通信协议转换，还负责发布

管理节点的监测任务，把收集的数据转发到外部网络上。汇聚节点不仅需要和远程终端进行通信，而且需要与传感器节点进行通信，因此，要求汇聚节点的处理能力、存储能力和通信能力都比较强。汇聚节点既可以是一个具有增强功能的传感器节点，有足够的能量供给和更多的内存与计算资源，也可以是没有监测功能仅带有无线通信接口的特殊网关设备。

3. 管理节点

管理节点对传感器网络进行配置和管理，发布监测任务以及收集监测数据。管理节点还负责数据存储分析和决策。

11.1.2 无线传感器网络协议栈

无线传感器网络的协议栈包括物理层、数据链路层、网络层、传输层和应用层，与互联网协议栈的五层协议相对应，如图 10－3 所示。协议栈还包括能量管理平台、移动管理平台和任务管理平台。这些管理平台使得传感器节点能够按照能源高效的方式协同工作，在节点移动的传感器网络中转发数据，并支持多任务和资源共享。各层协议和平台的功能如下：

① 物理层提供简单但健壮的信号调制和无线收发技术；

② 数据链路层负责数据成帧、帧检测、媒体访问和差错控制；

③ 网络层主要负责路由生成与路由选择；

④ 传输层负责数据流的传输控制，是保证通信服务质量的重要部分；

⑤ 应用层包括一系列基于监测任务的应用层软件；

⑥ 能量管理平台管理传感器节点如何使用能源，在各个协议层都需要考虑节省能量；

⑦ 移动管理平台检测并注册传感器节点的移动，维护到汇聚节点的路由，使得传感器节点能够动态跟踪其邻居的位置；

⑧ 任务管理平台在一个给定的区域内平衡和调度监测任务。

图 11－3 显示了协议栈模型，定位和时间子层在协议栈中的位置比较特殊，它们既要依赖于数据传输通道进行协作定位和时间同步协商，同时又要为各层网络协议提供信息支持，如基于时分复用的 MAC 协议、基于地理位置的路由协议等都需要定位和同步信息。

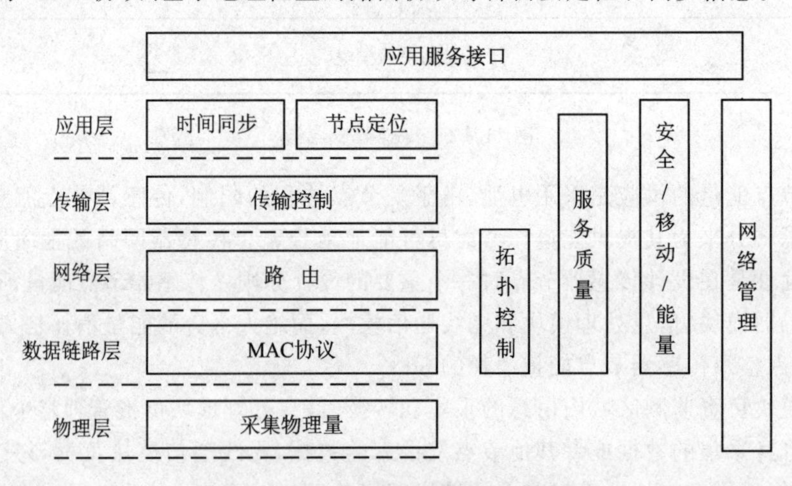

图 11－3 无线传感器网络协议栈

11.1.3　常用无线通信技术

1. ZigBee 技术

ZigBee 技术是建立在 IEEE 802.15.4 定义的 PHY(物理层)和 MAC(媒体访问控制层)之上的标准,定义了网络层、安全层、应用层及 ZDO(ZigBee 设备对象管理)等。ZigBee 协议是短距离无线传感器网络与控制协议,主要用于传输控制信息,数据量相对来说比较小,特别适用于电池供电的系统。

ZigBee 技术具有功耗低、成本低、网络容量大、时延短、安全、工作频段灵活等诸多优点,未来几年具有相当大的发展潜力。

2. WiFi 技术

WiFi 的英文全称为 Wireless Fidelity,是一个创建于 IEEE 802.11 标准的无线局域网技术,无线电波覆盖范围广,半径则达 100 m,适宜单位楼层以及智能家居使用,具有速度快、可靠性高等特点。

其不足之处是现在所运用的 IP 无线网络存在着切换时间长、覆盖半径相对较小、带宽不高等缺点,使其不能很好支持移动 VoIP 等。

3. 红外通信技术

红外通信是利用 950 nm 近红外波段的红外线作为传递信息的媒体,实现两点间的近距离保密通信和信息转发。它一般由红外发射和接收系统两部分组成。发送端将基带二进制信号调制为一系列的脉冲信号,通过红外发射管发射红外信号,接收端将吸收到的光脉冲转换成点信号,还原为二进制数字信号输出。

红外通信技术具有安全可靠、容量大、结构简单、保密性好、无电磁干扰等特点。该技术工作原理简单、功耗小、成本低,但传输距离有限、传输方向性强,在应用范围上受到了一定程度的限制。

4. 蓝牙技术

蓝牙技术是一种短距离无线电技术,可用于替代便携或固定电子设备所使用的电缆或连线。蓝牙技术工作在 2.4 GHz 的 ISM 频段上,采用以每秒钟 1 600 次的扩频调频技术,通信距离为 10～100 m。其以时分方式进行全双工通信,能在设备间实现方便快捷、灵活安全、低成本、低功耗的数据通信和语音通信。

5. NB-IoT 技术

NB-IoT 是窄带物联网(Narrow Band Internet of Things)的简写,是一种新兴的技术,支持低功耗设备在广域网的蜂窝数据连接,也称作低功耗广域网(LPWAN)。NB-IoT 具有覆盖广、连接多、速率快、成本低、功耗低、架构优等特点。NB-IoT 使用 License 频段,可采取带内、保护带或独立载波等三种部署方式,与现有网络共存。

11.2　无线传感器网络关键技术

无线传感器网络集信息采集、信息传输、信息处理于一体,涉及多学科交叉领域,是当今众多科学研究的热点,无线传感器网络涉及网络结构、信息安全、通信等关键技术。

1. 网络协议

无线传感器网络协议是组网中核心环节,负责使各个独立的节点形成一个多跳的数据传输网络,是无线传感器网络热点研究领域。目前研究的重点是网络层协议和数据链路层协议。传感器网络协议网络层的路由协议决定监测信息的传输路径;数据链路层的介质访问控制用来构建底层的基础结构,控制传感器节点的通信过程和工作模式。

目前提出了多种类型的传感器网络路由协议,如介质访问控制 MAC 协议,多个能量感知的路由协议,定向扩散和谣传路由等基于查询的路由协议,GEAR 和 GEM 等基于地理位置的路由协议,SPEED 和 RelnForM 等支持 QoS 的路由协议。MAC 协议决定无线信道的使用方式,在传感器节点之间分配有限的通信资源,用来构建传感器网络系统的底层基础结构。

2. 网络安全

安全问题是无线传感器网络的重要问题,由于采用的是无线传输信道,网络存在偷听、恶意路由、消息篡改等安全问题。无线传感器网络安全受信道节点物理特性限制,也受通信带宽、延时、数据包大小等限制。无线传感器网络需要保证任务执行的机密性、数据产生的可靠性、数据实时性、数据融合的高效性以及数据传输的安全性。无线传感器网络需要实现一些最基本的安全机制:机密性、点到点的消息认证、新鲜性、认证广播和安全管理。除此之外,为了确保数据融合后数据源信息的保留,完整性检测、身份认证、水印技术也成为无线传感器网络安全的研究内容。

无线传感器网络 SPINS 安全框架在机密性、点到点的消息认证、完整性鉴别、新鲜性、认证广播方面定义了完整有效的机制和算法。安全管理方面目前以密钥预分布模型作为安全初始化和维护的主要机制,其中随机密钥对模型、基于多项式的密钥对模型等是目前最有代表性的算法。

3. 无线通信技术

超宽带(Ultra Wide Band,UWB)技术是一种新型的无线通信技术。它通过对具有很陡上升和下降时间的冲激脉冲进行直接调制,使信号具有 GHz 量级的带宽。超宽带技术具有抗干扰性好、传输速率高、带宽宽、系统容量大、保密性好等优点,非常适合应用在无线传感器网络中。

近距离无线传输(NFC)是由 Philips、Nokia 和 Sony 主推的一种无线连接技术。它能快速自动地建立无线网络,为蜂窝设备、蓝牙设备、WiFi 设备等提供一个虚拟连接,使电子设备可以在短距离范围进行通信,主要应用于设备短距离连接、射频识别等场合。

IEEE 802.15.4 网络是指在一个 POS 内使用相同无线信道并通过 IEEE 802.15.4 标准相互通信的一组设备,又叫 LR-WPAN 网络。它是针对低速无线个人域网络的无线通信标准,把低功耗、低成本作为设计的主要目标,旨在为个人或者家庭范围内不同设备之间低速联网提供统一标准。由于 IEEE 802.15.4 标准的网络特征与无线传感器网络存在很多相似之处,故很多研究机构把它作为无线传感器网络的无线通信平台。

4. 定位技术

位置信息是传感器节点采集数据中不可缺少的部分,节点定位是确定传感器的每一个节点的相对和绝对位置。定位机制满足自组织性、鲁棒性、能量高效和分布式计算等要求。

根据节点位置是否确定,传感器节点分为信标节点和位置未知节点。信标节点的位置是已知的,位置未知节点需要根据少数信标节点,按照某种定位机制确定自身的位置。基于距离的定位机制就是通过测量相邻节点间的实际距离或方位来确定未知节点的位置，通常采用测距、定位和修正等步骤实现。根据测量节点间距离或方位时所采用的方法，基于距离的定位分为基于 TOA 的定位、基于 TDOA 的定位、基于 AOA 的定位、基于 RSSI 的定位等。

5. 数据融合

数据融合技术可以与传感器网络的多个协议层次进行结合。在应用层设计中，可以利用分布式数据库技术，对采集到的数据进行逐步筛选，达到融合的效果；在网络层中，很多路由协议均结合了数据融合机制，以期减少数据传输量。数据融合技术在节省能量、提高信息准确度的同时，要以牺牲其他方面的性能为代价。

11.3　无线传感器网络应用前景趋势

无线传感器网络是信息科学领域中一个全新的发展方向，同时也是新兴学科与传统学科进行领域间交叉的结果。无线传感器网络发展经历了无线数据网络、无线自组织网络、无线传感器网络 3 个阶段。

无线传感器网络的研究和使用最早可追溯到冷战时期，美国在其战略区域布置了声学监视系统，用于检测和跟踪静默下的苏联潜艇。为使传感器网络能在军事和民用领域被广泛应用，美国国防高级研究计划局(DARPA)在 1978 年发起了分布式传感器网络研讨会。由于军用监视系统对传感器网络感兴趣，人们开始对传感器网络在通信和计算的权衡方面展开研究。DARPA 在 1979 年提出了“分布式传感器网络计划 DSN”。20 世纪 90 年代中期开始了低功率无线集成微型传感器研究计划。在美国自然科学基金委员会的推动下，美国加州大学伯克利分校、麻省理工学院、康奈尔大学、加州大学洛杉矶分校等学校开始了无线传感器网络的基础理论和关键技术的研究。英国、日本、意大利等国家的一些大学和研究机构也纷纷开展了该领域的研究工作。加州大学伯克利分校提出了应用网络连通性重构传感器位置的方法，并研制了一个传感器操作系统 TinyOS。康奈尔大学、南加州大学等很多大学开展了无线传感器网络通信协议的研究，先后提出了几类新的通信协议。美国英特尔公司、美国微软公司、德州仪器等信息工业界巨头也开始了传感器网络硬件开发的工作。

1. 无线传感器网络的应用

随着人们对传感器网络技术的深入研究，传感器网络在健康看护、智慧农业、军事领域、智能家居、环境监测和预报、建筑物状态监控、复杂机械监控、城市交通、大型工业园区的安全监测等领域广泛应用。

(1) 智能家居

传感器网络被广泛地应用在智能家居中。在家电和家具中布置传感器节点，通过无线网络与互联网连接在一起，为人们提供更加舒适、方便的家居环境。同时可以利用远程物联网系统，完成对家电和室内环境的远程监控。

智能家居是以住宅为平台，利用综合布线技术、网络通信技术、安全防范技术、自动控制技术、音视频技术将与家居生活有关的设施集成，构建高效的住宅设施与家庭日程事务的管理系统，提升家居安全性、便利性、舒适性、艺术性，并实现环保节能的居住环境。

(2) 环境监测和预报系统

国家对环境监测和治理非常重视。无线传感器网络可用于监视大气污染情况、河流水质情况、土壤生态情况、牲畜和家禽的环境状况和大面积的地表监测等，还可用于行星探测、气象和地理研究、洪水监测等。利用无线传感器网络跟踪鸟类、小型动物和昆虫进行种群复杂度的研究等。

传感器网络还有一个重要应用就是生态多样性的描述，能够进行动物栖息地生态监测。在大鸭岛上，美国加州大学伯克利分校和大西洋学院联合部署了一个多层次的传感器网络系统，用来监测岛上海燕的生活习性。

(3) 医疗护理

传感器网络在医疗系统和健康护理方面的应用包括监测人体的各种生理数据，跟踪和监控医院内医生和患者的行动，医院的药物管理等。在需监测的患者身上佩戴具有心率和血压监测的设备，医生利用传感器网络就可以随时了解被监护病人的病情，如果发现异常迅速抢救。

(4) 军事应用

无线传感器网络的特点非常适合用于军事侦察领域，传感器网络的研究最早起源于军事应用研究，其具有适应恶劣环境、低功耗、小体积、高抗毁、高隐蔽性、强自组织能力等特点，是军事侦察中可靠而有效的工具。可通过飞机撒播、特种炮弹发射等手段将大量传感器布于人员不便于到达的观察区域进行兵力部署、地形地貌、火力监控以及战斗损失评估等。

(5) 精准农业

精准农业是信息技术与农业生产全面结合的一种新型农业。将无线传感器网络技术用于农业生产，促进精准农业的发展，根据土壤肥力和作物生长状况的空间差异，调节对作物的投入，再对耕地和作物长势进行定量的实时诊断，在充分了解大田生产力的空间变异的基础上，以平衡地力、提高产量为目标，实施定位、定量的精准田间管理，构建专门用于大田作物种植的综合集成的高科技农业应用系统。

2. 无线传感器网络的前景

无线传感器网络技术被认为是21世纪中能够对信息技术、经济和社会进步发挥重要作用的技术，其发展潜力巨大。它不仅在工业、农业、军事环境、医疗等传统领域具有巨大的运用价值，在未来还将在许多新兴领城体现其优越性，如家用、保健、交通等领域。无线传感器网络将是未来的一个无孔不入的十分庞大的网络，其应用可以涉及到人类日常生活和社会生产活动的所有领域。

11.4 ZigBee技术

11.4.1 ZigBee技术简介

ZigBee技术是一种应用于短距离范围内，低传输数据速率下的各种电子设备之间的无线通信技术。ZigBee名字来源于蜂群使用的赖以生存和发展的通信方式，蜜蜂通过跳ZigZag形式的舞蹈来通知发现的新食物源的位置、距离和方向等信息，以此作为新一代无线通信技术的名称。

ZigBee技术本质上是一种速率比较低的双向无线网络技术，其由IEEE.802.15.4无线标准开发而来，拥有低复杂度和短距离以及低成本和低功耗等优点。其使用了2.4 GHz频段，这个标准定义了ZigBee技术在IEEE 802.15.4标准媒体上支持的应用服务。该项技术尤为适用于数据流量偏小的业务，可尤为便捷地在一系列固定式、便携式移动终端中进行安装。ZigBee无线通信技术可于数以千计的微小传感器相互间，依托专门的无线电标准达成相互协调通信，因而该项技术常被称为Home RF Lite无线技术、FireFly无线技术。ZigBee无线通信技术还可应用于小范围的基于无线通信的控制及自动化等领域，可省去计算机设备、一系列数字设备相互间的有线电缆，更能够实现多种不同数字设备相互间的无线组网，使它们实现相互通信，或者接入因特网。

ZigBee联盟的主要发展方向是建立一个基础构架，这个构架基于互操作平台以及配置文件，并拥有低成本和可伸缩嵌入式的优点，是搭建物联网开发平台，实现物联网的简单途径。

ZigBee技术的特点如下：

1. 低功耗

ZigBee技术的传输速率低，传输数据量小，信号收发时间短，并且在非工作状态下处于自动休眠模式，所以ZigBee节点的功耗非常低。由于电池种类、网络容量和应用场合等条件的不同，电池的使用时间也不相同，通常情况下ZigBee节点在两节5号干电池供电的情况下可工作6个月到2年，而使用碱性电池则可以工作数年，对于某些长时间处于休眠模式的工作，电池寿命甚至可以超过10年。

2. 高可靠度

ZigBee技术在媒体接入控制层(MAC层)采用了talk－when－ready碰撞避免机制，这是一种完全确认的数据传输机制，每个发送的数据包都必须等待接收方的确认信息，如果没有收到确认信息则再传一次。同时为需要固定带宽的通信业务预留专用时隙，避免了数据发送时的竞争和冲突，有效地提高了系统信息传输的可靠性。

3. 大网络容量

单个ZigBee网络中最多可同时搭载255个设备，包括一个主设备(Master)和254个从设备(Slave)，并且在同一地点最多可以有100个ZigBee网络同时工作。如果使用Network Coordinator可使整个ZigBee网络同时搭载65 000个节点，而且Network Coordinator相互之间可以进行连接，这样将使网络中同时存在数量极多的传感器节点。比如ZigBee2006版的协议栈就能够容纳3万多个节点。

4. 低成本

ZigBee技术的协议栈设计简练，所以研发和生产成本相对较低，并且ZigBee协议是免专利费的，ZigBee芯片的价格大约在25元，而且一直在降低。

5. 高安全性

ZigBee技术提供了基于循环冗余码校验(CRC)的数据完整性检查和鉴权功能，并采用AES-128加密算法，各应用可以灵活地确定其安全属性，使得网络安全性得到了较高的保证。

6. 短时延

ZigBee技术对通信时延以及系统唤醒时延等问题也做出了处理。系统唤醒时延一般为15 ms，网络搭建时延一般为30 ms，移动设备加入网络时延为15 ms，可加快系统的唤醒。

11.4.2 ZigBee协议架构

ZigBee协议栈架构由一组被称作层的模块组成。每一层为上面的层执行一组特定的服务：数据实体提供了数据传输服务，管理实体提供了所有其他的服务。每个服务实体都通过一个服务接入点(SAP)为上层提供一个接口，每个SAP都支持多种服务原语来实现要求的功能。

ZigBee协议结构框架如图11-4所示。ZigBee协议栈结构是基于标准的开放式系统互联(OSI)七层模型。IEEE 802.15.4—2003标准定义了物理(PHY)层和媒体访问控制(MAC)层。ZigBee联盟在此基础上建立了网络(NWK)层和应用层构架。应用层构架由应用支持子层(APS)、ZigBee设备对象(ZDO)和制造商定义的应用对象组成。

IEEE 802.15.4—2003有两个PHY层，这两个PHY层运行在两个不同的频率范围，分别是868/915 MHz和2.4 GHz。IEEE 802.15.4—2003 MAC子层使用CSMA-CA机制来控制无线电信道的访问。其职责也可能包括传输信标帧、同步和提供一个可靠的传输机制。

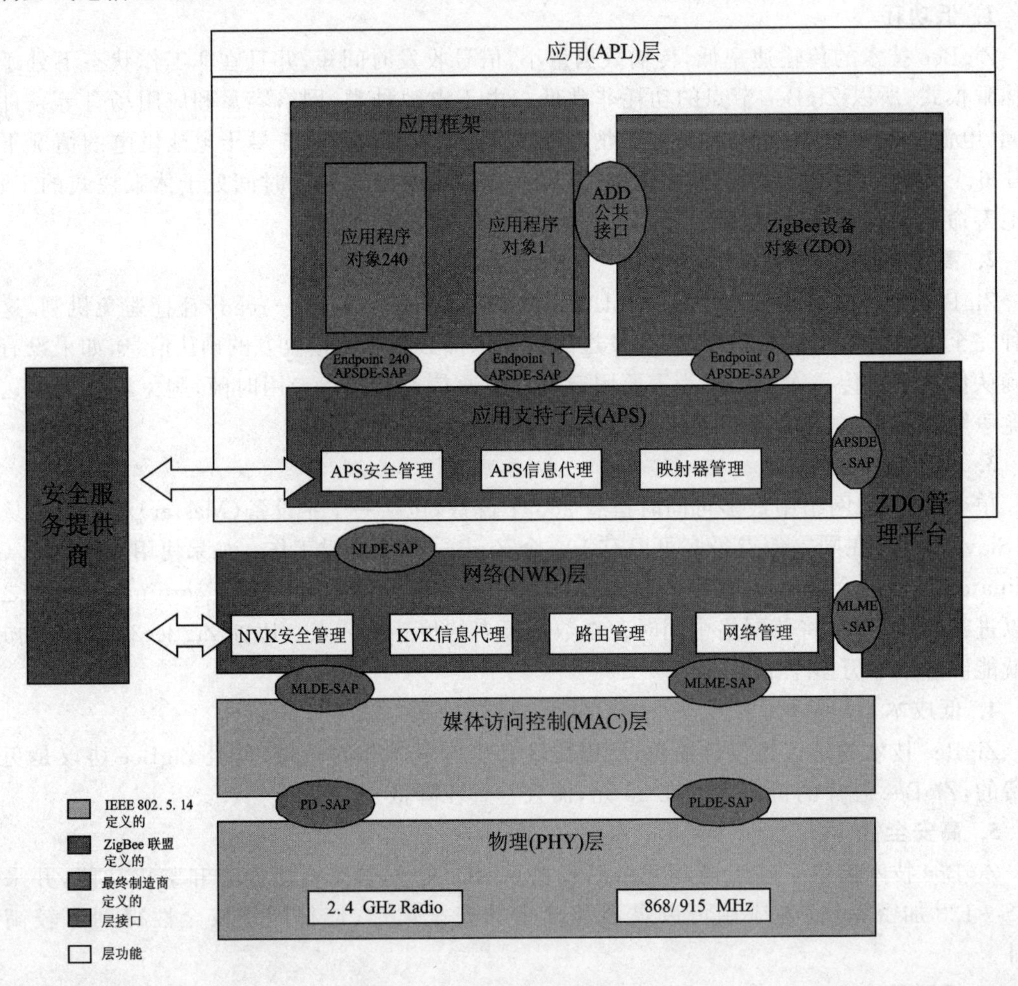

图11-4　ZigBee协议结构框架

ZigBee的NWK层的职责包括：加入和离开一个网络；为帧运用安全功能；为到预定目的地的帧寻找路由；发现和维护设备之间的路由；发现单跳的邻居；存储相关的邻居信息。

ZigBee协调器的NWK层负责在适当时启动一个新的网络，并给新的相关设备指派地址。ZigBee应用层包括APS、应用程序框架(AF)、ZDO和制造商定义的应用对象。APS子层的职责包括:维护绑定表,能够同时根据其服务和需求匹配两个设备。

ZDO 的职责包括:定义网络中设备的角色(例如,ZigBee 协调器或终端设备);发起和/或响应绑定请求;在网络设备之间建立一个安全的关系。

对于无线自组织的传感器网络而言,网络拓扑控制具有特别重要的意义。通过拓扑控制自动生成的良好的网络拓扑结构,能够提高路由协议和 MAC 协议的效率,可为数据融合、时间同步和目标定位等很多方面奠定基础,有利于节省节点的能量来延长网络的生存期。因此,拓扑控制是无线传感器网络研究的核心技术之一。

无线网络拓扑结构通常分为星状网、网状网、混合网,不同的网络拓扑结构的选择是根据应用场景而做出的。星形网络构造简单,易于实施,同时由于传输距离比较近,传输功率不大,当网络中所有传感器节点非常接近基站的时候,星形网络有其相应的优势,容易收到好的效果。网状网比较适合基站在传感器节点区域较近,节点分布密度较低的状况,多跳传输容易发挥特点,且路由建立、维护及修复相对简单。由于分层网络结构简单、实施方便,能够充分发挥传感器网络节点密集的优势,比较适用于基站位置比较远、传感器节点密度较高的情况,通过数据整合和处理,得到精确的用户所需信息。现阶段传感器路由研究大多基于分层式网络结构。

ZigBee 的网络层支持星形、树形和网状网络拓扑。在星形拓扑中,网络由一个叫做 ZigBee 协调器的设备控制。ZigBee 协调器负责发起和维护网络中的设备,以及所有其他设备,称为终端设备,直接与 ZigBee 协调器通信。在网状和树形拓扑中,ZigBee 协调器负责启动网络,选择某些关键的网络参数,但是网络可以通过使用 ZigBee 路由器进行扩展。在树形网络中,路由器使用一个分级路由策略在网络中传送数据和控制信息。树形网络可以使用 IEEE 802.15.4—2003 规范中描述的以信标为导向的通信。网状网络允许完全的点对点通信。网状网络中的 ZigBee 路由器不会定期发出 IEEE 802.15.4—2003 信标。

11.4.3 CC2530 芯片概述

CC2530 是专门针对 IEEE 802.15.4 和 ZigBee 应用的单芯片解决方案,经济且低功耗,其芯片外形如图 11 5 所示。CC2530 有四种不同的版本:CC2530-F32/64/128/256。分别带有 32/64/128/256 KB 的闪存空间;它整合了全集成的高效射频收发机及业界标准的增强型 8051 微控制器,8 KB 的 RAM 和其他强大的支持功能和外设。

图 11-5 CC2530 芯片

CC2530具有高达256 KB的闪存和20 KB的擦除周期，可以支持无线更新和大型应用程序，8 KB RAM用于复杂的应用和ZigBee应用，可编程输出功率达+4 dBm，在掉电模式下，只有睡眠定时器运行时，仅有不到1 μA的电流损耗，并且具有强大的地址识别和数据包处理引擎，可以支持ZigBee/ZigBee PRO，ZigBee RF4CE，6LoWPAN，WirelessHART及其他所有基于802.15.4标准的解决方案；卓越的接收机灵敏度和可编程输出功率；在接收、发射和多种低功耗的模式下具有极低的电流消耗，能保证较长的电池使用时间，并且具有一流的选择和阻断性能。

CC253x系列芯片的组成模块大致分为三个部分：CPU和内存、外设，以及无线射频模块。

1. CPU和内存

CC2530具有8051内核，该内核是单周期内核，可以单周期地访问特殊功能寄存器、数据总线和主SRAM。

2. 外　设

CC2530的外设包括：调试接口、闪存控制器、I/O控制器、DMA控制器定时器1～4、睡眠定时器、模数转换器、随机数发生器、AES协处理器、看门狗定时器、USART以及USB 2.0控制器。

3. 无线射频模块

CC2530提供的无线射频模块（无线收发器）兼容IEEE 802.15.4标准。此外，该芯片还在MCU和无线射频模块之间提供了一个接口，MCU可以通过这个接口向无线收发器发送命令，以控制无线收发器完成相应的动作。无线射频模块还具有数据包过滤和地址识别的功能。

11.5　应用实例

任务1　基于ZigBee技术的调速风扇控制系统

1. 基本内容

(1) 设计任务

利用CC2530模块设计风扇控制系统，实现远程控制风扇的调档控制。

(2) 设计目的

学习CC2530基于Z-Stack协议栈的PWM控制编程；学习TIZStack2007协议栈内容，掌握CC2530模块无线组网原理及过程。

(3) 开发环境

硬件：ZigBee(CC2530)模块两个，调速风扇，UART调试板，CC Debugger仿真器，PC机。

软件：IAR Embedded Workbench for 8051 ZStack-2.3.0-1.4.0协议栈。

2. 基本原理

(1) 传感器原理及应用

风扇调速分为电压调速和脉冲调速（PWM调速）。电压调速原理非常简单，就是靠改变供电电压来改变转速，当供电电压降低到风扇的IC无法工作时，风扇就要停转。PWM控制原理相对复杂，是将PWM信号送到风扇的IC，由IC去控制转速，并不是直接将12 V的

PWM信号加在电机线圈上。由于局限性和稳定性限制，电压调速目前已经逐步被PWM调速所取代。

PWM基本原理：控制方式就是对逆变电路开关器件的通断进行控制，使输出端得到一系列幅值相等的脉冲，用这些脉冲来代替正弦波或所需要的波形。也就是在输出波形的半个周期中产生多个脉冲，使各脉冲的等值电压为正弦波形，所获得的输出平滑且低次谐波少。按一定的规则对各脉冲的宽度进行调制，即可改变逆变电路输出电压的大小，也可改变输出频率。

(2) 硬件原理图分析

使用平台配套的调速风扇，ZigBee模块通过PWM控制风速模块，传感器硬件原理图如图11-6所示。

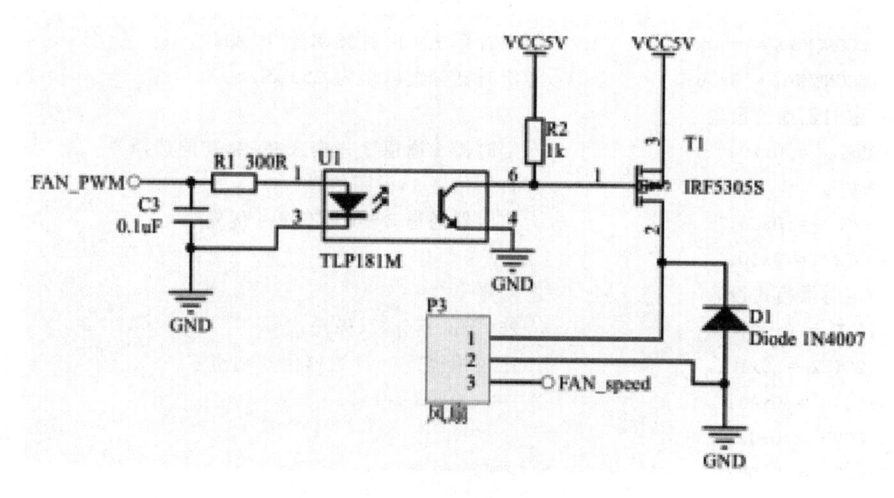

图11-6　传感器硬件原理图

传感器与通信模块通过两排20Pin的排针相连接，ZigBee模块接口电路图如图11-7所示。

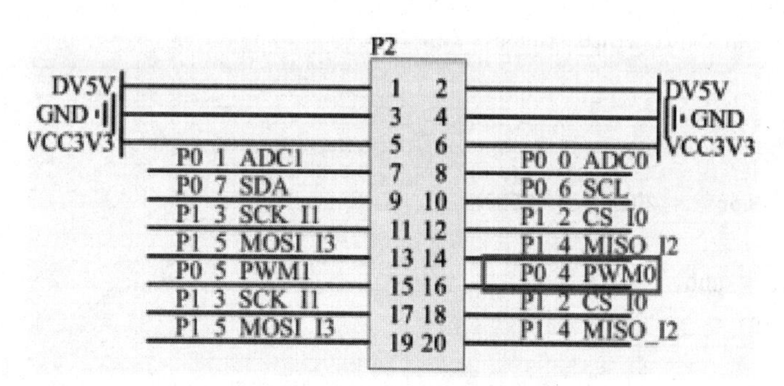

图11-7　ZigBee接口原理图

PWM模式需参考CC2530用户手册中"外部设备I/O引脚映射"来进行配置。首先选择定时器1～4；选择好定时器后，配置外部设备控制寄存器PERCFG来选择定时器选择的位置；然后针对选择的I/O口，配置定时器的优先级和定时器通道的优先级；最后进行定时器模式的设置，选择定时器的模式，选择定时器1模模式；在定时器1通道0寄存器(T1CC0H、T1CC0L)装入初值；选择捕获的通道，并装入比较值。注意：此时选择的通道必须对应所控制的 I/O 口。

3. 源码分析

SampleApp 实验是协议栈自带的 ZigBee 无线网络自启动(组网)样例,该实验实现的功能主要是协调器自启动(组网),节点设备自动入网并采集传感器值。之后两者建立无线通信,节点周期发送传感器数据给协调器,当中断触发时发送中断信息。

(1) CC2530 PWM 初始化函数

```
void ICS_SensorFan_Init()
{
    CLKCONCMD &= ～0x40;              //设置系统时钟源为 32 MHz 的晶振
    while(CLKCONSTA & 0x40);          //等待晶振稳定为 32 MHz
    CLKCONCMD &= ～0x07;              //设置系统主时钟频率为 32 MHz
    CLKCONCMD |= 0x38;                //定时器标记输出为 250 kHz
    //定时器通道设置
    P0SEL |= 0x10;                    //定时器 1 通道 2 一模式 P0_4,功能选择
    PERCFG &= ～0x40;                 //备用位置 1,说明信息
    P2DIR |= 0xC0;                    //定时器通道 2～3 具有第一优先级
    P0DIR |= 0x10;
    //定时器模式设置
    T1CTL = 0x02;                     //250 kHz 不分频,模模式
    T1CCTL2 = 0x1C;                   //比较相等置 1,计数器回 0 则清零
    T1CC0L = 0xA0;                    //PWM signal period
    T1CC0H = 0x0F;
    T1CC2L = 0xD0;                    //PWM duty cycle
    T1CC2H = 0x07;
}
```

(2) 风扇控制函数

```
void ICSSensor_Fan_Ctrl( uint8 status ) //调速风扇
{
    if(status == 1)
    {
    if((dutyfactor -= 200) <= 200)
    {
    dutyfactor = 200;
    gLevel = 19;
    }
    T1CC2L = dutyfactor; // PWM duty cycle
    T1CC2H = dutyfactor>>8;
    gLevel ++ ;
    }else
    {
    if((dutyfactor += 200) >= 3800)
    {
    dutyfactor = 3800;
```

```
gLevel = 1;
}
T1CC2L = dutyfactor; // PWM duty cycle
T1CC2H = dutyfactor>>8;
gLevel --;
}
}
```

4. 实验步骤

① 将CC Debugger仿真器、调速风扇、ZigBee通信模块、UART调试板、仿真器转接板按照图11-8和图11-9的方式连接。

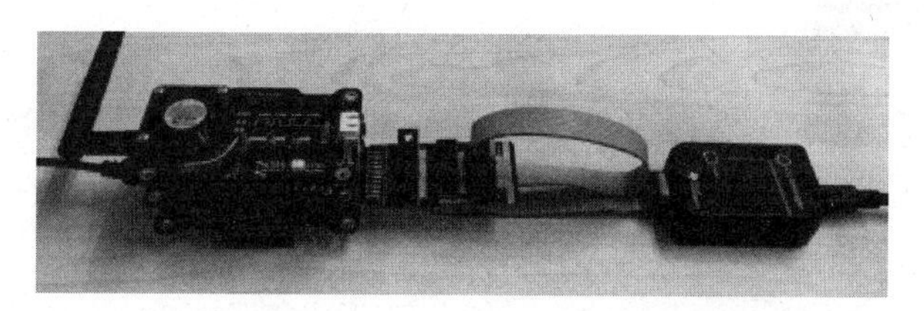

图11-8　终端节点连接图

图11-9　协调器节点连接图

② 用IAR for 8051打开实验工程,然后打开后缀名为.eww的工程文件。

③ 编译程序,选择菜单栏 Project→Rebuild All。

④ 编译通过,然后下载CoordinatorEB和EndDeviceEB程序到两个ZigBee模块。工程需要编译两次,一次编译为协调器,一次编译为终端,通过在Workspace中工程选择单元来选择不同的源码,当选择CoordinatorEB时为协调器,当选择EndDeviceEB时为终端,如图11-10所示。

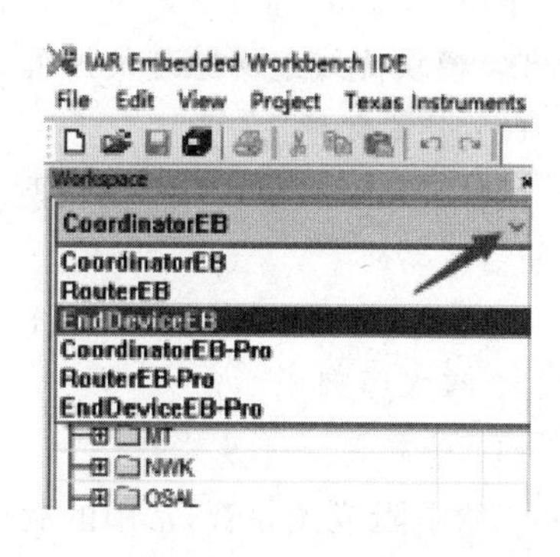

图11-10　程序下载

5. 实验结果

依次烧写协调器和终端节点,当协调器组建网络成功后RED灯保持常亮,终端节点加入网络过后RED灯常亮(若网络未连接则RED灯闪烁),打开串口调试软件,配置串口参数连接到协调器的端口,终端输入fast/slow控制风扇的快慢,如图11-11所示。

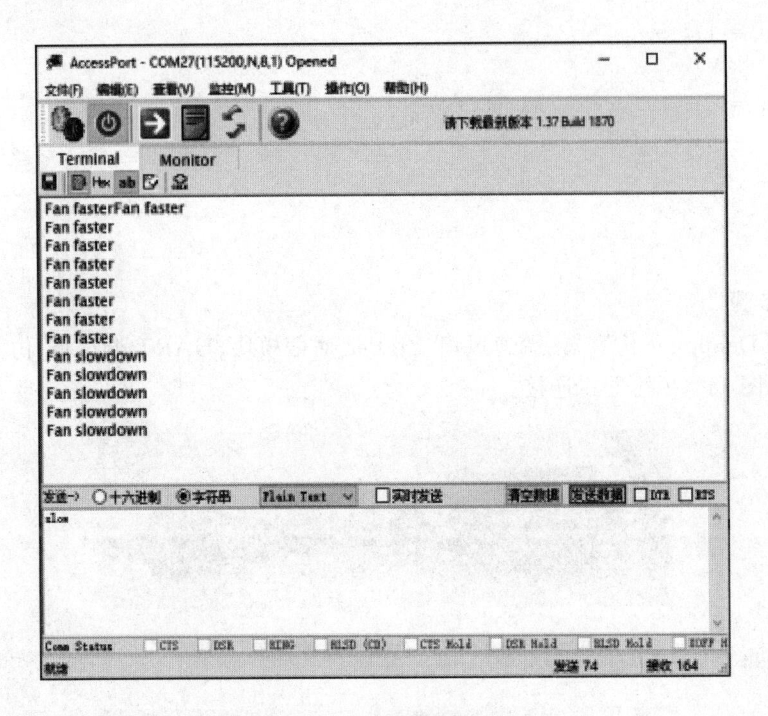

图 11-11 系统调试结果

任务 2 基于 ZigBee 技术的光照检测系统

1. 基本内容

(1) 设计任务

利用 CC2530 模块设计光照检测系统，实现检测光照强度。

(2) 设计目的

学习 CC2530 基于 Z-Stack 协议栈的 ADC 编程；学习 TI ZStack2007 协议栈内容，掌握 CC2530 模块无线组网原理及过程。

(3) 开发环境

硬件：ZigBee(CC2530)模块两个，光照检测传感器，UART 调试板，CC Debugger 仿真器，PC 机。

软件：IAR Embedded Workbench for 8051 ZStack-2.3.0-1.4.0 协议栈。

2. 基本原理

(1) 传感器原理及应用

光敏电阻或光导管，常用的制作材料为硫化镉，另外还有硒、硫化铝、硫化铅和硫化铋等材料。这些制作材料具有在特定波长的光照射下，其阻值迅速减小的特性。这是由于光照产生的载流子都参与导电，在外加电场的作用下作漂移运动，电子奔向电源的正极，空穴奔向电源的负极，从而使光敏电阻器的阻值迅速下降。

光敏电阻属于半导体光敏器件，除具有灵敏度高、反应速度快、光谱特性好等特点外，在高温、多湿的恶劣环境下，还能保持高度的稳定性和可靠性，可广泛应用于照相机、太阳能庭院灯、草坪灯、验钞机、石英钟、音乐杯、礼品盒、迷你小夜灯、光声控开关、路灯自动开关以及各种光控玩具、光控灯饰、灯具等光自动开关控制领域。

(2) 硬件原理图分析

使用平台配套的光照传感器，ZigBee 模块通过 ADC 采集传感器的值，传感器硬件原理如图 11－12 所示，ZigBee 接口原理如图 11－13 所示。

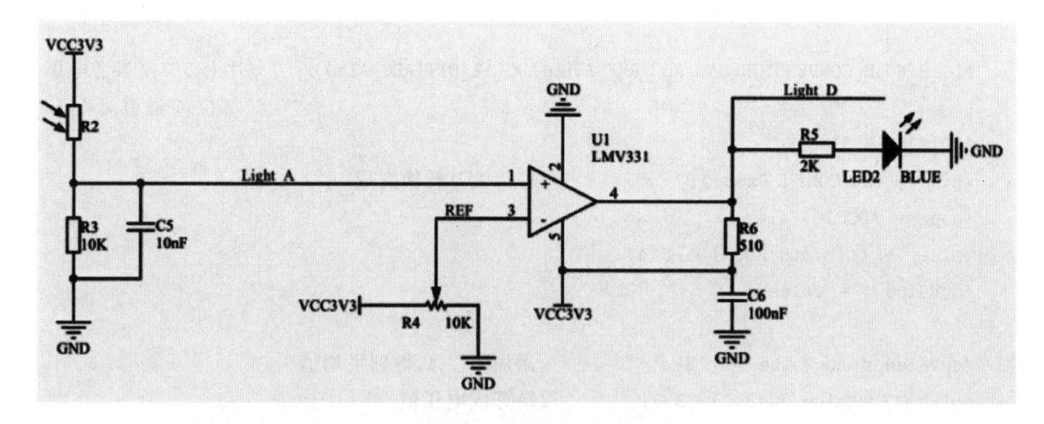

图 11－12 传感器硬件原理图

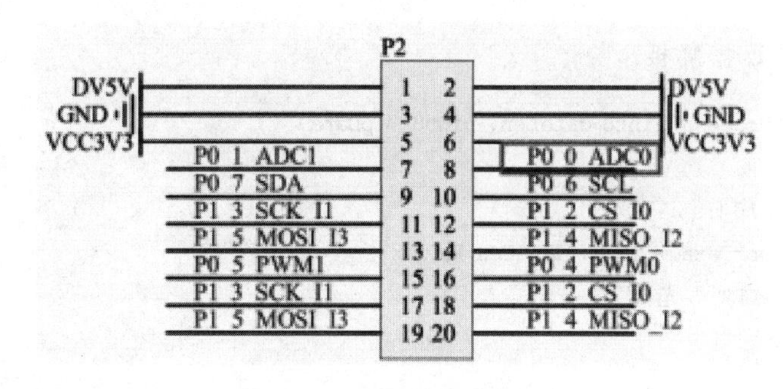

图 11－13 ZigBee 接口原理图

CC2530 的 ADC 最大支持 14 位(实际上为 12 位)的模拟/数字转换。它包括一个模拟多路转换器，具有多达 8 个可独立配置的通道以及一个参考电压发生器。

CC2530 的 AD 有多种输入通道，如 AIN0～AIN7、VDD/3、温度传感器等；CC2530 的采样精度有 7 bit、9 bit、10 bit、12 bit 四种，可通过对 ADCCON2 寄存器、ADCCON3 寄存器进行配置来改变 ADC 的采样精度。

3. 源码分析

SampleApp 实验是协议栈自带的 ZigBee 无线网络自启动(组网)样例，该实验实现的功能主要是协调器自启动(组网)，节点设备自动入网并采集传感器值。之后两者建立无线通信，节点周期发送传感器数据给协调器，当中断触发时发送中断信息。

(1) 终端节点初始化函数

```
float getVol(void)
{
    unsigned char i= 0;
    uint16 value = 0;
```

```
    uint32 AdcValue = 0;                    //防止溢出
    float vol = 0.0;
    P0DIR &= 0xfe;                          //设置 P0.0 为输入模式
    ADC_ENABLE_CHANNEL(0);                  //使能通道 1 作为 ADC 的采样通道
    for(i = 0; i<4; i++)
    {
    ADC_SINGLE_CONVERSION(HAL_ADC_REF_AVDD|ADC_12_BIT|ADC_AIN0);  //片上 3.3 V 参考电压,
                                                                   //12 位,1 通道
    ADC_SAMPLE_SINGLE();
    while(! (ADCCON1 & 0x80));              //等待 A/D 转换完成
    value = ADCL>>4;
    value |= (((uint8)ADCH) << 4);
    AdcValue += value;
    }
    AdcValue = AdcValue >> 2;               //累加除以 4,得到平均值
    vol = (AdcValue/2048.0) * 3.3;          //换算成电压值
    return vol;
}
```

(2)协调器串口数据解析

```
void SensorData_Process(uint8 dataLen, uint8 * pData)
{
uint8 sensorData[10];
osal_memcpy( sensorData, pData, dataLen );
#ifdef SENSOR_LIGHT //光照
uint16 value;
char voltage[16];
float temp;
value = (sensorData[7]<<8) + sensorData[8];
temp = (float)value/1000;
sprintf(voltage, "%.3fV", temp);
HalUARTWrite(0, "voltage: ", 9);
HalUARTWrite(0, voltage, 5);
HalUARTWrite(0, "\r", 1);
#endif
}
```

4. 实验步骤

① 将 CC Debugger 仿真器、光照传感器、ZigBee 通信模块、UART 调试板、仿真器转接板按照图 11-14 和图 11-15 的方式连接。

② 用 IAR for 8051 打开实验工程,然后打开后缀名为.eww 的工程文件。

③ 编译程序,选择菜单栏 Project→Rebuild All。

④ 编译通过,然后下载 CoordinatorEB 和 EndDeviceEB 程序到两个 ZigBee 模块,单击运行按钮。本工程需要编译两次,一次编译为协调器,一次编译为终端,通过在 Workspace 中工

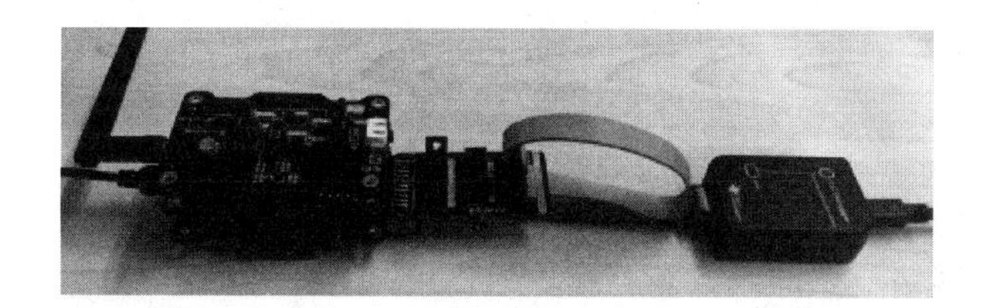

图 11 - 14 终端节点连接图

图 11 - 15 协调器节点连接图

程选择单元来选择不同的源码，当选择 CoordinatorEB 时为协调器，当选择 EndDeviceEB 时为终端，如图 11 - 16 所示。

5. 实验结果

依次烧写协调器和终端节点，当协调器组建网络成功后 RED 灯保持常亮，终端节点加入网络后 RED 灯常亮（若网络未连接则 RED 灯闪烁），打开串口调试软件，配置串口参数连接到协调器的端口，串口终端实时显示光敏电阻实时电压值，如图 11 - 17 所示。

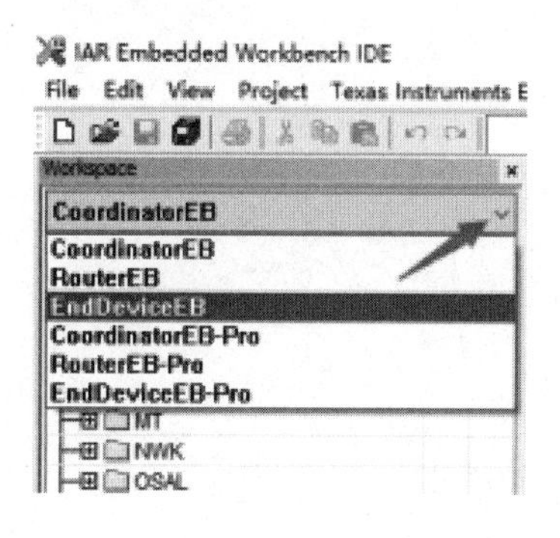

图 11 - 16 程序下载

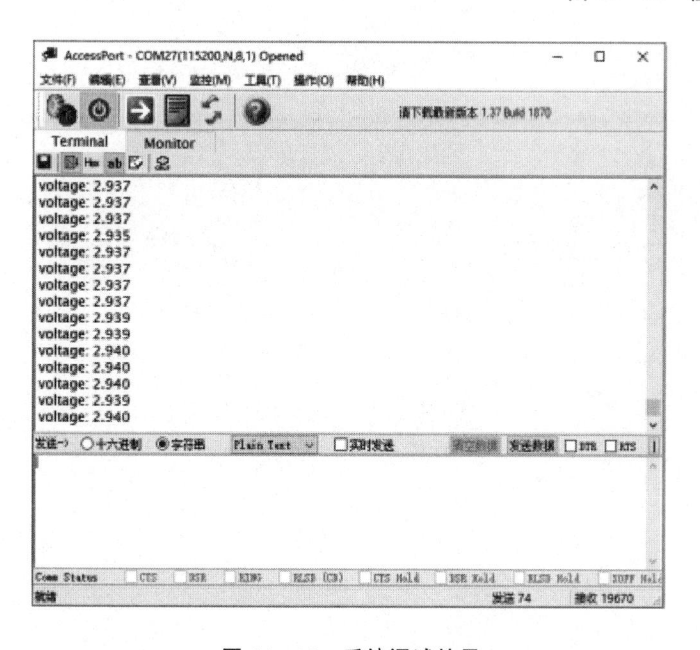

图 11 - 17 系统调试结果

思考与练习

1. 简述传感器网络体系结构。
2. 简述传感器网络节点的组成及各模块的作用。
3. 简述无线传感器网络在智能家居中的应用。
4. 无线传感器网络的关键技术包括哪些？

附录 A　核心板原理图

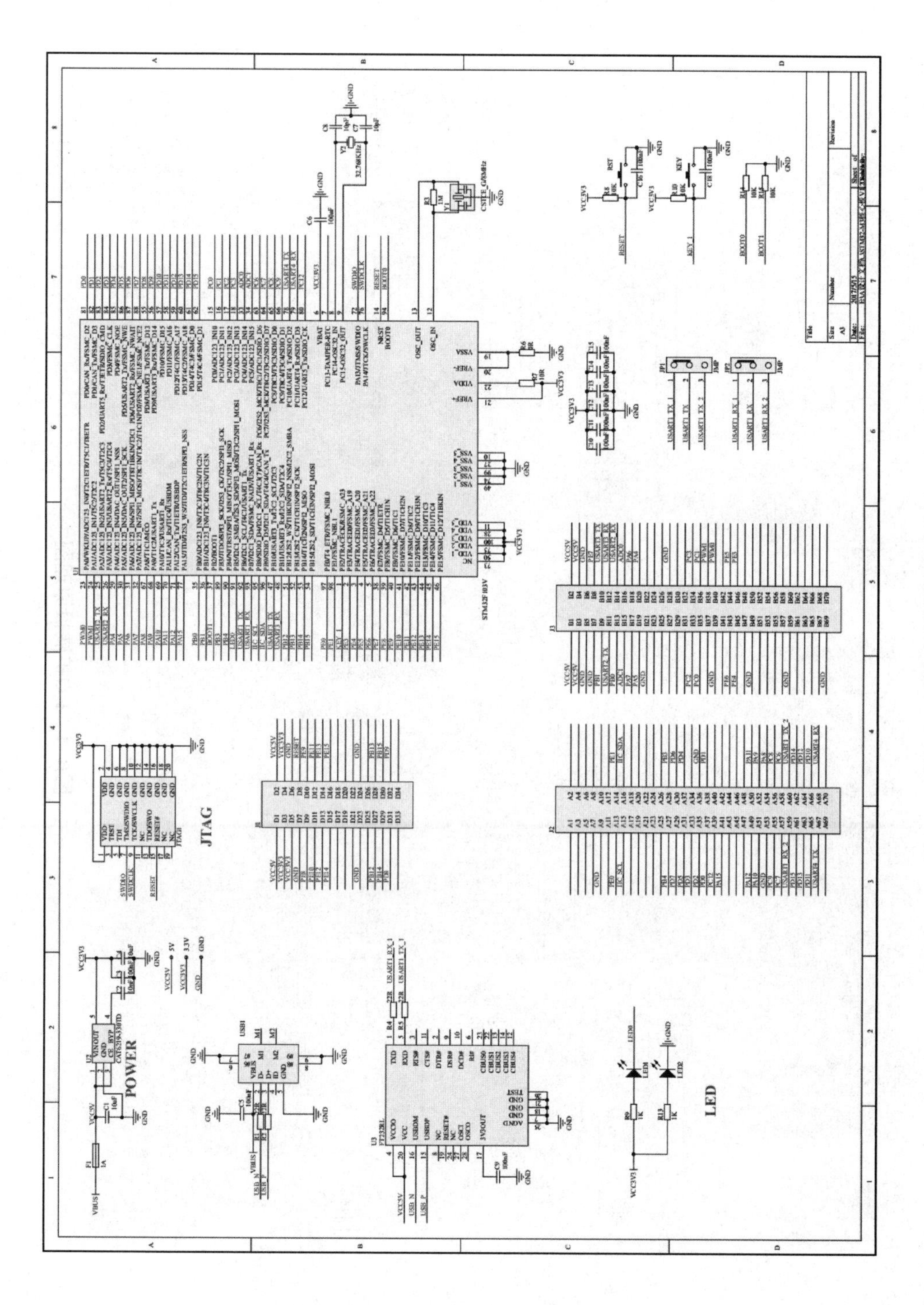

图A-1　核心板原理图

附录B I/O扩展板原理图

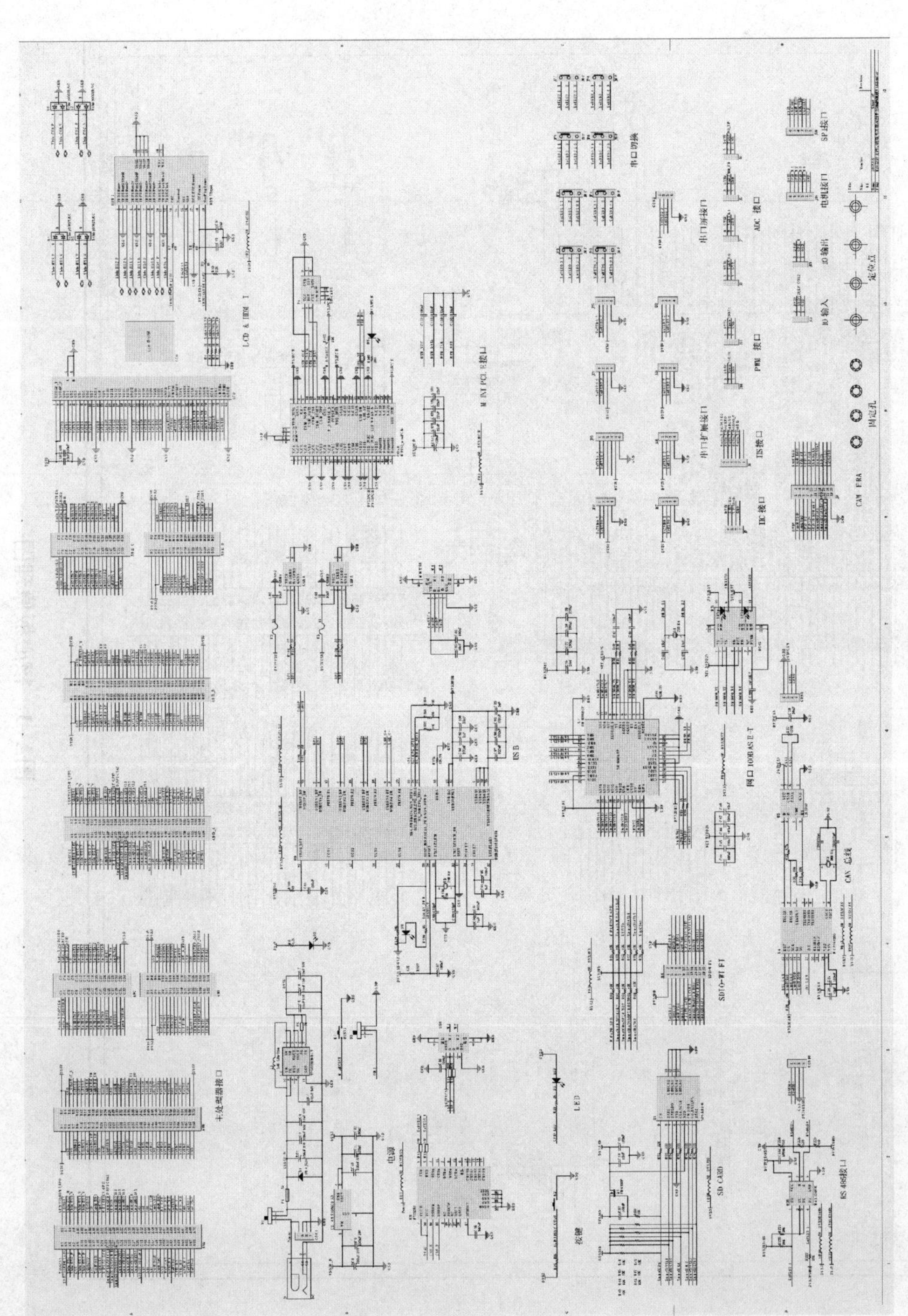

图B-1 I/O扩展板原理图

参考文献

[1] 樊尚春.传感器技术及应用[M].北京:北京航空航天大学出版社,2010.
[2] 李林功,方志刚,张明君,等.传感器技术及应用[M].北京:科学出版社,2014.
[3] 王来志,王万刚,汤平,等.传感器技术及应用[M].西安:西安电子科技大学出版社,2015.
[4] 宋宇,梁玉文,杨欣慧,等.传感器技术及应用[M].北京:北京理工大学出版社,2017.
[5] 韩裕生,乔志花,张金.传感器技术及应用[M].北京:电子工业出版社,2013.
[6] 徐宏伟,周润景,陈萌,等.常用传感器技术及应用[M].北京:电子工业出版社,2017.
[7] 刘利秋,卢艳军,徐涛,等.传感器原理与应用[M].北京:清华大学出版社,2018.
[8] 田裕鹏,姚恩涛,李开宇.传感器原理[M].北京:科学出版社,2007.
[9] 朱晓青.传感器与检测技术[M].北京:清华大学出版社,2020.
[10] 祝诗平.传感器与检测技术[M].北京:中国林业出版社,2006.
[11] 余成波,李洪兵,陶红艳.天线传感器网络实用教程[M].北京:清华大学出版社,2012.